普通高等学校"十四五"规划
电子信息类专业特色教材

LEIDAWANG XINXI CHULI

雷达网信息处理

主 编　周　焰　黎　慧

主 审　田康生　徐向东

编 委　蔡益朝　兰旭辉　吴长飞　吴卫华

　　　　黄　鹏　黄伟平　陈劲松　关泽文

　　　　毕　钰　代科学

华中科技大学出版社
http://www.hustp.com
中国·武汉

内 容 简 介

本书紧盯现代空天目标、雷达与雷达网信息系统的发展,围绕空天预警作战中雷达网部署、目标跟踪、身份识别、态势生成等核心任务,系统地介绍了雷达网信息处理的基本理论、方法和关键技术。全书由 8 章组成,主要内容包括概述、雷达数据处理、跟踪滤波、雷达网、雷达网信息预处理、雷达网集中式信息处理、雷达网分布式信息处理和目标身份识别。

本书聚焦岗位、紧贴实战、注重思政,体系结构新颖,内容组织清晰合理,理论深入浅出,工程实践性强,既可作为高等院校雷达工程、电子信息工程等相关专业的本科生教材,也可供从事相关专业领域的科研、生产及使用的工程技术人员阅读和参考。

图书在版编目(CIP)数据

雷达网信息处理/周焰,黎慧主编.—武汉:华中科技大学出版社,2022.9
ISBN 978-7-5680-8623-3

Ⅰ.①雷…　Ⅱ.①周…　②黎…　Ⅲ.①雷达网-信息处理-高等学校-教材　Ⅳ.①TN959.4

中国版本图书馆 CIP 数据核字(2022)第 159948 号

雷达网信息处理　　　　　　　　　　　　　　　　　　　周　焰　黎　慧　主编
Leidawang Xinxi Chuli

策划编辑:王汉江
责任编辑:王汉江
封面设计:原色设计
责任监印:周治超
出版发行:华中科技大学出版社(中国·武汉)　　电话:(027)81321913
　　　　　武汉市东湖新技术开发区华工科技园　　邮编:430223
录　　排:武汉市洪山区佳年华文印部
印　　刷:武汉市籍缘印刷厂
开　　本:787mm×1092mm　1/16
印　　张:16
字　　数:370 千字
版　　次:2022 年 9 月第 1 版第 1 次印刷
定　　价:68.00 元

前言

　　雷达网信息的高效处理是夺取信息优势的关键,是空天防御作战决策的基础。随着空天预警目标与环境的日益复杂,预警探测手段的不断丰富,预警信息种类、数量等均显著增长。本书紧盯现代战场上空天目标、雷达装备、信息处理技术的发展,围绕空天预警作战中雷达网部署、目标跟踪、身份识别等核心任务,系统地介绍了雷达网信息处理的基本理论、方法和关键技术,重点阐释雷达网信息系统如何通过对雷达网探测信息的处理,实现对目标的状态、身份的估计和态势的生成。

　　本教材在总结多年雷达网信息处理教学和科研工作的基础上,结合雷达网信息系统的建设与发展,以雷达网信息系统中的信息处理为研究对象,以信息处理的过程为主线,使用通俗易懂而又严谨的语言和简明的图示,阐述了雷达网信息处理的基本概念和基本原理,围绕雷达网集中式和分布式信息处理方式,按处理流程搭建内容体系,并联系作战运用实际,融入前沿处理技术,较为全面地介绍了雷达网信息处理中大量实用的处理方法与技术。既适应雷达信息处理技术的更新变化,反映国内外最新成果,又紧贴雷达网信息系统的发展和运用。

　　该教材主要用于雷达工程、电子信息工程等相关本科专业的基础培训,也可供相关领域的科研和工程技术人员参考。

　　本教材共分为8章:第1章介绍雷达网信息处理中的基本概念、处理过程和相关技术;第2章介绍雷达数据处理过程中涉及的航迹起始、点迹-航迹关联和波门选择等内容;第3章重点介绍跟踪滤波的基本理论和技术,主要有滤波系统模型、基本滤波器(Kalman滤波、常增益滤波)以及机动目标跟踪技术等;第4章介绍雷达网的基本知识,包括雷达网的特点、分类、探测范围、性能评价指标、布站方法及信息处理方式等内容;第5章介绍雷达网信息预处理技术,包括格式排错、误差配准、时间统一、坐标变换等内容;第 6 章介绍雷达网集中式信息处理方法,包括处理流程、处理周期、点迹合并、多雷达跟踪滤波及数据编排等内容;第 7 章介绍雷达网分布式信息处理方法,包括处理流程、航迹相关、航迹融合、航迹跨区处理和定时整理等内容;第 8 章介绍雷达网中的目标身份识别方法,包括雷达信号特征识别、IFF/SSR 识别、基于飞行区域识别、基于飞行计划识别及融合识别等内容。

本教材由周焰、黎慧主编。周焰编写第 1、2、3、6 章,黎慧编写第 4、5、7 章,兰旭辉编写第 8 章,吴卫华参与编写第 2 章,蔡益朝参与编写第 7 章,吴长飞、黄鹏、黄伟平参与编写第 2、3 章和部分程序代码,关泽文、毕钰、代科学、陈劲松参与编写第 4、5 章和校对工作,周焰、黎慧对全书进行了统稿与修订。

本教材由田康生教授和徐向东教授主审,他们对本教材的编写给予了指导性的建议,并提出了宝贵的修改意见;各期班学生在充分肯定教材的基础上,也指出了一些错漏之处。在此,一并表示衷心的感谢!

由于编者水平所限,书中难免还有不妥和错漏之处,敬请读者批评指正。

编　者

2022 年 8 月

CONTENTS
目录

第1章

概述

雷达网信息系统利用多部雷达构成的预警探测网络，获取大量的雷达探测信息，并对其进行综合处理，以最优的形式为各级指挥员提供目标对象的状态、身份信息以及战场态势和威胁信息，辅助指挥员科学决策。雷达网信息处理是雷达网信息系统的基本功能和主要任务。本章首先给出雷达网和雷达网信息处理的具体含义，其次阐述雷达网信息处理中的基本概念，然后介绍雷达网信息处理的一般过程，最后简要介绍雷达网信息处理涉及的主要技术。

1.1 引 言

由于单部雷达的探测空域范围受到局限，为了构建一个国家或一个地区严密的对空监视屏障，人们自然会想到用多部雷达，部署在不同地域，使它们的探测范围紧密衔接，形成一个预警监视网络，这就是雷达网最初产生的背景。

雷达网（radar net）是雷达情报网的简称，是指在一定区域内配置多部雷达，并使各雷达的探测范围在规定高度上能够相互衔接的布局。根据任务的不同，分为对空情报雷达网、对海警戒雷达网、弹道导弹预警雷达网和武器控制雷达网等，本书主要介绍对空情报雷达网。

雷达网是一个系统的概念，不仅含有情报信息获取（探测）要素，还具有信息传递、信息处理、决策指挥、优化控制等要素，是将雷达、网络通信、计算机、信息处理、系统工程等技术融为一体的信息系统。

随着高技术装备如隐身飞机、巡航导弹及各种精确制导武器和远程打击武器的出现,以及低空突防、临空突击、防区外远程打击、电磁压制等各种作战样式不断涌现,对防御方的雷达预警探测体系提出了更高的要求。对防御方来说,如何充分利用这些分布部署的预警探测装备获得的信息,并通过信息综合处理,获得对战场态势更加准确的感知,是掌握战场主动、掌握制信息权的关键。

雷达网信息处理(radar net information processing),也称雷达网数据处理(radar net data processing)、雷达网情报处理(radar net intelligence processing)、雷达网数据融合(radar net data fusion)、雷达网信息融合(radar net information fusion)等,是近三十年来发展起来的一种新技术。关于雷达网信息处理有多种定义,较具代表性的有以下两种:

定义 1　雷达网信息处理是利用计算机技术对按时序获得的若干雷达的观测信息在一定准则下加以自动分析和综合,以完成所需的决策和估计任务而进行的信息处理加工。

按照这一定义,多雷达系统是信息处理的"硬件"基础,多源信息是信息处理的加工对象,协调优化和综合处理是信息处理的核心。

定义 2　雷达网信息处理是一种多层次的、多方面的处理过程,这个过程是对雷达网的多源信息进行检测、相关、估计和组合,以达到精确的状态估计和身份估计,形成完整、及时的态势信息。

这一定义出现在多数相关书籍中,它强调雷达网信息处理的三个核心方面:

(1) 信息处理是在几个层次上完成对多源信息进行处理的过程,其中的每一个层次都表示不同级别的信息抽象;

(2) 信息处理包括检测、相关、估计和信息组合;

(3) 信息处理的结果包括较低层次上的点迹数据产生,中间层次上的状态估计和身份估计,以及较高层次上的态势生成。

综合考虑上述两个定义,不难理解雷达网信息处理实际上就是将来自多雷达的信息(数据)进行综合处理,从而得到更加准确可信的系统输出或结论。

1.2　雷达网信息处理中的基本概念

雷达网内单部雷达信息的处理,可获得单雷达的点迹或航迹信息,它们汇集到雷达网信息处理中心之后,不能直接使用,需要进行再次加工处理。这些信息经过融合处理后,可以快速确认目标、实时掌握空情、估计目标的运动参数、识别目标身份,为企图分析、态势评估、威胁估计提供基础信息,为火力控制、精确制导、电子对抗和指挥决策等提供支撑。

1.2.1　雷达信息

雷达信息是指从雷达接收到的电磁波中提取的关于客体(如飞机、导弹、气球、飞艇等雷达目标)信息的总和。这些信息可能包括在给定空间区域内有无目标、目标的坐标位置及其运动参数、目标的特性等。雷达信息的载体是用时间和空间坐标函数来描述的时空信号。

进入雷达的信息,来源于雷达发射的电磁波碰到目标后反射的"回波",也有由电磁辐射源(如有源干扰)直接进入雷达接收机的直射波。对于空中目标,通过对电磁波在空中往返时间的测量,可换算得到目标与雷达之间的距离;通过对雷达电磁波发射方向(如雷达天线方向)的测定,可获得目标的方位。

1.2.2　量测

量测是指与目标状态有关的受噪声污染的观测值,有时也称为测量或观测,在雷达信息处理中,也称为"点迹"。量测通常并不是雷达的原始信号数据,而是经过信号处理后的数据录取器输出的点迹(后面对二者不加区分),主要包括目标的距离、方位、俯仰角(高度)、多普勒频移、信号强度等信息。

雷达通过对目标回波的观测来获得目标的位置和状态数据信息。直观上,雷达电磁波照射一次目标就会得到一个目标点迹,在空情显示器上显示出一个亮点,这个亮点就展示出目标所处的位置。

然而,由于干扰和接收机内部产生的噪声信号、外界辐射源和虚假反射体产生的干扰信号等的影响,回波信号并不"纯正",其中往往掺杂有许多虚假信号。受这些虚假信号的影响,再加上雷达检测设备本身的误差,量测有可能是来自目标的正确量测,也有可能是来自杂波、虚假目标、干扰目标的错误量测,而且还有可能存在漏检情况,也就是说量测(点迹)通常具有不确定性。

1.2.3　航迹

航迹是由来自同一个目标的量测集合所估计的目标状态形成的轨迹,即跟踪轨迹,能表示空中目标航行的轨迹,称为航迹。

与航迹有关的概念包括以下几个:

（1）航迹号。雷达探测的空域往往有多批目标，为了便于区分与识别，就要给航迹规定一个编号，这个编号称为目标的航迹号或批号。与一个给定航迹相联系的所有参数都以其航迹号为参考，这样做的目的是：一方面在航迹管理中标记航迹，用于航迹间的相关处理；另一方面可事后统计分析航迹处理的效果。

（2）航迹质量。航迹质量是航迹可靠性程度的度量。通过航迹质量管理，可以及时、准确地起始航迹以建立新目标档案，也可以及时、准确地终止航迹以消除多余目标档案。

（3）可能航迹。可能航迹是由单个测量点组成的航迹。

（4）暂时航迹。由两个或多个测量点组成的并且航迹质量较低的航迹统称为暂时航迹，它可能是目标航迹，也可能是随机干扰，即虚假航迹。可能航迹完成初始相关后就转化成暂时航迹或撤销航迹，也有人把暂时航迹称为试验航迹。

（5）可靠航迹。可靠航迹是具有稳定输出或航迹质量超过某一定值的航迹，也称为确认航迹或稳定航迹，它通常被认为是真实目标航迹。

（6）固定航迹。固定航迹是由杂波点迹所组成的航迹，其位置在雷达多次扫描间变化不大。

（7）撤销航迹。当航迹质量低于某一定值或是由孤立的随机干扰点组成时，称该航迹为撤销航迹，而这一过程称为航迹撤销或航迹终止。航迹撤销就是在该航迹不满足某种准则时，将其从航迹记录中抹去，这就意味着该航迹不是一个真实目标的航迹，或者该航迹对应的目标已经运动出该雷达的威力范围。也就是说，如果某个航迹在某次扫描中没有与任何点迹互联上，要按最新的速度估计进行外推，在一定次数的相继扫描中没有收到新点迹的航迹就要被撤销。航迹撤销的主要任务是及时删除假航迹而保留真航迹。

1.3　雷达网信息处理过程

雷达网的基本任务是向上级上报空情和向本级负责的用户单位提供空情信息保障。雷达网信息处理的任务就是把干扰背景下的时空信号解码，把提取出来的消息加以综合，并把它们表示成最便于使用的形式。然而，由于雷达网内各雷达探测的原始信息有的重复，有的不完整（漏报或参数不完整），这就需要有一个信息处理中心，将收集到的雷达信息加以整理，以获得空中目标唯一的、较完整的空情信息，然后再向上级和用户单位分发。

雷达网分为单站雷达网、战术雷达网、战役（战区）雷达网和战略级雷达网四个层次（详见第4章），因此，雷达网信息处理也是分层次的。各级雷达网都设有信息处理中心。单站雷达网的信息处理中心就是雷达站指挥室；战术级雷达网的信息处理中心就是雷达部队指挥所；战役（战区）信息处理中心设在战役（战区）相应级别指挥机构内；战略级雷达网信息处理中心则设在国家相应级别指挥机构内。由于各级别处理中心输入不同、任务不同,雷达信息处理流程和处理重点也不尽相同。本书主要介绍战术级雷达网的信息处理。

雷达网信息处理的输入是目标的回波信号,输出的是对目标进行信息处理后所形成的目标状态信息、目标身份信息以及其他进一步处理的结果。概括来讲,雷达网信息处理过程中的功能模块包括信号检测和数据录取、单雷达数据处理、雷达网信息预处理、数据关联、目标状态估计、目标身份识别等内容,它们之间的相互关系可用如图 1-1 所示的框图来表示。为了提高整个雷达网信息系统的效能,雷达网的信息处理分别在雷达站和信息处理中心进行。

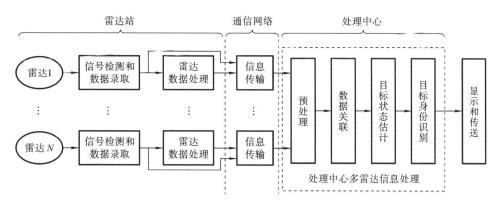

图 1-1　雷达网信息处理示意框图

1.3.1　雷达站的处理

雷达网中,各部雷达获得的信息都要向对应的雷达网信息处理中心(或指挥中心)传送。雷达接收机输出载有目标信息的回波视频信号,是以电压(或电流)形式出现并且是同杂波(或噪声)混在一起的,如果不经处理,这种信号的可靠性差且不便于向远离雷达站的信息处理中心传送,即使传送到了信息处理中心,也不能直接使用,还需要经过各种处理。

雷达站处理包括对雷达单个扫描周期内的信息进行处理和多个扫描周期内的信息进行处理。

对雷达单个扫描周期内的信息进行处理的任务包括信号检测和数据录取,也有人称其为雷达网信息的一次处理。信号检测就是在雷达接收机输出的信号中,从杂波干扰背景中检测出有用的目标回波,判定目标的存在;数据录取就是录取目标的坐标(方位、距离、高度)及其他参数(目标大小、架数、国籍、发现时间等),并对目标进行编号,其输出是目标的点迹。这一问题本书不做讨论,有兴趣的读者可以参阅其他书籍。

对单个雷达几个扫描周期内所获得的数据进行处理,简称单雷达数据处理或单雷达

信息处理,其任务可以归纳为以下三条:

(1)按照数据录取提供的点迹,对运动目标建立航迹,计算并存储运动参数,必要时,对目标进行坐标变换;

(2)对已建立的航迹状态进行更新,判断每次扫描的回波信号是否为同一目标;

(3)预测并判断运动目标的未来状况。

单雷达数据处理的方法将在第 2 章中给出,亦可参见何友所著《雷达数据处理及应用》[1]。在雷达站处理完成以后,需要将这些经过处理的数据以规定的格式组装成报文,向信息(情报)处理中心上报,雷达站上报的目标情报信息称为原始情报或原始信息。

需要说明的是,有的系统在雷达站不进行雷达数据处理,而是直接将数据录取输出的点迹送往情报处理中心进行多雷达的点迹处理。

1.3.2 处理中心的处理

在雷达网中,包括分布在不同地点的多部雷达,需要将各雷达站的雷达信息传递汇集到信息处理中心。各雷达站的雷达信息虽然经过一系列处理,但汇集到信息处理中心之后,不能直接使用,需要进行再次加工处理。这种处理称为雷达网信息融合(综合),是指对来自多个雷达站的数据(信息)进行处理,其任务是:

(1)将目标的坐标和运动参数统一于一个坐标系统和计时系统。

这是因为雷达站处理都是按各自的坐标系统进行的,网内各雷达的工作在时间上也是不同步的(开机时间及采样周期不统一、数据传输时延等)。因此,将这些雷达站的数据汇集起来以后,首先要统一坐标和时间标准。

(2)将各雷达站的点迹数据(包括目标的坐标、运动参数及其他各种特征参数)加以识别,归入相同的目标航迹数据中去。

当多部雷达同时探测到目标时,它们各自将数据集中到雷达网信息处理中心,由于各雷达的测量精度不同,数据计算和传递过程中所引入的误差也不同。因此,由不同雷达所送来的目标数据在统一坐标和时间的标准后,还要解决目标归并问题。在多目标情况下,需要制定一种准则,以区分哪些数据是属于同一目标的,哪些数据是属于其他目标的。辨认出同一目标的各种数据之后,还要规定一种标准,将这个目标的不同数据归并为一个点迹。

(3)在以上两步处理的基础上,计算目标的运动参数,建立统一的航迹,实施统一的跟踪。

(4)利用目标的综合航迹信息和相关作战数据库信息,完成目标身份属性识别任务。

(5)将原始情报或综合处理以后的信息按需分发给各情报信息用户。

1.4　雷达网信息处理的相关技术

● 1.4.1　雷达网布站技术

根据作战任务需要,将不同程式雷达,按照一定的战术原则进行部署构建雷达网。从技术上看,雷达网布站需要考虑以下几个方面的问题:

(1) 作战对象的特点,如普通飞机、导弹、隐身目标等在飞行高度、速度、雷达散射截面(Radar Cross Section,RCS)、作战规律等方面的情况;

(2) 雷达网的抗干扰能力;

(3) 地理、地形、气象和交通等方面的约束因素;

(4) 各种雷达的性能,如中高空性能、威力范围、抗干扰能力;

(5) 雷达的程式与工作方式,等等。

一般来说,雷达网部署就是研究在满足一定约束条件下,如何以最少的雷达,满足责任区的覆盖和频率覆盖要求。因此,雷达网部署可以转化为一个优化问题。

这部分内容主要在第 4 章具体讨论。

● 1.4.2　数据预处理技术

雷达网信息处理中的数据预处理技术主要包括错误检查、误差配准、时间统一、坐标变换等。

在雷达网信息系统中,错误检查有以下两类:

(1) 检查信息格式错误。主要是检查输入报文的格式是否正确,若报文格式不符合规定,就将这份报文作为"废报"加以排除;

(2) 检查输入报文中的目标参数值是否有错。主要是评估目标坐标数据是否合理,即当前点的坐标与前一点的坐标差值是否超出了飞行器飞行速度的可能范围,如果超出则判定报文数据有错,将这种超出可能范围的点俗称为"飞点",工程上称为"野值",应将其列为"废报"加以排除。

雷达对目标进行测量所得的数据中包含两种测量误差:一种是随机误差,是由测量系统的内部噪声引起的,每次测量时它可能都是不同的,随机误差可通过增加测量次数,利用滤波等方法使误差的方差在统计意义下最小化,在一定程度上克服;另一种是系统误差,它是由测量环境、天线、伺服系统、数据采集过程中的非校准因素等引起的,例如雷达站的站址误差、高度计零点偏差等,系统误差是复杂、慢变、非随机变化的,在相对较长的一段时间内可看作未知的"恒定值"。当系统偏差和随机误差的比例大于等于1时,雷达目标航迹综合处理后的效果明显恶化。系统误差是一种确定性的误差,是无法通过滤波方法去除的,需要事先根据各个雷达站的数据进行估计,再对各自目标航迹进行误差补偿,这一过程称为误差配准。所以,系统误差有时也称配准误差。通过误差配准,可以尽可能地消除系统误差对情报信息处理质量的影响。

由于每部雷达的开机时间、数据传播的延迟和采样周期的不统一等原因,通过数据录取器所录取的目标测量数据通常并不是同一时刻的。时间误差对测量的距离数据和距离变化率数据都会带来大的影响,所以在雷达网信息处理过程中必须把这些观测数据进行时间统一(时间同步)。

由于雷达网信息系统在雷达信息的获取、传递、处理、显示和分发过程中,采用不同的坐标系,所以必须进行不同坐标系之间的坐标转换。单部雷达进行测量时,使用测量坐标系,一般使用极坐标系;处理中心进行信息综合处理时,使用计算坐标系,一般为直角坐标系;对地球上的点进行表示时,使用地理(大地)坐标系或方格坐标系。对大范围的情报进行显示时,还需要将地球表面上的点投影到平面上。当覆盖范围较小且对处理精度的要求不高时,可以采用简化的坐标变换方法;当覆盖范围较大时,必须使用满足精度要求的较复杂的坐标变换方法。

本书第5章主要介绍雷达网信息处理中的格式排错、误差配准、时间统一、坐标变换等预处理技术。

1.4.3 数据关联技术

数据关联通常又称为数据互联,它是雷达网信息处理的关键问题之一。数据关联过程即是确定雷达接收到的量测信息和目标源对应关系的过程。由于观测环境和雷达本身的问题,观测过程不可避免地引入虚警和杂波。特别是当目标较多且相互靠近时,如干扰、杂波、噪声和交叉、分岔航迹较多的场合下,关联的问题就变得十分复杂。

数据关联包括点迹与点迹的关联、点迹与航迹的关联,以及航迹与航迹的关联,它们是按照一定的关联度量标准进行的。

点迹与点迹的关联也称点迹与点迹相关,或点迹-点迹关联,用于航迹起始,是按照给定的准则,通过对来自不同采样周期的点迹处理,实现对航迹的检测。

点迹与航迹的关联也称点迹与航迹相关,或点迹-航迹关联,用于对已有航迹进行保持或对状态进行更新。

航迹与航迹的关联也称航迹相关,或称航迹关联,是对来自于不同雷达站的多条航迹是否代表同一目标的判断。实际上,它就是解决雷达网空间覆盖区域中的重复跟踪问题,因此也称为判重复。

数据关联的实现方法可以分为三大类:一是基于统计理论的假设检验方法;二是基于模糊数学的模糊关联方法;三是基于欧几里得距离的判断方法。这些算法都有一个共同的假设,即有关联的雷达是同步扫描和没有通信迟延的。但在实际应用中,雷达的工作开始时间受各自的任务、监视的区域等多种因素的控制,不可能做到所有雷达同步扫描,只能是异步工作,而且存在通信迟延。这样基于时间同步的数据关联算法就不能直接应用。

点迹-点迹关联、点迹-航迹关联技术在本书第 2 章介绍;航迹相关技术在第 7 章介绍。

1.4.4　航迹起始技术

航迹起始是多目标跟踪中的首要问题,其起始航迹的正确性是减少多目标跟踪固有的组合爆炸所带来的计算负担的有效措施。如果航迹起始不正确,则根本无法实现对目标的跟踪,造成目标的丢失,"失之毫厘,谬以千里"这句话可充分体现航迹起始的重要性。由于航迹起始时目标距离较远,传感器探测分辨力低、测量精度差,再加上真假目标的出现无统计规律,所以航迹起始问题也是一个较难处理的问题,其中多目标复杂环境航迹起始问题最为复杂,这种情况下的复杂性主要是由多目标密集环境(含真假密集目标)航迹处理自身复杂性和航迹起始的地位决定的。航迹起始的质量和航迹起始的速度,是评价航迹起始算法的指标。

航迹起始的方法主要有直观法、逻辑法、修正的逻辑法、Hough 变换法、修正的Hough 变换法等。航迹起始技术主要在第 2 章中讨论,在第 6 章中也有涉及。

1.4.5　跟踪滤波技术

目标跟踪滤波技术是指对来自雷达的目标量测值进行融合处理,以获得较准确的目标航迹,使航迹更加接近目标的真实情况,以便保持对目标现时状态的估计。

状态估计在这里主要指对目标的位置和速度的估计。位置估计包括距离、方位和高度或俯仰角的估计,速度估计包括速度和加速度等估计。要完成上述估计,在多目标的情况下,首先必须实现对目标的跟踪滤波,形成航迹。跟踪要考虑跟踪算法、航迹的起始、航迹的维持、航迹的撤销。在状态估计方面,用得最多的是 $\alpha\text{-}\beta$ 滤波、$\alpha\text{-}\beta\text{-}\gamma$ 滤波和Kalman 滤波等。这些方法都是针对匀速或匀加速目标提出来的,但一旦目标的真实运动与所采用的目标模型不一致时,滤波器将会发散。状态估计中的难点在于对机动目标的跟踪,后来提出的自适应 α-β 滤波和自适应 Kalman 滤波均改善了对机动目标的跟踪能力。当然,多模型跟踪法也是改善机动目标跟踪能力的一种有效方法。扩展 Kalman 滤波是针对卡尔曼滤波在笛卡儿坐标系中才能使用的局限而提出来的,因为很多传感器,包括雷达,给出的数据都是极坐标数据。

本书第 3 章主要介绍最基本的 Kalman 滤波、α-β 滤波和 α-β-γ 滤波,作为入门之用。

● 1.4.6 点迹融合与航迹融合技术

雷达网信息处理的核心是估计融合问题,主要有点迹融合和航迹融合两种情况。点迹融合针对的是集中式处理结构,所有雷达点迹送到处理中心进行处理,在关联的基础上,处理中心将来自同一目标的点迹,处理成关于该目标的航迹,是量测的融合,融合结果可以是最优的,但计算负担重,效率低。航迹融合针对的是分布式处理结构,处理中心收到来自各雷达的目标航迹,在航迹关联的基础上,将关于同一目标的原始航迹,处理成关于该目标的系统航迹,这种方法是目标状态向量的融合,效率高,但结果是次优的。点迹融合和航迹融合充分利用了多部雷达的探测信息,而不是只利用一部雷达的信息。

点迹融合主要方法有并行滤波、序贯滤波和数据压缩滤波等几种典型的方法,详见本书第 6 章。航迹融合主要方法有简单融合算法、加权融合算法(Bar-Shalom 和 Campo.L 方法)和最大后验概率融合法。但航迹融合中会出现相关估计误差问题,需要在融合过程中去掉。航迹融合主要在第 7 章中具体讨论。

● 1.4.7 目标身份识别技术

空中目标身份识别一直是军事领域研究的热点和难点问题。目标身份信息主要包括真伪、属性、国别(地区)、型别(机型)、数量、任务(企图)等几个方面。传统目标身份识别主要方法包括雷达信号特征识别、敌我识别系统/二次雷达识别、基于目标运动特性识别、基于飞行区域识别、基于飞行计划识别等。随着现代战场电磁环境日益复杂,以及目标隐身、欺骗等技术的发展,目标身份识别的难度越来越大,靠单一情报源所获目标信息进行识别存在不精确、不可靠、不稳定等问题,难以满足指挥决策对目标身份识别准确度的要求,利用多源情报进行目标融合识别,能够提高目标身份识别的能力。

目标身份识别技术主要在本书第 8 章介绍。

雷达网信息处理技术与装备发展和作战运用紧密相联,要紧贴作战需求,积极跟踪技术前沿,建立"技术支撑战术""算法优化战法"的思维。

1.5　小　结

雷达网信息处理是雷达网信息系统的核心功能,主要对系统获取的雷达探测信息进行综合处理,计算目标对象的状态、身份信息,形成战场态势,为指挥员科学决策提供依据。本章首先讨论了雷达网信息处理的基本概念,然后给出了雷达网信息处理的过程,接着简要介绍了雷达网信息处理的相关技术。其主要内容及要求如下:

(1) 雷达网信息处理是一种多层次、多方面的处理过程,这个过程是对雷达网的多源数据进行检测、相关、估计和组合,以达到精确的状态估计和身份估计,形成完整、及时的态势信息。点迹就是量测,是指与目标状态有关的受噪声污染的观测值,主要包括目标的距离、方位、俯仰角(高度)、信号强度等数据。目标航迹是由来自同一个目标的量测集合所估计的目标状态形成的轨迹,是同一目标经雷达电磁波多次照射所得多个点迹的集合估计而成。应掌握雷达网信息处理的概念,理解雷达信息、点迹、航迹等基本概念。

(2) 雷达网信息处理的输入是回波信号,输出是对目标进行信息处理后所形成的状态估计以及进一步处理的结果。概括来讲,雷达网信息处理过程中的功能模块包括信号检测和数据录取、单雷达数据处理、雷达网信息预处理(格式排错、误差配准、时间统一、坐标变换)、数据关联、状态估计、目标身份识别等内容,分别在雷达站、信息处理中心进行。要求理解雷达网信息处理的过程。

(3) 雷达网信息处理的相关技术包括雷达网布站、数据预处理、数据关联、跟踪滤波、点迹/航迹融合、目标身份识别等技术。应能说出雷达网信息处理所涉及的主要技术,并初步了解各项技术。

习　题

1. 谈谈你对雷达网这个基本概念的理解。

2. 谈谈你对雷达网信息处理概念的理解。

3. 什么是雷达信息?

4. 谈谈你对量测的理解。

5. 什么是目标航迹?谈谈你对与目标航迹有关的几个概念的理解。

6. 请叙述雷达网信息处理的过程。

7. 雷达网信息处理的相关技术有哪些？

8. 请叙述雷达站处理的主要任务。

9. 请叙述信息处理中心处理的主要任务。

第2章

雷达数据处理

经过雷达信号检测与数据录取，得到的是孤立、离散的点迹数据，并且会出现虚警和漏情。为了确认目标的真实性，并得到目标的航向、速度和加速度等参数，需要通过雷达数据处理，把所得到的点迹连成航迹，除去虚警，补上漏情，对每条航迹给出目标的运动参数等。本章首先简要介绍雷达数据处理的目的和意义，然后重点介绍雷达数据处理的过程，以及处理过程中涉及的航迹起始、点迹-航迹关联、波门选择等技术，其中跟踪滤波技术将在第3章专门介绍。

2.1　雷达数据处理的目的和意义

雷达是通过发射电磁波，再从接收信号中检测目标回波来探测目标的。在接收信号中，不但有目标回波，也会有噪声（天/地噪声、接收机热噪声），地物、海浪和气象（如云雨）等散射产生的杂波信号，以及各种干扰信号（如工业干扰、广播电视干扰和人为干扰）等，所以，雷达探测目标是在十分复杂的信号背景下进行的。雷达需要通过信号处理一定程度上排除各种虚假信息，并提取目标的各种有用信息，如距离、方位、运动速度、目标形状和性质等。通过数据处理可进一步完成雷达目标的点迹和航迹处理，以及目标信息的显示和分发等。

图2-1为雷达系统的简化框图，其布局取决于应用方式。在某些情况下，雷达被安装在两个舱房中：第一个舱房包括发射机、接收机和信号处理设备，第二个舱房装有数据录取器、数据处理器、显示与控制器等。

雷达系统的信号感知部分主要由天线、发射机、接收机、双工器等组成，其各部分功能在其他雷达系统相关课程中有详细介绍，这里不再赘述。

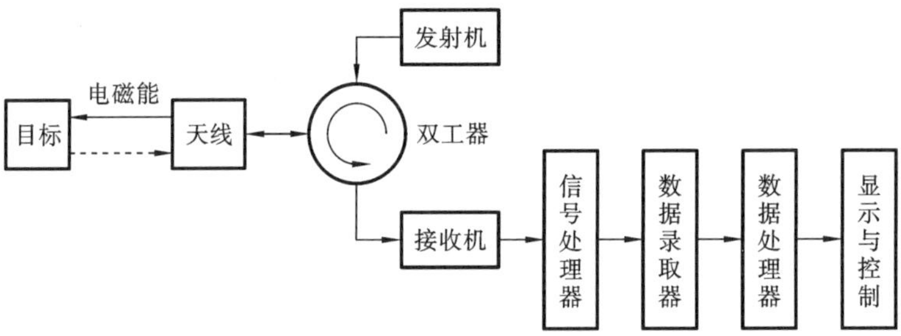

图 2-1　雷达系统简化框图

信号处理器是用来检测目标的,即利用一定的方法来抑制由地(海)杂波、气象杂波和人为干扰所产生的不希望有的信号。经过杂波抑制、恒虚警检测等一系列处理后的视频输出信号若超过某个设定的检测门限,便判断为发现目标,然后还要把发现的目标信号输送到数据录取器。

雷达数据录取是在信号检测之后的处理环节。发现目标以后,要把发现的目标信号输送到数据录取器录取目标的空间位置(距离、方位、仰角等)、径向速度及其他一些目标特性参数(敌我、机型、架数、批号、时间等)。数据录取器的输出便是目标观测值,称为点迹(或量测),近似地反映了探测时刻目标的真实位置。

由数据录取器输出的点迹(量测)还要在数据处理器中完成各种相关处理,即对获得的目标位置、运动参数等测量数据进行互联、滤波、预测等运算,以达到有效抑制测量过程中引入的随机误差,对区域内目标的运动轨迹和相关运动参数(如速度和加速度等)进行估计,预测目标下一时刻的位置,并形成稳定的目标航迹,实现对目标的实时跟踪。

信号处理器、数据录取器和数据处理器的级联可以看作是一个宽带压缩器,如图 2-2 所示。它以高速率(如雷达信号带宽约为 10 MHz)接收数据,而以所能达到的相当低的速率(如几个赫兹)进行信号处理。这一特点在图上用级联处理器,从左至右箭头逐渐变窄表示出来。同时,利用逐步判决过程,对有用数据和杂波数据也有一个渐次发展的鉴别过程。经这个处理链处理过的信息被演化成一种易于由用户做出判决的信息格式。事实上,原始视频信号中含有许多虚假信号。数据录取器提取有用的目标,数据处理器则识别出这一目标,求出目标的速度和其他参数并在表格显示器上显示出来。

若延长级联处理器执行的处理时间,我们可以进一步看到:信号处理只涉及不多的脉冲,数据录取涉及的却是若干相邻脉冲组,而数据处理则是在若干相继雷达扫描周期中完成的。换言之,有关处理的存储在图 2-2 中是从左到右逐渐增加的。

从对雷达回波信号进行处理的层次来讲,雷达信号处理通常被看作是对雷达探测信息的一次处理,它是在每个雷达站进行的,它通常利用同一部雷达、同一扫描周期、同一距离单元的信息,其目的是在杂波、噪声和各种有源、无源干扰背景中提取有用的目标信息。而雷达数据处理通常被看作是对雷达信息的二次处理,它利用同一部雷达、不同扫描周期、不同距离单元的信息,它可以在各个雷达站单独进行,也可以在雷达网的信息处理中心进行。多雷达数据融合则看作是对雷达信息的三次处理,它通常是在信息处理中心完成的,即信息处理中心所接收的是多部雷达一次处理后的点迹或二次处理后的航

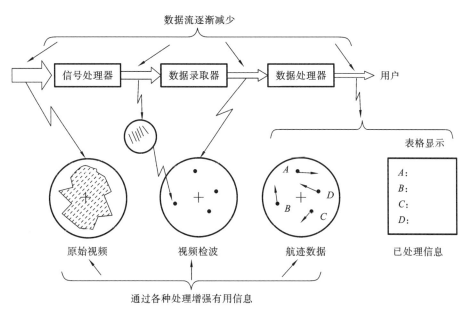

图 2-2　现代雷达系统信息处理功能

迹(通常称为局部航迹),融合后形成的航迹称为全局航迹或系统航迹。雷达信息二次处理的功能是在一次处理的基础上,实现多目标的跟踪,对目标的运动参数和特征参数进行估计,二次处理是在一次处理后进行的,有严格的时间顺序,而二次处理和三次处理之间没有严格的时间界限,它是二次信息处理的扩展和自然延伸,主要表现在空间和维数上。

　　近年来,随着新型雷达和新概念雷达的不断出现,相关硬件、算法和计算机性能等的巨大进步,信号处理能力上了一个又一个台阶,这就使与之相适应的雷达数据处理设备功能越来越强,处理的信息量越来越大。设备的组成也越来越复杂,这些都对雷达数据处理工作提出了更高的要求,从而也加速了雷达数据处理技术的发展。一个熟练的操纵员,在典型搜索雷达的一个扫描周期,通过人工录取和口报通常不会超过 10 批目标,而在现代战争中,空中目标可能有几百批甚至上千批,加上大量的杂波和干扰,利用传统的方法已不能适应现代战争的需要,这就要求必须利用现代数据处理手段,实时对雷达目标测量数据进行处理。

2.2　雷达数据处理的过程

　　雷达数据处理是指在雷达取得目标的位置、运动参数后进行的一系列处理运算过程,以有效抑制测量过程中引入的随机误差,精确地估计目标位置和有关运动参数,预测目标下一时刻的位置,并形成稳定的目标航迹。

　　雷达探测到目标后,点迹录取其提取目标的位置信息形成点迹数据,经过预处理后,新的点迹与已经存在的航迹进行数据关联,关联上的点迹用来更新航迹信息(跟踪滤波),并形成对下一位置的预测波门,没有关联上的点迹进行新航迹起始。如果已有的目标航迹连续多次没有与点迹关联,则航迹终止,以减少不必要的计算。

　　概括来讲,雷达数据处理过程中的功能模块包括点迹预处理、数据互联、跟踪滤波、航迹起始和终止等内容。而在数据互联和跟踪滤波的过程中又必须建立波门,它们之间的相互关系可用如图 2-3 所示的框图来表示。

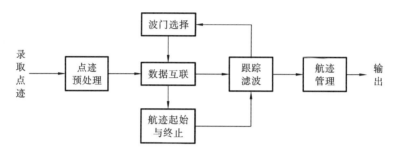

图 2-3　雷达数据处理基本流程示意图

● 2.2.1　点迹预处理

　　尽管现代雷达采用了许多信号处理技术,但总会存在一小部分杂波/干扰信号,为了减轻后续数据处理计算机的负担、防止计算机饱和,以及提高系统性能等,还要对数据录取所给出的点迹进行预处理。点迹数据预处理是对雷达数据进行正确处理的前提条件,有效的点迹数据预处理方法可以起到"事半功倍"的作用,即在不降低目标跟踪计算量的同时提高目标的跟踪精度。点迹数据预处理技术包括的内容很多,主要包括点迹凝聚处理和野值剔除等。

1. 野值剔除

　　多年来雷达数据处理工作的实践告诉我们,即使是高精度的雷达设备,由于多种偶然因素的综合影响或作用,采样数据集合中往往包含 1%~2%,有时甚至多达 10%~20%(例如,雷达进行高仰角跟踪)的数据点严重偏离目标真值。工程数据处理领域称这部分异常数据为野值。野值又称为异常值,俗称"飞点"。野值对雷达数据处理工作十分不利,研究表明,无论是预测还是滤波等都对采样数据中包含的野值点反应敏感。在实际的工程应用中,也证实了数据合理性检验是雷达数据处理的重要环节。

　　野值剔除就是把雷达测量数据中明显异常的值剔除。野值的识别不是一件容易的事,而剔除却十分简单,只要确认量测值序列中的哪一个是野值,抛弃它就可以了。在实际的雷达网信息系统中,剔除野值后,为保持目标航迹的连续性,还应作补点处理。

2. 点迹凝聚处理

通过点迹凝聚处理,可以减少关联点迹的数量,得到较高置信度的点迹数据。由于多种因素的影响,同一目标往往会产生多个测量值,因此有必要首先对测量数据进行凝聚处理,以得到精确的目标点迹估计值。

点迹凝聚处理是通过算法从目标多个测量值中产生最客观反映目标的实际物理位置的质心点。点迹凝聚处理的步骤如下:

(1) 区别出属于同一个目标的点迹;

(2) 进行点迹数据距离上的归并与分类;

(3) 进行点迹数据方位上的归并与分类;

(4) 在距离、方位上分别求出质心点,然后直接或通过线性内插获得凝聚点。

本书对此部分内容不做详细讨论,以后所说的点迹均指经过凝聚后的点迹。

2.2.2　数据互联

数据互联又称数据关联,即建立某时刻雷达量测数据和其他时刻量测数据(或航迹)的关系,以确定这些量测数据是否来自同一个目标的处理过程(或确定正确的点迹和航迹配对的处理过程)。数据互联是通过相关波门来实现的,即通过波门排除其他目标形成的真点迹和噪声、干扰形成的假点迹。

在单目标无杂波环境下,目标的相关波门内只有一个点迹,此时只涉及跟踪滤波问题。在多目标情况下,有可能出现单个点迹落入多个波门的相交区域内,或者出现多个点迹落入单个目标的相关波门内,此时就会涉及数据互联问题。例如,假设雷达在第 n 次扫描之前已建立了两条目标航迹,并且在第 n 次扫描时检测到两个回波,那么这两个回波是两个新目标,还是已建立航迹的两个目标在该时刻的回波呢? 如果是已建立航迹的两个目标在该时刻的回波,那么这两次扫描的回波和两条航迹之间怎样实现正确配对呢? 这就是数据互联问题。

数据互联问题是雷达数据处理的关键问题之一。如果互联不正确,那么错误的数据互联就会给目标配上一个错误的速度,对于空中交通管制雷达来说,错误的目标速度可能会导致飞机碰撞;对于军用雷达来说,可能会导致错过目标拦截。按照互联的对象不同,数据互联问题可分为以下三类:

(1) 点迹与点迹互联,又称点迹与点迹相关,用于航迹起始,这部分内容将在 2.3 节详细介绍;

(2) 点迹与航迹互联,又称点迹与航迹相关,或点迹-航迹关联,用于航迹保持或航迹更新,这部分内容将在 2.4 节详细介绍;

(3) 航迹与航迹互联,又称航迹相关,用于多雷达航迹融合,这部分内容将在 7.2 节详细介绍。

2.2.3 波门选择

在对目标进行航迹起始和跟踪的过程中通常要利用波门解决数据互联问题,那么,什么是波门呢? 它又分为哪几种呢?

初始波门是以自由点迹为中心,用来确定该目标的观测值可能出现范围的一块区域。

相关波门(或相关域、跟踪波门)是指以被跟踪目标的预测位置为中心,用来确定该目标的当前观测值可能出现范围的一块区域,它是以预测点为中心的一个矩形(或圆形或扇形)的"门框式"区域,故称"相关波门"。

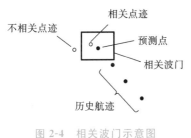

图 2-4 相关波门示意图

设置相关波门是为了确保航迹的正确延续。当新点迹(当前观测值)落入波门以内时,说明新点迹就在预测点附近,就判定为相关,将该新点迹"纳入"本批目标航迹之中,实现点迹与航迹的正确配对;当新点迹落在波门之外时,说明它与预测点相距较远,则判定为"不相关",该新点迹被排除在本批目标航迹之外,它可能是其他目标的点迹或虚假目标,如图 2-4 所示。关于波门的选择详见本章 2.5 节。

2.2.4 航迹起始与终止

1. 航迹起始

航迹起始也称点迹与点迹相关或航迹建立。航迹起始是通过对来自不同采样周期的点迹处理,按照给定的准则实现对航迹的相关检测,在点迹与航迹相关过程中,那些没有与已存在航迹相关的点迹,其中有的就是新发现目标的点迹。与对应目标的延续点迹相关之后,实现对一个新航迹的起始。这部分内容将在本章 2.3 节详细介绍。

航迹起始是指从目标进入雷达威力区(并被检测到)到建立该目标航迹的过程。航迹起始是雷达数据处理中的重要问题,如果航迹起始不正确,则根本无法实现对目标的跟踪。为了防止虚假点迹形成假航迹,必须花费一定的时间确认航迹,即保证航迹的可靠性。航迹起始可由人工或数据处理器按航迹逻辑自动实现,一般包括航迹形成、航迹初始化和航迹确定三个方面。

航迹起始的过程为:雷达录取到的点迹首先与固定杂波点关联,相关成功的点迹作为新的杂波点更新杂波图。未相关成功的点迹再与已有航迹相关,此时相关成功的点迹则用来更新已有航迹,而剩余的点迹既不与固定航迹关联,也不与可靠航迹关联,因而用来形成临时航迹,并做初始化处理。

形成的临时航迹可由进入观察视野内的新目标产生,或者由噪声、杂波和干扰引起的虚假检测产生,因此,将它们登记为可靠航迹之前,必须设法确认。确认过程是先在预期目标的预测位置周围的相关区域中进行检查,一个简单的准则是:若相继三次雷达扫描中在相关区域发现目标两次,就把它作为可靠航迹予以登记。

2. 航迹终止

在对目标进行跟踪的过程中,出现以下情形时航迹都应终止:一是数据关联错误形成错误航迹;二是无回波信号,目标消失,如目标飞离雷达威力范围、降落机场、或被击落;三是有回波信号,但超出波门,如目标强烈机动飞出跟踪波门而丢失目标。在这三种情形下,跟踪器就必须做出相应的决策以消除多余的航迹档案,进行航迹终止。

航迹终止可考虑分三种情况:

(1) 可能航迹(只有航迹头的情况),只要其后的第一个扫描周期中没有点迹出现,就将其终止;

(2) 暂时航迹(例如对一条刚建立的航迹来说),只要其后连续三个扫描周期中没有点迹出现,就将该航迹从数据档案中消去;

(3) 可靠航迹,对其终止要慎重,可设定连续 4～6 个扫描周期内没有点迹落入相关波门内,才考虑终止该航迹。需要注意的是,这期间必须多次利用"盲推"的方法,扩大波门去对丢失目标进行再捕获,当然也可以利用航迹质量管理对航迹进行终止。

2.2.5　跟踪滤波

目标跟踪滤波问题和数据互联问题是雷达数据处理中的两大基本问题,那么什么是跟踪滤波呢?目标跟踪滤波是指对来自目标的量测值进行处理,以获得较准确的目标点迹和航迹,使点迹和航迹更加接近目标的真实情况,以便保持对目标现时状态的估计,其作用是维持正确的航迹。跟踪滤波包括预测(外推)和滤波两项内容。

预测也称为外推,是根据已得到的历史航迹数据来推算下一次雷达电磁波照射时新点迹出现的位置,如图 2-5 所示。如果已知雷达的扫描周期(或天线转速),就可知道历史航迹中两相邻点迹的时间间隔,再算出目标的速度和航向,即可推算出预测点出现的位置。这个预测点有两个作用:第一个作用是帮助建立正确的航迹,因为预测了新点迹可能出现的位置,这也就提供了一个比对的参考点。如果下一次实际量测的数据与预测点相符,或在预测点的附近,就确认为是该批目标的新点迹;而离预测点较远的点迹,就可能是其他目标的点迹,则被排除在该批目标航迹之外。也就是说,它为关联提供了一个基准参考点,确保了航迹延续的正确性。第二个作用是作为滤波的一个参照值。

滤波的作用是使航迹更加接近目标的真实轨迹。由于一次量测值的不精确性,若直接用该量测值作为点迹数据,将会使航迹产生较大误差。解决的办法是将预测值与当前的观测值,通过适当的方法进行融合计算(如加权平均),用其所得结果来表示目标的真实位置。由于考虑了历史航迹的因素,可以减少当前观测误差的影响。图2-6中,虚线连接的是未经滤波的航迹,实线连接的是经过滤波的航迹。可见,经过滤波后航线更加平滑,而未经滤波的航迹是"锯齿"形的,这与航空器(如飞机)的飞行状态也是不相符的。

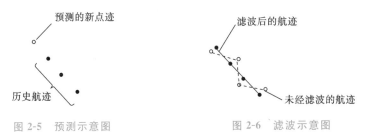

图 2-5 预测示意图   图 2-6 滤波示意图

目标跟踪滤波方法包括卡尔曼滤波方法、常增益滤波等,这些滤波方法针对的是匀速和匀加速目标,这时采用卡尔曼滤波技术或常增益滤波可获得最佳估计,而且随着滤波时间的增长,滤波值和目标真实值之间的差值会越来越小。但由于雷达数据处理过程中存在两种不确定性:一是模型参数具有不确定性(目标运动可能存在不可预测的机动);二是用于滤波的观测值具有不确定性(由于存在多目标和虚警,雷达环境会产生很多点迹)。因此,一旦目标的真实运动与滤波所采用的目标运动模型不一致(目标出现了机动),或者出现了错误的数据互联,就很可能会导致滤波发散,即滤波值和目标真实值之间的差值随着时间的增加而无限增长。一旦出现发散现象,滤波就失去了意义。

目标跟踪滤波的相关内容将在第3章详细介绍。

2.2.6 航迹管理

与航迹有关的概念在1.2.3小节中已详细叙述,需要注意的是在点迹与航迹的相关过程中一般确定这样一种排列顺序:先是固定航迹,再是可靠航迹,最后是暂时航迹。航迹管理负责这几种航迹的管理工作,也就是说在获得一组观测点迹后,这些点迹首先与固定航迹相关,那些与固定航迹相关上的点迹(称为赋值点迹)从点迹文件中删除并用来更新固定航迹,即用关联上的点迹来代替旧的杂波点。若这些点迹没能与固定航迹相关,其再与已经存在的可靠航迹进行相关,关联成功的点迹用来更新可靠航迹。和可靠航迹关联不上的点迹与暂时航迹进行相关,暂时航迹后来不是消失了就是转为可靠航迹或固定航迹。可靠航迹的优先级别高于暂时航迹,这样可使得暂时航迹不可能从可靠航迹中窃得点迹,如图2-7所示。

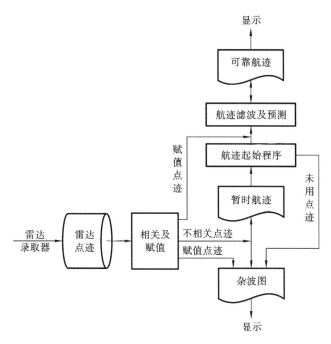

图 2-7　航迹管理逻辑示意图

2.3　航迹起始

为了做出有目标的判决和确定目标的航迹参数,必须分析几个扫描周期内获得的信息。当然,根据三个或三个以上相邻扫描周期的目标点迹,所得到的正确发现概率更大。同时,根据多个点迹的位置可以确定目标飞行方向,根据点迹之间的距离及扫描周期可算出飞行速度,这些工作的最终目的是确认目标航迹。

● 2.3.1　航迹起始的原理

航迹起始可由人工或数据处理器按航迹起始逻辑自动实现,一般包括航迹形成、航迹初始化和航迹确定三个方面。

在人工航迹起始时,当显示屏上在某个扫描周期内出现亮点时,操纵员把它当成可能的目标点进行记录,并起始可能的航迹。因为缺少目标的运动参数,所以不可能预测它在下一个扫描周期内所处的位置,但可以利用有关目标类型和可能的目标速度范围等先验信息。

如图 2-8 所示,自动航迹起始的过程为:雷达录取到的点迹首先与固定航迹关联,此时关联成功的点迹作为新的杂波点更新杂波图;未关联成功的点迹再与已有航迹相关,此时关联成功的点迹则用来更新已有航迹;未关联成功的点迹既不与固定航迹相关,也不与可靠航迹相关,因而用来形成临时航迹,并做初始化处理。但通常在已知目标跟踪门内的观测数据不能用来初始化为新的假定航迹,尽管使用"最近邻"方法时,某些满足跟踪门规则的点迹最后不与已知的目标航迹配对。形成的临时航迹可以由进入观测视野内的新目标产生,或者由噪声、杂波和干扰引起的虚假检测产生,因此把它们登记为可靠航迹之前,必须设法确认。确认过程是现在预期目标位置周围的相关区域中进行检查,一个简单的准则是:若相继三次雷达扫描中在相关区域发现目标两次,就把它作为可靠航迹予以登记。

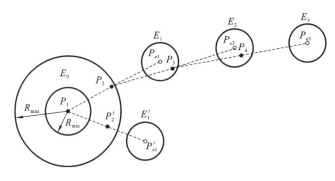

图 2-8　航迹起始的原理

例如,在现代空气动力学中,最小目标速度 v_{min} 和最大目标速度 v_{max} 所对应的马赫数分别为 $0.1c$ 和 $2.5c(v=310 \text{ m/s})$,这样在屏幕上出现下一个目标点的可能区域,是以第一当前点为中心的环,如图 2-8 所示。环的内、外边界圆周半径分别为 R_{min} 和 R_{max},它们由目标速度范围确定,若雷达扫描周期为 T,则

$$\begin{cases} R_{max} = v_{max} T \\ R_{min} = v_{min} T \end{cases} \tag{2-1}$$

由此方法获得的区域称为零外推区域(E_0)或第一截获波门或起始波门。当下一次扫描出现当前点 P_2 和 P_2',并进入目标可能出现区域 E_0 时,操纵员(或自动化设备)就可确定目标速度 v 和方向 θ,即

$$\begin{cases} v = \dfrac{1}{T}\sqrt{(\Delta x)^2 + (\Delta y)^2} \\ \theta = \arctan \dfrac{\Delta y}{\Delta x} \end{cases} \tag{2-2}$$

其中 Δx 和 Δy 为 P_1 与 P_2(或 P_2')之间在 x 轴与 y 轴上的距离。

航迹起始的第一项工作是确定目标的运动参数。通过计算目标运动参数,不难估计目标在下一扫描周期所处位置的坐标。计算目标在下一扫描周期的坐标称为外推(预测),而算出的坐标所对应的点称为外推点 $P_{e1}(P_{e1}')$。

很明显,下一个当前点 P_3 与外推点 P_{e1} 是不重合的,因为外推点的计算是有误差的,这些误差是由目标运动参数的计算误差和目标可能的机动所引起的。因此，为了选择目标，可在外推点 $P_{e1}(P'_{e1})$ 周围划出一个足够小的区域 $E_1(E'_1)$，这个区域就叫外推波门。划出该区域的过程称为目标波门选通。当然，外推波门 E_1 的尺寸可以取的比 E_0 小，因为产生 E_1 时，利用了前两个扫描周期获得的关于目标运动参数的后验信息。随着关于目标运动参数的信息增加和可靠性的提高，每一个新的扫描周期的外推波门都有可能减小。但是，最小的波门尺寸受外推误差、测量误差和目标机动可能性的限制。

很明显，几个周期之后暂时航迹因在相应扫描周期内缺少目标点而不再继续（见图 2-8 所示的 E'_1 内），因此，利用几个周期的回波点可以提高目标正确发现概率，降低虚警概率。此外，还可以确定目标运动参数（速度、加速度等），通过航迹平滑可更精确地测定目标坐标。

航迹起始的方法主要分为顺序处理航迹起始和批处理航迹起始，前者适合在目标稀疏以及杂波少的环境中使用，主要有直观法、逻辑法、修正的逻辑法及多假设方法；后者适合在目标密集或杂波多的情况下使用，主要有 Hough 变换法和修正的 Hough 变换法。

2.3.2　航迹起始的方法

1. 直观法

直观法（heuristic method）假设以 $\boldsymbol{r}_i(i=1,2,\cdots,N)$ 为 N 次连续扫描获得的位置观测值，如果这 N 次扫描中有 M 个观测值满足以下条件，那么就认定应起始一条航迹：

（1）测得或估计的速度大于某最小值 $v_{\min}$ 小于某最大值 $v_{\max}$。这种速度约束形成的相关波门，特别适合于第一次扫描得到的量测和后续扫描的自由量测。

（2）测得或估计的加速度的绝对值小于最大加速度 $a_{\max}$。如果存在不止一个回波，则用加速度最小的那个回波来形成新的航迹。

从数学角度讲，若设 $\boldsymbol{r}_{i-1}$、$\boldsymbol{r}_i$、$\boldsymbol{r}_{i+1}$ 三个位置值的获取时刻分别为 t_{i-1}、t_i、t_{i+1}，则以上两个判决可表示为

$$v_{\min} \leqslant \left| \frac{\boldsymbol{r}_i - \boldsymbol{r}_{i-1}}{t_i - t_{i-1}} \right| \leqslant v_{\max} \tag{2-3}$$

$$\left| \frac{\boldsymbol{r}_{i+1} - \boldsymbol{r}_i}{t_{i+1} - t_i} - \frac{\boldsymbol{r}_i - \boldsymbol{r}_{i-1}}{t_i - t_{i-1}} \right| \leqslant a_{\max}(t_{i+1} - t_i) \tag{2-4}$$

为了减小形成虚假航迹的可能性，直观法航迹起始器还可追加选用一种角度限制规则。如图 2-9 所示，令 φ 为向量 $\boldsymbol{r}_{i+1} - \boldsymbol{r}_i$ 和 $\boldsymbol{r}_i - \boldsymbol{r}_{i-1}$ 之间的夹角，即

$$\varphi = \arccos\left[\frac{(\boldsymbol{r}_{i+1} - \boldsymbol{r}_i)(\boldsymbol{r}_i - \boldsymbol{r}_{i-1})}{|\boldsymbol{r}_{i+1} - \boldsymbol{r}_i||\boldsymbol{r}_i - \boldsymbol{r}_{i-1}|} \right] \tag{2-5}$$

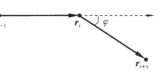

图 2-9　两向量之间的夹角

则角度限制规则可简单地表示为 $|\varphi| \leqslant \varphi_0$，式中 $0 < \varphi_0 \leqslant$

π。当 $\varphi_0 = \pi$ 时，就是角度 φ 不受限制的情况。量测噪声及目标的运动特性直接影响着 φ_0 的选取。在实际应用中为了保证以很高的概率起始目标航迹，φ_0 一般选取较大的值。

直观法是一种确定性较为粗糙的方法。在没有真假目标先验信息的情况下，仍是一种可以使用或参与部分使用的方法。

▋ 2. 逻辑法

观测值序列用 $\{Z_1, Z_2, \cdots, Z_N\}$ 表示，代表含有 N 次传感器扫描的时间窗的输入，当时间窗里的检测数达到指定门限时就生成一条成功的航迹，否则就把时间窗向时间增加的方向移动一次扫描时间。不同之处在于，直观法用速度和加速度两个简单的规则来减少可能起始的航迹，而逻辑法则以多重假设的方式通过预测和相关波门来识别可能存在的航迹。

设 $Z_i^l(k)$ 是 k 时刻量测 i 的第 l 个分量，这里 $l = 1, \cdots, p$，$i = 1, \cdots, m_k$，则可将观测值 $Z_i(k)$ 与 $Z_j(k+1)$ 间的距离矢量 $d_{ij}(k)$ 的第 l 个分量定义为

$$d_{ij}^l(t) = \max[0, z_j^l(k+1) - z_i^l(k) - v_{\max}^l t] + \max[0, -z_j^l(k+1) + z_i^l(k) + v_{\min}^l t]$$

式中，t 为两次量测间的时间间隔，$v_{\max}^l$ 和 $v_{\min}^l$ 为目标可能的最大最小速度的第 l 个分量。若假设观测误差是独立、零均值、高斯分布的，协方差为 $R_i(k)$，则归一化距离平方为

$$D_{ij}(k) = d_{ij}^{\mathrm{T}} [R_i(k) + R_j(k+1)]^{-1} d_{ij}$$

式中，$D_{ij}(k)$ 为服从自由度为 p 的 χ^2 分布的随机变量。由给定的门限概率查自由度 p 的 χ^2 表可得门限 γ，若 $D_{ij}(k) \leqslant \gamma$，则可判定 $Z_i(k)$ 与 $Z_j(k+1)$ 两个量测互联。

逻辑法按以下步骤进行：

(1) 用第一次量测中得到的点迹为航迹头建立门限，用速度法建立起始波门，对落入起始波门的第二次量测点迹均建立可能航迹；

(2) 对每个可能航迹进行外推，以外推点为中心，建立后续相关波门（其大小由航迹外推误差协方差确定）；第三次量测点迹落入后续相关波门且离外推点最近者给予互联；

(3) 若后续相关波门没有点迹，则终止此可能航迹，或用加速度限制扩大相关波门考察第三次扫描点迹是否落在其中；

(4) 继续上述步骤，直至形成可靠航迹，航迹起始才算完成；

(5) 在历次量测中，未落入相关波门参与数据互联判别的那些点迹（称为自由点迹）均作为新的航迹头，转步骤(1)。

用逻辑法进行航迹起始，何时才能形成可靠航迹，取决于航迹起始复杂度和性能的折中，取决于真假目标性能、密集的程度及分布、搜索传感器分辨力和量测误差等。一般采用的方法是航迹起始滑窗法的 m/n 逻辑原理，如图 2-10 所示。

滑窗法是对包含 n 个融合周期的时间窗内的输入 $(z_1, z_2, \cdots, z_n)$ 进行统计，如果在第 i 次周期时相关波门内含有点迹，则元素 $z_i = 1$，反之 $z_i = 0$。当时间窗内的检测数达到某一特定值 m 时，航迹起始便告成功。否则，滑窗右移一次扫描，也就是说增大窗口时间。

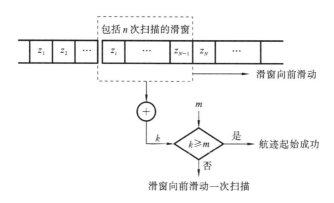

图 2-10　滑窗法的 m/n 逻辑原理

航迹起始的检测数 m 和滑窗中的相继事件数 n，两者共同构成了航迹起始逻辑，称为 m/n 逻辑。在工程上，通常只取两种情况：2/3 比值作为快速航迹起始；3/4 比值作为正常航迹起始。

▌▌ 3. Hough 变换法

Hough 变换(Hough Transformation，HT)最早应用于图像处理中，是检测图像空间中图像特征的一种基本方法，主要适用于检测图像空间中的直线。由于可以将雷达经过多次扫描得到的数据看作一幅图像，因此可以使用 Hough 变换检测目标的轨迹。现在 Hough 变换法已被广泛地应用于雷达数据处理中，并已成为多传感器航迹起始和低可观测目标检测的重要方法。1994 年，Carlson 等人将 Hough 变换法应用到搜索雷达中检测直线运动或近似直线运动的低可观测目标。参考文献[1]将 Hough 变换法应用于航迹起始中，但是由于 Hough 变换法起始航迹比较慢，为了能快速起始航迹，J. Chen 等人又提出了修正的 Hough 变换法。

Hough 变换法是通过式(2-6)将笛卡儿坐标系中的观测数据 (x,y) 变换到参数空间中的坐标 (ρ,θ)，即

$$\rho = x\cos\theta + y\sin\theta \tag{2-6}$$

式中，$\theta \in [0,180°]$。对于一条直线上的点 (x_i,y_i)，必有两个唯一的参数 ρ_0 和 θ_0 满足

$$\rho_0 = x_i\cos\theta_0 + y_i\sin\theta_0 \tag{2-7}$$

如图 2-11 所示，笛卡尔空间中的一条直线可以直接用从原点到这条直线的距离 ρ_0，以及 ρ_0 与 x 轴的夹角 θ_0 来定义。

将图 2-11 中直线上的几个点通过式(2-6)转换成参数空间的曲线，如图 2-12 所示。从图 2-12 中，可以明显地看出通过直线上的几个点转换到参数空间中的曲线交于一个公共点。这也就说明，在参数空间中交于公共点的曲线所对应的笛卡儿坐标系中的坐标点一定在一条直线上。

为了能在接收的雷达点迹数据中将目标检测出来，需将 $\rho\theta$ 平面离散地分割成若干个小方格，通过检测 3D 直方图中的峰值来判断公共的交点。直方图中每个方格的中

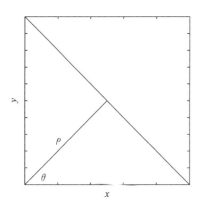

图 2-11　笛卡儿坐标系中的一条直线

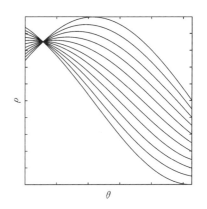

图 2-12　Hough 变换示意图

心点为

$$\theta_n = \left(n - \frac{1}{2}\right)\Delta\theta, \quad n = 1, 2, \cdots, N_\theta \tag{2-8}$$

$$\rho_n = \left(n - \frac{1}{2}\right)\Delta\rho, \quad n = 1, 2, \cdots, N_\rho \tag{2-9}$$

式中，$\Delta\theta = \pi/N_\theta$，$N_\theta$ 为参数 θ 的分割段数；$\Delta\rho = L/N_\rho$，N_ρ 为参数 ρ 的分割段数，L 为雷达威力范围的 2 倍。

当 X-Y 平面上存在有可连成直线的若干点时，这些点就会聚集在 $\rho\theta$ 平面相应的方格内。经过多次扫描后，对于直线运动的目标，在某一个特定单元中的点的数量会得到积累。例如图 2-13 给定的参数空间中的直方图，直方图中的峰值暗示着可能的航迹，但有些峰值不是由目标的航迹产生的，而是由杂波产生的。

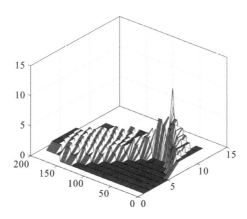

图 2-13　参数空间中的直方图

Hough 变换法适用于杂波环境下直线运动目标的航迹起始。Hough 变换法起始航迹的质量取决于航迹起始的时间和参数 $\Delta\theta$、$\Delta\rho$ 两个方面。航迹起始的时间越长，起始航迹的质量越高；参数 $\Delta\theta$、$\Delta\rho$ 选取越小，起始航迹的质量越高，但是容易造成漏警；

参数 $\Delta\theta$、$\Delta\rho$ 的选取应根据实际雷达的测量误差而定,若测量误差较大,则参数 $\Delta\theta$、$\Delta\rho$ 选取较大的值,不至于产生漏警。Hough 变换法很难起始机动目标的航迹,若要起始机动目标的航迹,则可以利用推广的 Hough 变换法起始目标航迹,但是由于推广的 Hough 变换法均具有计算量大的缺点,在实际中很难得到应用,在这里就不进行讨论了。

2.3.3　航迹起始性能的主要指标

1. 航迹起始响应时间

航迹起始响应时间是指目标进入雷达威力区到建立该航迹的时间延迟。由于实际的点迹存在是概率事件,是随机发生的,那么航迹起始响应时间也是一个随机变量,因此人们常以平均扫描次数、平均假互联率等表示,通常用传感器扫描数作为单位。

航迹处理往往被人为地分成航迹起始、航迹保持和航迹终结三个阶段,实际上这三个阶段在方法上往往是一脉相承的。为了航迹的确认,寄希望于有一定质量的航迹起始;而为了准确的航迹起始,寄希望于航迹头的正确选择。为了获得快速而又有一定质量的航迹起始,根据理论分析和工程实践经验,以及对高速目标的传感器量测,航迹起始扫描周期数取 4 为宜。在实际的环境中,4 次扫描能否建立起稳定航迹,需视目标数及其相对位置、检测概率、量测分辨力、虚警概率而定。如果 4 次扫描无法起始航迹,则有许多航迹处理方法依然可延伸到下一扫描周期处理。

2. 航迹质量

航迹质量是表示航迹优劣的指标,可用打分方法度量,也可用航迹的位置速度误差度量,还可用目标指示精度表示,另外还可用平均航迹纯度表示。

对于正在建立的航迹和已经建立的航迹,为了实施严格的控制,通常要给航迹以不同的质量标志。根据这些标志,可以清楚地看出哪些航迹是正常的,哪些是在建立中的,哪些是可疑的,哪些则应予撤销。航迹的质量标志随同航迹的其他数据一起构成完整的数据字,存放在计算机中,并不断地更新。

标志航迹质量最简单的方法是在数据字中设定若干位,作为质量计数器,例如,每次正常相关,给计数器加 2 分,达到 4 分,则确认航迹建立,以后的正常相关不再加分。一次不相关,给计数器减去 1 分。当计数器中的数减到零,就撤销这条航迹。

> 航迹起始的准确性与及时性,是一对统一于情报价值下的对立统一体,要根据实际作战任务的需要,抓住矛盾的主要方面。

2.4　点迹-航迹关联

点迹-航迹关联也称点迹-航迹相关或点航相关,是把某一周期间获得的点迹与此前形成的航迹进行比较并确定正确配对的过程。配对实现之后,用配对成功的点迹对航迹进行更新,以产生精确的位置和目标速度值估计。

2.4.1　点迹-航迹关联的原理

1. 点迹-航迹关联的逻辑

点迹-航迹关联分连续的两个步骤实现:先对每个要更新的航迹,产生一个配对表,表中包括全部可能的点迹-航迹配对(即相关),然后选出单个点迹与单条航迹构成唯一的配对(即赋值)。相关过程限制了能够更新航迹的点迹数目。实现的方法是先只考察紧靠航迹扇区的几个方位扇区中的点迹,然后只选取以航迹预测位置为中心的某个相关波门中的点迹。通常只考察点迹的三个方位扇区,一个航迹所在扇区重合,另外两个位于前一个扇区的侧面(见图 2-14(a))。为了避免相关波门和三个位置可能产生的边界误差,在相关过程中采用多重扇区。为了节省计算时间,要使点迹扇区和航迹扇区交错重叠而不是重合一致,此时,相关只需考虑两个点迹扇区就足够了,如图 2-14(b)所示。

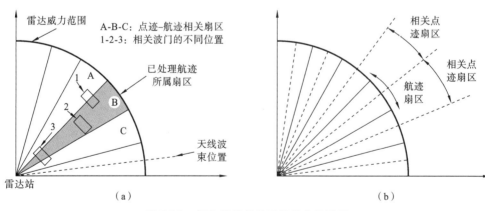

图 2-14　点迹-航迹相关采用的方位扇区

图 2-14 所示的相关方法很简单,当目标加速度很低、检测概率很高且虚警概率很低时,可以获得很好的性能。此外,目标航线在空中应相隔较远。但实际上这样的工作条件也许不会出现,因此可能引起模糊相关的情况。这样就要选用最靠近预测值的点迹来赋

值，为此规定了适当的"点迹-航迹间隔"。图 2-15 给出了整个点迹-航迹配对逻辑的流程。

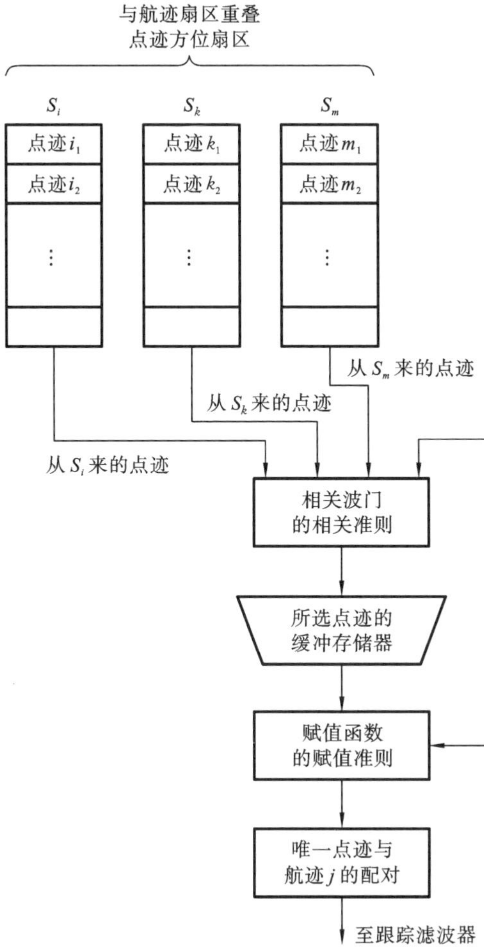

图 2-15　点迹-航迹配对逻辑的流程

2. 相关和赋值算法

随着方位角的增大，要采用顺序地扫描航迹缓冲存储器的方法进行处理。最简单的点迹-航迹配对算法，就是把相关波门角扫描期间发现的第一个点迹与处理过的航迹关联（见图 2-16）。这种算法适合于相隔很远，且在波门内只存在一个点迹的航迹情况。但是，即使在这种情况下，由于噪声的影响使点迹和航迹的方位排列次序发生变化，也还是可能产生错误的关联。

对点迹和航迹密度非常高的工作条件，应当使用更可靠的算法。在这种情况下，可能发生模糊相关：要么是多个航迹"争夺"单个点迹，要么是相关波门中的多个点迹与同一航迹关联。当航迹通过杂波区或几个目标同处于某个邻近区域，例如跟踪飞机编队

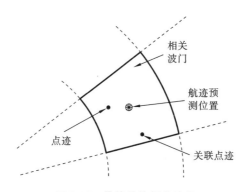

图 2-16　最简单的相关波门

时,就会发生这样的模糊情况。在这种情况下,先把可供关联的点迹-航迹构成矩阵,以完成相关和赋值,然后解除模糊,选择出那些最好的点迹-航迹配对。

在图 2-17 的例子中图解说明了多点迹、航迹的关联问题。图中,1 号航迹波门内有两个点迹,2 号航迹波门内有三个点迹,而 3 号航迹波门内有一个点迹。现在,构成点迹和航迹间隔矩阵如表 2-1 所示,不相关的点迹-航迹配对用趋于无穷大的间隔作标记。点迹和航迹间隔可能是欧几里得间隔或某个适当的统计间隔(其数学定义参见下节)。每个航迹暂时与最靠近的点迹关联,然后再检查这些暂时的关联,去掉那些重复使用的点迹。表 2-1 说明了这个过程。与航迹 1 和航迹 2 关联的点迹 8 同最靠近的航迹(此时为航迹 1)配对,然后再检查其余航迹,把所有与点迹 8 的关联去掉。这样,点迹 7 与航迹 1、2、3 关联。把航迹 2 与点迹 7 配对就解决了这种矛盾的情况。当与点迹 7 的其他关联去掉时,航迹 3 便没有点迹与之关联,故而在本次扫描中航迹 3 不会被更新。总之,航迹 1 被点迹 8 更新,航迹 2 被点迹 7 更新,而航迹 3 不更新。

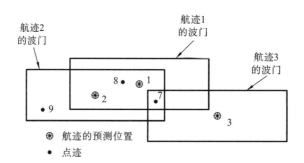

图 2-17　互相毗邻的多个点迹和航迹所产生的问题示例

表 2-1　点迹-航迹间隔矩阵

航 迹点 迹	1	2	3
7	4.2	5.4	6.3
8	1.2	3.1	∞
9	∞	7.2	∞

另一个对策是:如果与某个航迹只有一个相关,那么总是用一个点迹与一条航迹配对。如前所述,可以用最小间隔法来消除模糊。这样在本例中,航迹 3 由点迹 7 更新,航迹 1 由点迹 8 更新,而航迹 2 由点迹 9 更新(见表 2-2)。

表 2-2　图 2-17 示例的关联逻辑

航　迹　号	最靠近的关联		第二个关联		第三个关联	
	点迹	间隔	点迹	间隔	点迹	间隔
1	8	1.2	7	4.2	—	—
2	8	3.1	7	5.4	9	7.2
3	7	6.3	7	6.3	—	—

最后还应当指出:为了处理复杂的模糊相关情况,要运用别的相关算法。把航迹分类(如分成固定航迹、直线运动航迹、机动航迹),可获得初步的改进,各类航迹在相关过程中具有不同的优先度和相关波门。如果能够算出航迹被错误点迹更新的概率,那就可以得到进一步的改进。航迹被错误点迹更新这一事件的概率,用来衡量点迹-航迹配对的正确性。另外,还有一个适当的方法,那就是运用点迹和航迹的辅助信息。举例来说,在能获得径向速度观测的情况下,径向速度观测便是改进关联准确性的有效措施。否则,关联就只依靠位置观测精度了。最后要说明一下,使用二次雷达或敌我识别器的信息,能使得点迹-航迹的配对问题大大简化。

3. 统计间隔计算

假定某目标的预测位置为 $\hat{Z}(k|k-1)$,相关波门内存在着 m 个点迹数据,且第 i 个点迹数据为 $Z_i(k)$,$i=1,2,\cdots,m$,则第 i 个点迹与目标预测位置的欧几里得间隔为

$$v_i = Z_i(k) - \hat{Z}(k|k-1) \tag{2-10}$$

目标预测位置是按照 $k-1$ 时刻以前的目标观测点迹进行预测得到的,其实际目标点迹可能与预测位置间隔很小,但其他虚假点迹也可能与预测位置间隔更小,此时若简单地按欧几里得间隔最小进行点迹-航迹配对是不妥的,而应按统计间隔最小进行点迹-航迹配对。

统计间隔是针对不同目标位置之间的测量精度提出来的,一般雷达的距离精度高于方位精度,在对离雷达站较远的目标进行跟踪时,需要更多地考虑方位精度的影响。而统计间隔考虑了雷达测量误差、航迹预测误差和目标机动等因素对欧几里得间隔进行的修正,因此更具合理性。

统计距离的定义如下:假设在第 k 次扫描之前,已建立了 N 条航迹,第 k 次扫描时,在第 j 条航迹的波门内,有新观测 m 个,记为 $Z_i(k)$,$i=1,2,\cdots,m$。观测 i 和航迹 j 的差向量定义为测量值和预测值之间的差:

$$v_{ij}(k) = Z_i(k) - \hat{Z}_j(k|k-1) \tag{2-11}$$

设 $\boldsymbol{R}_{ij}(k)$ 是 $\boldsymbol{v}_{ij}(k)$ 的协方差矩阵,则量测 $\boldsymbol{Z}_i(k)$ 到第 j 条航迹的统计距离的平方为

$$d_j^2[\boldsymbol{Z}_i(k)]=\boldsymbol{v}_{ij}^{\mathrm{T}}(k)\boldsymbol{R}_{ij}^{-1}(k)\boldsymbol{v}_{ij}(k) \tag{2-12}$$

它是判断哪个点迹为"最邻近"点迹的度量标准。

4. 点迹-航迹关联的步骤

根据以上分析,可以得到点迹-航迹关联处理的一般流程,如图 2-18 所示。首先,在每一扫描周期内,对存在的航迹 j,预测该航迹在本周期的位置,并据此设置波门;其次是根据该航迹预测位置,确定相关扇区范围,并按扇区取该周期的相应点迹;然后对取得的所有点迹计算统计间隔;接着是航迹相关处理,判断这些点迹是否落入波门,对落入波门的点迹,若出现点迹模糊或航迹模糊,则进入相应的解模糊处理,点迹-航迹关联解模糊处理主要解决目标航迹交叉、多个点迹与一条航迹相关、多条航迹争夺一个点迹等问题,它的处理可解除虚假点迹相关,保证航迹跟踪的连续性和稳定性;最后,选择唯一点迹与航迹配对。

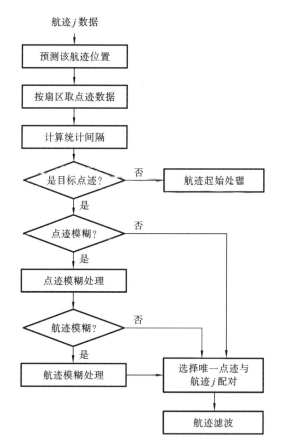

图 2-18　点迹-航迹关联处理流程图

2.4.2　点迹-航迹关联的方法

1. 算法分类

点迹-航迹关联处理应用的算法很多,可分为极大似然类数据关联算法和贝叶斯类数据关联算法两类。

极大似然类数据关联算法是以观测序列的似然比为基础的,主要包括人工标图法、航迹分义法、联合极大似然算法、0-1 整数规划法和广义相关法等。这些方法的基本估计准则都是使似然函数极大化,该似然函数表示以观测值为条件的目标状态向量值的概率。这些方法的基本形式都是批处理的,因而计算量普遍较大,其中,航迹分叉法是利用似然函数进行剪枝,排除不可能是来自目标的量测序列,因而计算量极大;联合极大似然算法是计算所有量测序列的不同可行划分的似然函数,似然函数达到极大的可行划分下的量测序列认为是来自不同目标的正确序列;0-1 整数规划法是由联合极大似然算法进一步推导而来的,将求使似然函数达到极大的可行划分变成了求使检验统计量达到极小的二进制向量,其原理与联合极大似然算法类似,但解决问题的实现方法略有不同;广义相关法是定义了一个得分函数,利用得分函数实现对航迹的起始、确认和撤销。

贝叶斯类数据关联算法是以贝叶斯准则为基础的,相对于极大似然类算法等批处理算法来说,该类算法在工程中应用更为普遍,目前基于该类数据关联算法的研究工作也更为深入。贝叶斯类算法概括来讲又包括两类:第一类只对最新的确认量测集合进行研究,是一种次优的贝叶斯算法,这类贝叶斯算法主要包括最近邻域法、概率最近邻域算法、概率数据关联算法、联合概率数据关联算法等,其中,概率数据关联算法和联合概率数据关联算法是用来计算当前时刻最新确认量测来自目标的正确概率,并利用这些概率进行加权以获得目标的状态估计。这类算法具有便于工程应用的优点;第二类是对当前时刻以前的所有确认量测集合进行研究,给出每一个量测序列的概率,它是一种最优的贝叶斯算法,主要包括最优贝叶斯算法和多假设方法等,该类算法相对来讲计算量较大,因此实际使用时需根据应用背景进行一定简化,以利于工程应用。

2. 最近邻数据关联(Nearest Neighbor Data Association, NNDA)

到目前为止,已经有许多有效的数据关联算法,其中 NNDA 是提出最早也是最简单的数据关联方法,有时也是最有效的方法之一。它是在 1971 年由 Singer 等人提出来的。它把落在相关波门内并且与被跟踪目标的预测位置“最近”的观测点迹作为关联点迹,这里的“最近”一般是指观测点迹在统计意义上离被跟踪目标的预测位置最近。相关波门、航迹的最新预测位置、本采样周期的观测点迹及最近观测点迹之间的关系如图 2-19 所示。假定有一航迹 i,波门为一个二维矩形门,其中除了预测位置之外,还包含了 3 个观

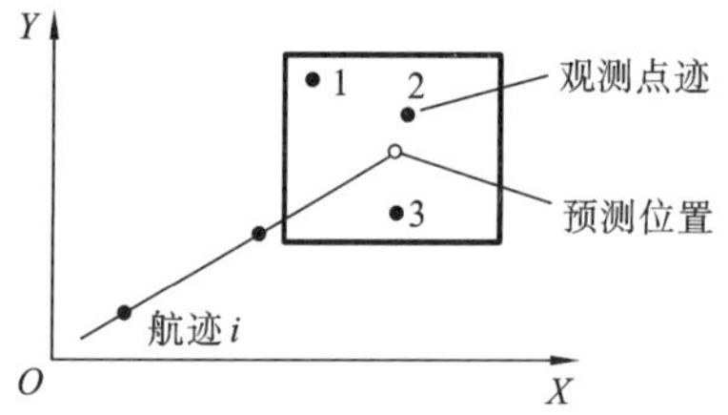

图 2-19　最近邻数据关联示意图

测点迹 1、2、3，直观上看，点迹 2 应为最近点迹。

"最近邻"方法的基本含义是：首先设置波门以限制潜在的决策数目，由波门初步筛选所得到的点迹作为候选点迹。若波门内点迹数大于 1，则选择波门内与被跟踪目标预测位置"最近"的点迹作为目标关联对象。所谓"最近"表示统计距离最小或者残差概率密度最大。统计距离计算见上一小节，它是判断哪个点迹为最近点迹的度量标准。

可以证明，这种方法在最大似然意义下是最佳的，残差的似然函数最大等效于残差最小。因此，在实际计算时，只需选择最小的残差 $v_{ij}(k)$ 就满足离预测位置最近的条件了。

在多目标跟踪问题中，该方法一般被分解为以下四条相关原则：

（1）如果某条目标航迹的相关波门内只有一个点迹，则该航迹选择与此点迹相关，而不考虑其他。

（2）如果某点迹只落入一个航迹相关波门内，则该点迹与此航迹相关，而不考虑其他。

（3）当某航迹的相关波门内落入多个点迹时，则该航迹与"最近"的点迹相关。

（4）当某点迹落入到多个航迹的相关波门内时，则该点迹与"最近"的航迹相关。

事实上，这四条相关原则的解是不唯一的，这主要是因为（3）、（4）两项原则使得相关解依赖于判别的次序。在大量的实际应用中，（1）、（2）两项原则常常导致错误相关。例如，某条航迹某时刻的点迹未被探测器检测到，但由于各种原因使得该航迹波门内仍包含一个点迹，而该点迹实际上是虚警或属于另一航迹，无论该点迹与该航迹的距离是否小于它与另一航迹的距离，按照原则（1），将判定它们相关。原则（2）同样会触发错误相关。为减少这种错误，在实际应用中，可把"最近邻"法修改为下述三条原则：

（1）如果某航迹的相关波门内只有一个点迹，且该点迹与此航迹的距离不大于它与各航迹最小距离的 λ 倍，则该航迹与点迹相关。其中，λ 由仿真选择，可取 3 左右。

（2）如果某点迹只落入一个航迹的相关波门内，且该航迹与该点迹的距离不大于它与各点迹距离的 λ 倍，则该点迹与该航迹相关。

（3）当不再有上述情形时，选择最小距离者相关。

"最近邻"法实质上是一种局部最优的"贪心"算法，因为离目标预测状态最近的点迹并不一定就是目标点迹，特别当滤波器工作在密集多目标环境中或发生航迹交叉时更是如此。因此，"最近邻"法在实际中常常会发生误跟或丢失目标的现象，其相关性能不甚完善。由于"最近邻"法是一个次优方法，在不太密集的回波环境中，此方法还是应用得较为成功，但在稠密回波环境中，发生误相关的概率较大，要么多个航迹争夺单个观测回波，要么多个观测与一条航迹相关。

最近邻数据关联主要适用于跟踪区域中存在单目标或目标数较少的情况，或者说只适用于信噪比高、稀疏目标环境的目标跟踪。其主要优点是运算量小、易于实现；主要缺点是抗干扰能力差,在目标密度较大时,容易跟错目标。但是,当这种方法与"点迹分配与确认""航迹分叉算法""模糊关联算法"等相结合时,在多目标情形下同时考虑多个点迹与多条航迹的关联概率时,关联错误就大大降低了。

▓ 3. 概率数据关联(Probability Data Association,PDA)

概率数据关联方法首先是由 Bar-Shalom 和 Tse 于 1975 年提出的,它适用于杂波环境中单目标的跟踪问题。

PDA 理论基本假设为:认为只要是有效回波,就都有可能源于目标,只是每个回波源于目标的概率有所不同。这种方法考虑了落入相关波门内的所有候选回波,并根据不同的相关情况计算出各回波来自目标的概率,并用等效回波来对目标的状态进行更新。概率数据互联方法是一种次优的滤波方法,它只对最新的测量进行更新,主要用于解决杂波环境下的单传感器单目标跟踪问题。在单目标环境下,若落入相关波门内的回波多于一个,这些候选回波中只有一个是来自目标,其余均是由噪声或干扰产生。

假定 k 时刻经跟踪波门选定的当前观测值为 $\boldsymbol{Z}(k)=\{z_i(k):i=1,2,\cdots,m_k\}$,以 $\boldsymbol{Z}^k$ 表示直到 k 时刻的全部有效预测值的集合为 $\boldsymbol{Z}^k=\{\boldsymbol{Z}(j):j=1,2,\cdots,k\}$,即 $\hat{z}_i(k|k-1)$ 表示在 k 时刻点迹群的预测值。观测值与预测值的偏差集合为

$$\boldsymbol{v}_i(k)=z_i(k)-\hat{z}_i(k|k-1),\quad i=1,2,\cdots,m_k$$

相关波门是一个椭圆球体,其点迹满足

$$\boldsymbol{v}_i^{\mathrm{T}}(k)\boldsymbol{S}^{-1}(k)\boldsymbol{v}_i(k)\leqslant\chi^2 \tag{2-13}$$

式中,$\boldsymbol{S}(k)$ 为偏差的协方差矩阵,χ 为调整相关范围的参数。

准最佳状态估计值利用了加权后的偏差。

$$\boldsymbol{v}(k)=\sum_{i=1}^{m_k}\beta_i(k)\boldsymbol{v}_i(k) \tag{2-14}$$

式中,$\beta_i(k)=\mathrm{Prob}\{z_i(k)|\boldsymbol{Z}^k\}(i=1,2,\cdots,m_k)$ 为第 i 个观测值为真时的后验概率。应用贝叶斯定律可以得到这些概率为

$$\beta_i(k)=\frac{\exp\{-0.5\boldsymbol{v}_i^{\mathrm{T}}(k)\boldsymbol{S}^{-1}(k)\boldsymbol{v}_i(k)\}}{b+\sum_{j=1}^{m_k}\exp\{-0.5\boldsymbol{v}_j^{\mathrm{T}}(k)\boldsymbol{S}^{-1}(k)\boldsymbol{v}_j(k)\}},\quad i=1,2,\cdots,m_k \tag{2-15}$$

$$\beta_0(k)=\frac{b}{b+\sum_{j=1}^{m_k}\exp\{-0.5\boldsymbol{v}_j^{\mathrm{T}}(k)\boldsymbol{S}^{-1}(k)\boldsymbol{v}_j(k)\}} \tag{2-16}$$

式(2-16)中,b 是一个相应的参数,它表示没有一个点迹是正确的后验概率。

$\beta_i(k)$ 的分母实质是所有可能事件 $z_i(k)(i=1,2,\cdots,m_k)$ 的概率估算值,表明所有候选点迹参与形成某个等效点迹,则量测的综合为

$$\hat{\boldsymbol{Z}}(k)=\sum_{i=1}^{m_k}\beta_i(k)z_i(k)$$

利用概率数据互联算法对杂波环境下的单目标进行跟踪的优点是误跟和丢失目

标的概率较小,而且计算量相对较小,概率数据互联算法是现代跟踪技术的发展方向之一。

4. 联合概率数据关联(Joint Probability Data Association，JPDA)

在多目标跟踪问题中,如果被跟踪的多个目标的跟踪门互不相交,或虽然跟踪门相交,但没有量测落入相交的区域,则多目标跟踪问题总可以简化为多目标环境中的单目标跟踪问题。实际的情形是,跟踪门相互交错,并且有许多量测落入这些相交区域中。1974年,Bar-Shalom 在多目标数据关联研究中,推广了他的概率数据互联滤波方法,引入了"聚"的概念,提出了联合概率数据互联算法,以便对多个目标进行处理。这种方法不需要关于目标和杂波的任何先验信息。"聚"定义为彼此相交的跟踪门的最大集合,目标则按不同的聚分为不同的集合。对于每一个这样的集合,总有一个二元聚矩阵与其关联。从聚矩阵中得到有效回波和杂波的全排列和所有的联合事件,进而通过联合似然函数来求解关联概率。联合概率数据关联方法以其优良的相关性能而引起研究者的高度重视。然而,由于在这种方法中,联合事件数是所有候选回波数的指数函数,并随回波密度的增大而迅速增大,致使计算负荷出现组合爆炸现象。

5. 多假设跟踪(Multiple Hypothesis Tracking，MHT)

多假设跟踪(MHT)方法于1979年由 Reid 提出,它是一种最大后验概率估计器,其主要过程包括假设生成、假设估计、假设管理(删除、合并、聚类等)。该方法综合了最近邻方法和联合概率数据关联方法的优点,其缺点是过多依赖于目标和杂波的先验知识。Blackman 的文章综述性地介绍了 MHT 的一些最新进展和发展方向。

6. 全局最近邻数据关联(Global Nearest Neighbor Data Association，GNNDA)

全局最近邻算法是一种典型的数据关联算法,在某些领域有着广泛的应用。与最近邻数据关联不同的是,它给出了一个唯一的点迹-航迹对,而通常的最近邻方法则是将每个点迹与最近的航迹(点迹)进行关联,全局最近邻方法寻求的是航迹和点迹之间的总距离最小,用它来表明两者的靠近程度。

2.5 波门选择

前面已经指出,在数据关联时,通常采用波门相关的方法实现目标数据的关联,即以前一采样周期在当前时刻的预测点为中心,设置一个波门。具体地说,在实际应用中,究竟采用什么样的波门,与许多因素有关,其中包括所要求的落入概率、相关波门的形状、种类及其尺寸或大小等。

相关波门或确认区域的形状是多目标跟踪问题中首当其冲的问题。相关波门是指以起始点或跟踪目标的预测位置为中心,用来确定该目标的观测值可能出现范围的一块区域。区域大小由正确接收回波的概率来确定,也就是在确定波门的形状和大小时,应使真实量测以很高的概率落入波门,同时又要使相关波门内的无关点迹的量不是很多。相关波门是用来判断量测值是否源自目标的决策门限,落入相关波门的回波被称为候选回波,如果相关波门的形状和大小一旦确定,也就确定了真实目标的量测被正确检测到的检测概率和虚假目标被错误检测到的虚警率。而检测概率和虚警率常常是矛盾的,因此,选择合适的相关波门是很重要的。

2.5.1 波门的形状

目标跟踪目前常采用的波门有多种类型,如图 2-20 所示。

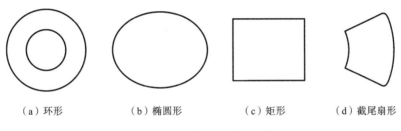

(a) 环形　　　　　(b) 椭圆形　　　　　(c) 矩形　　　　　(d) 截尾扇形

图 2-20　几种二维波门形状

波门的形状按照数据所采用的坐标系来选择比较方便。在极坐标系中,最简单的波门是截尾扇形,如图 2-21 所示,它的波门的距离宽度为 $2\Delta R$,方位宽度为 $2\Delta\theta$,波门中心则是外推点 $P(R_0,\theta_0)$。在直角坐标系中,最简单的波门是矩形,如图 2-22 所示,它由 $2\Delta X$ 和 $2\Delta Y$ 所组成,波门的中心也是外推点 $P(X_0,Y_0)$。

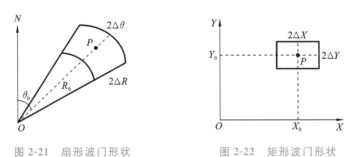

图 2-21　扇形波门形状　　　　　图 2-22　矩形波门形状

在这种形状的波门中,点迹的坐标 (R,θ) 或 (X,Y) 满足不等式

$$\begin{cases} |R-R_0|<\Delta R \\ |\theta-\theta_0|<\Delta\theta \end{cases} \tag{2-17}$$

或者

$$\begin{cases} |X - X_0| < \Delta X \\ |Y - Y_0| < \Delta Y \end{cases} \tag{2-18}$$

才能与航迹发生相关。在上述两式中 ΔR、$\Delta \theta$ 和 ΔX、ΔY 是波门的尺寸。

2.5.2　波门的类型

在实际工作中,尽管是同一个跟踪系统,但根据目标所处的运动状态不同,波门也可分为许多种。如数据关联开始时,面对雷达传送米的自由点迹,为了对目标进行捕获和对航迹初始化,波门一般要大些,并且应该是一个环形无方向性的波门;对非机动目标,如民航机在高空平稳段飞行时,有一个小波门就够了,因为它的速度比较恒定,几乎就是典型的匀速直线运动;在飞机的起飞与降落阶段,或对机动比较小的目标,一般采用一个中等程度的波门;对机动很大的目标,需要一个大波门。另外,在实际工作中,比如在跟踪的过程中,由于干扰等原因,把已经建立航迹的目标跟丢了,这时就要在原来波门的基础上扩大波门,对目标进行再捕获。因此,为了应对各种目标的各种运动状态,可能要设置多种波门。这里假定设置四种类型的相关波门:

(1)对自由点迹建立新航迹时,为了对目标进行捕获,设置无方向性的环形初始大波门;

(2)对处于匀速直线运动目标,比如民航机在高空平稳段飞行时,设置小波门;

(3)当目标机动比较小时,比如飞机的起飞和降落、慢速转弯等可设置中波门;

(4)当目标机动比较大,比如飞机快速转弯,或者是目标丢失后的再捕获,可采用大波门。另外,在航迹起始阶段为了有效地捕获目标,初始波门也应采用大波门。

需要指出的是,在对目标跟踪的过程中,目标的机动与否,在跟踪方程中是有体现的。比如,滤波器的残差,在一定程度上就能反映目标的机动程度。根据一定的经验,是可以采用自适应波门的。

相关波门的大小反映了预测的目标位置和速度的误差,该误差与跟踪方法、雷达测量误差、要保证的正确互联概率,以及目标的机动情况有关。相关波门的大小在跟踪过程中并不是一成不变的,而是根据跟踪的情况在大波门、中波门和小波门之间自适应调整。

2.5.3　波门的尺寸

由式(2-17)和式(2-18)知,波门的尺寸大则容易相关,尺寸小则不易相关,要适当选择。通常在确定波门大小时,要考虑下列几个因素。

(1)雷达量测误差和录取误差。这些误差大,则波门的尺寸要大些,反之则可以小些。

（2）目标的运动速度。对于速度大的目标，波门要大些，速度小则可以减小波门。

（3）目标的机动情况。在发现目标机动时，要扩大波门。

（4）天线扫描周期的长短。周期长，在一个周期内目标的位置变动大，波门必须相应地大一些，反之则可小一些。

（5）滤波和外推计算所用的方法。波门是以外推坐标为中心的，滤波和外推计算方法的误差大，则外推点与目标的真实坐标之间的误差也可能大，这就要求有较大的波门，反之可采用较小的波门。

（6）航迹的质量。当航迹丢失一个或几个点迹时，航迹质量下降，这时外推的误差迅速增大，波门的尺寸必须予以扩大。

总之，从原则上讲，波门以小为好，可以提高精度。但波门过小，可能出现套不住目标的现象；波门过大，很可能在同一波门内出现多个点迹，或者出现几条航迹的波门互相交叠的现象，都会增加确认航迹的困难。当然，在采用小波门的时候，这些现象也有可能发生。

> 波门小可以提高关联正确率，但过小又造成漏情，反之，波门大可以减少漏情，但过大又会增加虚警。情报处理人员要把握好"度"，根据任务需求和实际情况，区分主次，灵活设置。

1. 初始波门

初始波门是为那些首次出现还没有建立航迹的自由点迹或航迹头设立的，由于还不知道目标的运动方向，所以它应该是一个以航迹头为中心的 360° 的环形大型波门，其中内外径大小可参考式（2-1），形状见图 2-8 和图 2-20（a）。

式（2-1）中采用目标的最大和最小运动速度，已经足够了。确切地说，公式中的速度应该是目标运动的径向速度，径向速度通常要小于目标的运动速度。

2. 大波门

大波门是为大机动目标和目标丢失以后再捕获而设立的，它是一个截尾扇形形状的波门，两边是相等的，两个圆弧的长度取决于目标到雷达的距离 R 和夹角 θ。如果分别用 ΔR 和 $\Delta\theta$ 表示边长和夹角的话，则有

$$\begin{cases} \Delta R = (v_{max} - v_{min})T \\ \Delta\theta = 1° \sim 3° \end{cases} \tag{2-19}$$

需要注意的是，同样的夹角所对应的弧长对不同的距离可能差别很大，因此在应用夹角大小时要注意离雷达距离的大小，可以按不同的距离设置不同的 $\Delta\theta$。具体考虑波门大小时，要参考目标的最大的转弯半径。

所谓目标机动是指目标在运动过程中，偏离原来的航向，或产生加速度，或转弯，或进行升降运动。在实际工作中，如果对目标的采样频率较高，利用以上公式没有问题，但若在搜索雷达工作时，由于扫描周期较长，一般扫描周期 T 为 $5 \sim 10\ \text{s}$。在这样长的时间里，如果目标机动，如偏离原航向一个较大的 θ 角，很可能目标就跑到波门之外，产生目标

丢失。如果遇到这种情况,就要扩大相关波门,对该目标重新进行捕获。扩大了的相关波门就称机动波门。飞机在做航向机动时,偏离航向的最大角速度为

$$\psi_{\max} = 57.3 \frac{g\sqrt{n^2-1}}{v} \tag{2-20}$$

式中,$g = 9.81 \ \mathrm{m/s^2}$,为重力加速度;$v$ 为飞机运动速度;n 为飞机过载数,水平匀速直线飞行时,$n = 1$。

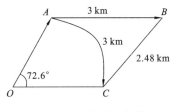

图 2-23　目标机动飞行轨迹

对有人驾驶的飞机来说,它受到驾驶员生理承受能力的限制,飞机的最大过载数 $n_{\max} = 8$。这时,在目标运动速度 $v = 300 \ \mathrm{m/s}$ 时,有 $\psi_{\max} = 7.26°/s$(民用飞机的最大转弯速度可达 $3°/s$)。在天线扫描周期 $T = 10 \ \mathrm{s}$ 时,按 $\psi_{\max}$ 计算,高机动飞机最大转弯可达 $72.6°$,对应的弧长为 $3 \ \mathrm{km}$。匀速直线运动 $3 \ \mathrm{km}$ 与机动转弯 $72.6°$ 所飞行弧线 $3 \ \mathrm{km}$ 的端点相距 $2.48 \ \mathrm{km}$,如图 2-23 所示。显然,$2.48 \ \mathrm{km}$ 是最坏的情况,它是我们选择机动波门的重要依据。

3. 小波门

小波门主要针对非机动目标或基本处于匀速直线运动状态的目标而设立的。目标处于匀速直线运动状态时,要保证落入概率大于 99.5%,波门的最小尺寸不应小于三倍测量误差方差的均方根 σ,即 $\Delta R \geqslant 3\sigma$。小波门通常用于稳定跟踪情况,波门尺寸主要考虑雷达的测量误差。如大型民航机除了起飞和降落阶段的爬升和下降之外,均处于匀速直线飞行的稳定跟踪阶段。

4. 中波门

中波门主要针对那些具有小机动的目标,如转弯加速度不超过 $1g \sim 2g$,可在小波门 3σ 的基础上,再加上 $1\sigma \sim 2\sigma$,考虑一定的保险系数,对中波门的最小尺寸应不小于 5σ。

2.5.4　波门尺寸的自适应调整

从上面讨论的初始波门和跟踪波门可看出,波门尺寸应随具体情况的变化而变化。

(1)手动初始录取转到自动初始录取,波门尺寸应有变化。

(2)初始建立跟踪的暂态过程中,波门尺寸应随采样序号 n 而变化。

(3)目标机动时要随机动方式而变化。

(4)目标尺寸不同,波门尺寸应不同。

(5)随着目标距离的变化,波门尺寸应相应变化。

(6)相关概率的要求不同,波门尺寸应不同。

　　而雷达数据处理系统要求处理目标数在数百批以上,显然,要使这么多的波门数据随着上述所有因素的变化而自动调节,计算程序会十分繁杂,计算量也很大,甚至会使实时处理出现困难。

　　解决的办法是:对某些次要因素,只找到它们对波门尺寸影响的上下限,作为波门变化的恒定分量,然后波门尺寸随主要因素自动调节。另一种方法是考虑了各种因素之后,抓住一个或几个重要因素,使波门尺寸随之变化,而且按所有因素影响的上下限选定大、中、小三种波门尺寸,在跟踪过程中进行自适应调整,其过程见图 2-24。

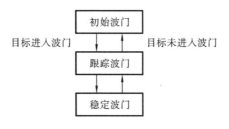

图 2-24　波门尺寸的自适应调整

　　(1) 在初始录取目标时,利用最大波门;初始建立跟踪之后,利用中波门;进入稳定跟踪之后,利用小波门。如可选定空中稳定相关波门为 2.2°,250 m;海上稳定相关波门为 1.6°,160 m。

　　(2) 在跟踪过程中,如果目标发生机动或其他因素使目标未能落入最小波门时,则改用中波门;目标又进入跟踪之后,再转用小波门;如目标仍没有落入中波门,则改用大波门。

　　(3) 如果利用最大波门连续几次均未能捕捉目标,则判定为目标丢失。

2.6　实验:航迹起始

1. 实验内容

　　采用 M/N 逻辑法实现二维空间航迹起始。

　　目标环境:假定 5 个目标做匀速直线运动。

　　探测装备:假定雷达的扫描周期 $T=5$ s,雷达测向误差和测距误差分别为 $\sigma_\theta=0.3°$ 和 $\sigma_r=40$ m。

　　杂波环境:每个周期的杂波个数是按泊松分布确定的,即给定参数 λ 来决定。

2. 程序代码

```
function main()
%M/N 逻辑法航迹起始程序。
```

```
clear all; clc; close all;

%%参数设置
N=7;                    %5/7 逻辑
M=5;
T=5;                    %扫描周期(秒)
%%
Xscope=10^5;           %正方形仿真区域边界
Yscope=10^5;


%目标运动参数
v=500;                 %500 m/s
theta=0;               %水平正 x 轴运动


%距离观测标准差与方位角观测标准差
sigma_r=40;            %米
sigma_theta=0.3;       %度


%所考虑的正方形仿真区域内的杂波平均数
renbuda=50;
%指定 4 次扫描的杂波个数,每个周期的数目服从泊松分布,分布的均值由面积大小
%以及单位面积内杂波数的乘积确定
%参数 renbuda 是单位时间 (或单位面积)内随机事件的平均发生率,期望和方差均为 renbuda
K=poissrnd(renbuda,1,N);%产生均值为 renbuda 的 1 行 N 列的服从泊松分布的随机数


%限制关联规则中的最大与最小速度、最大加速度和连续三次扫描的夹角
vmin=2*v/3;
vmax=3*v/2;
amax=50;
thetamax=45;


%仿真产生 5 个目标的航迹,(simutrack 函数,仿真带加速度扰动的匀速直线运动目标的二维航
迹),用于本仿真中 x- y 方向没有随机加速度干扰
radar1=simutrack(55000,55000,v,theta,0,0,sigma_r,sigma_theta,T,N);
radar2=simutrack(45000,45000,v,theta,0,0,sigma_r,sigma_theta,T,N);
radar3=simutrack(35000,35000,v,theta,0,0,sigma_r,sigma_theta,T,N);
radar4=simutrack(45000,25000,v,theta,0,0,sigma_r,sigma_theta,T,N);
radar5=simutrack(55000,15000,v,theta,0,0,sigma_r,sigma_theta,T,N);


%每次扫描所得点迹集合 sample 中的前 5 个点被设定为目标点
i=0;
```

```
for k=K
  i=i+1;
  cycle(i).sample=[rand(k,1)*Xscope rand(k,1)*Yscope];
  cycle(i).sample=[radar1(i,:); radar2(i,:); radar3(i,:); radar4(i,:); radar5(i,:);
  cycle(i).sample];
end


%用第一次扫描的点迹建立可能航迹
for i=1:size(cycle(1).sample,1)
  track(i).seq=[cycle(1).sample(i,:) 1 i];   %存放点的值,所在扫描周期,关联点
  track(i).shouldadd=[];
  track(i).poll=[];
end


%后续周期的点迹利用规则进行递推判断
for i=2:N
  tracknum=size(track,2);
  tracknum_temp=tracknum;
  samplenum=size(cycle(i).sample,1) ;
  D=zeros(tracknum,samplenum);


  %计算本次扫描所有点迹与所有暂时航迹的速度关联值
  for j=1:samplenum
    for k=1:tracknum
      data=cycle(i).sample(j,:);   %第 i 个扫描周期列数据
      data1=track(k).seq(end,1:2);
      D(k,j)=norm(data-data1)/T;
end
end


for j=1:samplenum
    data=cycle(i).sample(j,:);
    %如果第 j 个点迹与所有暂时航迹的速度关联都不符合速度规则,则建立一个新的
    航迹,并进行下一次循环
    I=find(D(:,j)>vmin & D(:,j)< vmax);
    if size(I,1)==0
      tracknum_temp=tracknum_temp+1;
      track(tracknum_temp).seq=[data i j];
      track(tracknum_temp).shouldadd=[];
      track(tracknum_temp).poll=[];
      continue;
```

```
            end

    %运行到这里,则表明存在某些航迹与该点迹符合速度约束

    for index=I'
        %下面将航迹中的点迹等于1和大于1两种情况分别考虑大于1可以算速度加速度
        if size(track(index).seq,1)==1
            track(index).shouldadd=[track(index).shouldadd j];    %可能关联
            track(index).poll=[];
        elseif size(track(index).seq,1) > 1
            %下面可以进行加速度和夹角约束判定

            %获取暂时航迹中的最后两点
            data1=track(index).seq(end,1:2);
            data2=track(index).seq(end-1,1:2);

            %进行加速度判决,如果不符合,则直接进入下一次循环
            v1=D(index,j);
            v2=sqrt(sum((data1-data2).^2))/T;
            a=abs(v2-v1)/T;
            if a>amax
                continue;
            end

            %进行夹角判决,如果不符合,则直接进入下一次循环
            e1=data-data1;
            e2=data1-data2;
            theta1=abs( acos(e1*e2'/norm(e1)/norm(e2)));
            theta1=theta1*180/pi;
            if (theta1>thetamax)
                continue;
            end
            track(index).poll=[track(index).poll; [j a]];
        end
    end
end
%

  for k=1:tracknum
    if size(track(k).poll,1)>0
      [amin index]=min(track(k).poll(:,end));          %加速度最小
```

```
            index=track(k).poll(index,end-1);                %关联点序号
            track(k).seq=[track(k).seq;[cycle(i).sample(index,:) [i index]]];
        %加入到航迹值
            track(k).poll=[];
            track(k).shouldadd=[];
        elseif size(track(k).shouldadd,2)>0
            temptrack=track(k);
            for j=1:size(temptrack.shouldadd,2)                %列数关联点
                index=temptrack.shouldadd(j);
                if j==1
                    track(k).seq=[track(k).seq;[cycle(i).sample(index,:) i index]];
                    track(k).poll=[];
                    track(k).shouldadd=[];
                else    %一次扫描多于两个关联点,增加新航迹
                    tracknum_temp=tracknum_temp+1;
                    track(tracknum_temp)=temptrack;
                    track(tracknum_temp).seq= [track(tracknum_temp).seq;[cycle(i).sample
                    (index,:) i index]];
                    track(tracknum_temp).poll=[];
                    track(tracknum_temp).shouldadd=[];
                end
            end
        end
    end
end


%航迹输出需要满足的规则
%航迹中点迹的数目必须大于 M 个
%调整 M 的值有什么影响,为什么?

k=1;
while k< =size(track,2)
  index=size(track(k).seq,1);
  if index<M
      track(k)=[];
  else
    k=k+1;
  end
end

figure(1);
```

```
s=['*','s','+','.','^','p','d']; %最多设置了 7 个步长
hold on;
for i=1:N
    plot(cycle(i).sample(6:end,1),cycle(i).sample(6:end,2),s(i));
end

plot([radar1(:,1); radar2(:,1); radar3(:,1); radar4(:,1); radar5(:,1)],...
    [radar1(:,2); radar2(:,2); radar3(:,2); radar4(:,2); radar5(:,2)],'ro');
for i=1:size(track,2)
    data-track(i).seq(:,1:2);
    plot(data(:,1),data(:,2),'-');
end
xlim([0,Xscope]);
ylim([0,Yscope]);
box on;

figure(2);
hold on;
for i=1:size(track,2)
    data=track(i).seq(:,1:2);
    plot(data(:,1),data(:,2),'o-');
end
xlim([0,Xscope]);
ylim([0,Yscope]);
box on;
end   %end main()

function data=simutrack(x0,y0,v,theta,sigma_ax,sigma_ay,sigma_r,sigma_theta,T,N)
%simutrack 仿真带加速度扰动的匀速直线运动目标的二维航迹
%
%'x0'目标在 x 方向上的初始位置
%'y0 目标在 y 方向上的初始位置
%'v'目标匀速运动的速度
%'theta'目标速度与 x 轴方向的夹角,单位度
%'sigma_ax'x 轴方向的随机加速度
%'sigma_ay'y 轴方向的随机加速度
%'sigma_r'极坐标下距离的测量标准差
%'sigma_theta'极坐标下方位的测量标准差,单位度
%'T'雷达扫描周期
%'N'采样点数
%
```

```
%'data'仿真得到的 N 点目标航迹

%转变为弧度
theta=theta*pi/180;
sigma_theta=sigma_theta*pi/180;

%x 和 y 方向上的初始速度
vx0=v*cos(theta);
vy0=v*sin(theta);

%扰动协方差矩阵
Q=[sigma_ax^2 0;0 sigma_ay^2];
Gamma=[T^2/2 0;T 0;0 T^2/2;0 T];

%状态转移矩阵
Phi=[1 T 0 0;0 1 0 0;0 0 1 T;0 0 0 1];

%测量矩阵
H=[1 0 0 0;0 0 1 0];

%构造真实航迹
X(:,1)=[x0 vx0 y0 vy0]';
for m=2:N
    X(:,m)=Phi*X(:,m-1)+Gamma*[sigma_ax*randn(1) sigma_ay*randn(1)]';
end
Pos=[X(1,:); X(3,:)];

%极坐标下的数值
r0=sqrt(X(1,:).^2+X(3,:).^2);
theta0=atan(X(1,:)./X(3,:));

%加高斯噪声
r=r0+sigma_r*randn(1,N);
theta=theta0+sigma_theta*randn(1,N);

%将加噪声的数据重新转换到直角坐标
x=r.*sin(theta)*exp(sigma_theta^2/2);
y=r.*cos(theta)*exp(sigma_theta^2/2);
data=[x',y'];
end   %end simutrack()
```

2.7　实验：点迹-航迹关联

1. 实验内容

采用最近邻数据关联（NNDA）方法实现二维空间点迹-航迹关联。假设目标在二维空间直线运动，状态向量为$[x,\dot{x},y,\dot{y}]^{\mathrm{T}}$，初始状态为$[200,0,10000,-15]^{\mathrm{T}}$（位置单位为 m，速度单位为 m/s）；雷达采样间隔 $T=1$ s，量测噪声方差 $r=20$。

2. 程序代码

```
%NNDA 算法实现
function main()
clc;
clear;
close all;
%*********************************************
%参数设置
%*********************************************
I=eye(4);
T=1;                                       %采样间隔1秒
simTime=100 ;                              %仿真步数
A_Model=[1 T 0 0;0 1 0 0;0 0 1 T;0 0 0 1];  %状态转移矩阵
H=[1 0 0 0;0 0 1 0];                       %测量矩阵

Q_Model=1;                                 %过程噪声
G=[T^2/2 0; T 0; 0 T^2/2; 0 T];            %噪声分布矩阵
r=20;
R=[r 0; 0 r];                              %量测噪声
X0=[200;0;10000;-15];                      %初始状态
X(:,1)=X0;
Vk=[sqrt(r)*randn;sqrt(r)*randn];
Zk(:,1)= H*X(:,1)+Vk;
gama=16;                                   %杂波设置参数
lamda=0.0004;                              %单位面积的虚假量测数
%*********************************************
%量测生成
%*********************************************
for i=2:1:simTime
  X(:,i)=A_Model*X(:,i-1);                 %真实状态
  Vk=[sqrt(r)*randn;sqrt(r)*randn];
```

```
    Zk(:,i)=H*X(:,i)+Vk;                      %生成量测值
end
%**********************************************
%              NNSF初始化
%**********************************************
Xk_NNSF=[210;0;10100;-16];                    %初始状态、与实际值略有差别
R11=r; R22=r; R12=0; R21=0;
Pkk_NNSF=[R11 R11/T R12 R12/T;
    R11/T 2*R11/T^2 R12/T 2*R12/T^2;
    R21 R21/T R22 R22/T;
    R21/T 2*R21/T^2 R22/T 2*R22/T^2];         %初始协方差
Xkk=Xk_NNSF;                                  %X0
Pkk=Pkk_NNSF;
X_Pre=Xk_NNSF;
P_Pre=Pkk_NNSF;
P=R;
for i=1:1:simTime
    %**********************************************
    %产生杂波
    %**********************************************

    Sk=H*P_Pre*H'+P;                          %信息协方差
    Av=pi*gama*sqrt(det(Sk));                 %量测确定区域面积
    %准备生成杂波数目
    nc=floor(10*Av*lamda+1);                  %设置杂波数量

    %虚假量测
    q=sqrt(10*Av)/2;                          %中间变量
    q=q/10;                                   %人为减少,虚假量测不可能分布太广
    a=X(1,i)-q;
    b=X(1,i)+q;
    c=X(3,i)-q;
    d=X(3,i)+q;
    %生成代表杂波的 nc 个虚假量测
    xi=a+(b-a)*rand(1,nc);
    yi=c+(d-c)*rand(1,nc);
    clear Z_Matrix;                           %从内存中清除
    clear PZ_Matrix;                          %从内存中清除
    for j=1:nc
        Z_Matrix(:,j)=[xi(j);yi(j)];          %杂波量测:Z_Matrix 数据的前 nc 列
    end
    Z_Matrix(:,nc+1)=Zk(:,i);                 %真实量测 Z_Matrix 数据的前 nc 列
                                              %杂波量测:Z_Matrix 数据的前 nc+1 列
    PZ_Matrix=cat(3);                         %定义变量
```

```
    for j=1:1:nc
        PZ_Matrix=cat(3,PZ_Matrix,[q,0;0,q]);%PZ_Matrix 维数:2*2*nc
    end
    PZ_Matrix=cat(3,PZ_Matrix,R);
    %************************************************
    %            NNDA 关联
    %************************************************
    Z_Predict=H*X_Pre;                          %量测预测
    PZ_Predict=H*P_Pre*H';                      %信息协方差
    [Z,P]=NNDA(Z_Matrix,PZ_Matrix,Z_Predict,PZ_Predict); %NNDA,返回关联量测和对应
                                                          方差
    Z_NNDA(:,i)=Z;                              %关联的量测存储
    %************************************************
    %卡尔曼滤波
    %************************************************

    [Xk,Pk,Kk]=Kalman(Xkk,Pkk,Z,A_Model,G,Q_Model,H,P);
    Xkk=Xk;
    Pkk=Pk;
    %预测
    X_Pre=A_Model*Xkk;
    P_Pre=A_Model*Pkk*A_Model'+G*Q_Model*G';
    %给出各个状态值
    Ex_NNSF(i)=Xkk(1);%x
    Evx_NNSF(i)=Xkk(2);%vx
    Ey_NNSF(i)=Xkk(3);%y
    Evy_NNSF(i)=Xkk(4);%vy
    error1_NNSF(i)=Ex_NNSF(i)-X(1,i);%Pkk(1,1);
    error2_NNSF(i)=Ey_NNSF(i)-X(3,i);%Pkk(2,2);
    error3_NNSF(i)=Evx_NNSF(i)-X(2,i);%Pkk(3,3);
    error4_NNSF(i)=Evy_NNSF(i)-X(4,i);%Pkk(4,4);
end
%************************************************
%绘图
%************************************************
i=1:simTime;
figure
plot(X(1,i),X(3,i),'-','LineWidth',2);                %真实值
grid on; hold on
plot(Ex_NNSF(1,i),Ey_NNSF(1,i),'r-','LineWidth',2);   %滤波值
plot(Zk(1,i),Zk(2,i),'*');                            %实际测量值
plot(Z_NNDA(1,i),Z_NNDA(2,i),'o');                    %组合测量值
legend('真实值','滤波值','实际量测','组合量测');
title('目标运动轨迹'); xlabel('x/m'); ylabel('y/m');
```

```
text(X(1,1)+1,X(3,1)+5,'t=1');

%位置误差
figure
subplot(211)
plot(abs(error1_NNSF(i)),'LineWidth',2); grid on
title('位置误差'); xlabel('t/s'); ylabel('error-x/m');
subplot(212)
plot(abs(error3_NNSF(i)),'LineWidth',2); grid on
xlabel('t/s'); ylabel('error-y/m');

%速度误差
figure
subplot(211)
plot(abs(error2_NNSF(i)),'LineWidth',2); grid on
title('速度误差'); xlabel('t/s'); ylabel('error-vx/m/s');
subplot(212)
plot(abs(error4_NNSF(i)),'LineWidth',2); grid on
xlabel('t/s'); ylabel('error-vy/m/s');
end
end %end main()


%NNDA 函数
function[Z,P]= NNDA(Z_Matrix,PZ_Matrix,Z_Predict,PZ_Predict)
%最近邻数据关联函数
%输入
%Z_Matrix:波门内的有效量测值(包括杂波和真实量测)
%PZ_Matrix:有效量测值的误差方差阵
%Z_Predict:量测预测值
%PZ_Predict:量测预测值的误差方差阵
%输出
%Z:按照统计距离最近原则关联上的量测值
%P:关联上的量测值对应的协方差
nm=size(Z_Matrix);
n=nm(2);%波门内有效量测的数据,即列数
for i=1:1:n
  e(:,i)=Z_Matrix(:,i)-Z_Predict;%每个量测与预测值的距离
  S(:,:,i)=PZ_Predict+ PZ_Matrix(:,:,i);%对应协方差 X、R、Q互不相关条件下
  D(:,i)=e(:,i)'*inv(S(:,:,i))*e(:,i);%统计距离
end
Z=Z_Matrix(:,1);
P=PZ_Matrix(:,:,1);
d=D(:,1);
index=1;
```

```
for i=2:1:n
  if D(:,i)< d
    d=D(:,i);
    Z=Z_Matrix(:,i);
    P=PZ_Matrix(:,:,i);
    index=i;
  end
 end
 end % end NNDA()
end
```

> 雷达扫描周期,测向和测距误差,以及杂波环境的变化,会导致不同的起始和关联效果。"失之毫厘,谬以千里",情报处理人员应具备严谨科学的工作作风、求真务实的工作态度,要善于从小处着手,把小事做扎实、做细致。

2.8　小　结

单雷达数据处理是雷达网信息处理的基础,主要解决单雷达如何由原始测点迹数据形成目标航迹的问题。本章首先讨论了雷达数据处理的目的和意义,然后以边扫描边跟踪系统中的雷达数据处理为例,重点讨论了雷达数据处理的过程,以及处理过程中用到的航迹起始、点迹-航迹关联、波门选择等技术。其主要内容及要求如下:

(1) 现代雷达系统由传感器、信号处理器、数据录取器和数据处理器四部分组成。其中,雷达数据处理器完成把所得到的目标点迹连成航迹,除去虚警,补上漏情,对每条航迹给出目标的运动参数等工作。

(2) 雷达数据处理过程中的功能模块包括点迹预处理、数据互联、跟踪滤波、航迹起始与终止等内容,而在数据互联和航迹起始与航迹终止的过程中又必须建立波门。数据互联就是建立某时刻雷达量测数据和其他时刻量测数据(或航迹)的关系,以确定这些量测数据是否来自同一个目标的处理过程(或确定正确的点迹和航迹配对的处理过程)。跟踪滤波是指对来自目标的量测值进行处理,以获得较准确的目标航迹,使航迹更加接近目标的真实情况,以便保持对目标现时状态的估计,其作用是维持正确的航迹,它包括预测(外推)和滤波两项内容。要求能概括雷达数据处理的过程,了解野值的概念,知道数据互联的分类及含义,理解跟踪滤波的概念,理解固定航迹、可靠航迹、暂时航迹和可能航迹之间的关系。

(3) 航迹起始是指从目标进入雷达威力区(并被检测到)到建立该目标航迹的过程,是多目标航迹处理中的首要问题,航迹起始的好与坏,直接影响后续的处理。其方法主要有直观法、逻辑法和 Hough 变换法等。直观法用速度和加速度两个简单的规则来减少可能起始的航迹,是一种确定性较为粗略的方法,在没有真假目标先验信息的情况下,仍是一种可以使用或参与部分使用的方法。逻辑法则以多重假设的方式通过预测和相关波门来识别可能存在的航迹,一般采用的方法是航迹起始滑窗法的 M/N 逻辑原理,在工程上通常取 2/3 比值作为快速起始,3/4 比值作为正常航迹起始。在实际应用中逻辑法在虚警概率比较低的情况下可以有效地起始目标的航迹。Hough 变换法是一种批处理方法,是一种基于 Hough 变换的线检测方法,但需要经过 3 个周期以上点迹累积才能开始进行航迹起始,优点是对目标密集情况下效果较好,缺点是起始速度较慢。航迹起始性能的主要指标包括航迹起始响应时间和航迹质量。要求了解航迹起始的重要性,了解航迹起始的直观法,掌握航迹起始的逻辑法,说出航迹起始性能的主要指标。

(4)点迹-航迹相关是把雷达某一扫描期间获得的点迹与此前形成的航迹进行比较,然后确定正确配对的过程,是航迹处理的基本问题,也是核心问题和难点之一。点航相关处理一般分为三个连续的步骤:一是设置跟踪波门以限制潜在的决策数目;二是根据统计间隔等参数使每个航迹与点迹构成暂时关联;三是检查暂时关联使单个点迹与单条航迹进行唯一配对。

(5)点迹-航迹相关中,最近邻数据关联(NNDA)是提出最早也是最简单的数据关联方法,是一种局部最优的"贪心"算法,主要适用于跟踪区域中存在单目标或目标数较少的情况,或者说只适用于信噪比高、稀疏目标环境的目标跟踪,其主要优点是运算量小、易于实现,主要缺点是抗干扰能力差,在目标密度较大时,容易跟错目标。概率数据关联(PDA)方法将落入相关波门内的所有候选当做有效回波,认为都有可能源于目标,只是每个回波源于目标的概率有所不同。这种方法根据不同的相关情况计算出各回波来自目标的概率,并用等效回波来对目标的状态进行更新。概率数据关联方法是一种次优的滤波方法,它只对最新的量测进行更新,主要用于解决杂波环境下的单传感器单目标跟踪问题。联合概率数据关联(JPDA)是 PDA 算法的推广,以联合似然函数来求解关联概率,用于解决多目标跟踪情况下,跟踪门相互交错,并且有许多量测落入这些相交区域中的关联模糊问题。多假设法(MHT)将 JPDA 扩展到多个周期。应理解 NNDA 和 PDA 两种方法的基本原理。

(6)相关波门是指以被跟踪目标的预测位置为中心,用来确定该目标的观测值可能出现范围的一块区域,在数据互联和跟踪的过程中要用到,设置它的目的是为了确保航迹的正确延续。二维波门的形状主要有环形、椭圆形、矩形和截尾扇形。在极坐标系中一般选用截尾扇形,在直角坐标系中一般选用矩形或椭圆形。相关波门的类型包括环形波门、大波门、中波门和小波门。对自由点迹建立新航迹时,为了对目标进行捕获,设置无方向性的环形大波门;对处于匀速直线运动的目标,比如民航机在高空平稳段飞行时,设置小波门;当目标机动比较小时,比如飞机的起飞和降落、慢速转弯等可设置中波门;当目标机动比较大时,比如飞机快速转弯,或者是目标丢失后的再捕获,可采用大波门。要求知道波门的形状及应用场合,理解波门的类型及尺寸,熟知各种类型及尺寸波门的选用方法。

习　题

1. 画出现代雷达系统组成简化框图，并标明每部分的输入和输出。

2. 雷达数据处理的任务是什么？

3. 画图并叙述雷达数据处理的过程。

4. 什么是野值？为什么在雷达信息处理中剔除野值？

5. 什么是数据互联？它可分为哪几类？

6. 什么是跟踪滤波？它包括哪两项内容？

7. 请说明固定航迹、可靠航迹、暂时航迹和可能航迹之间的关系。

8. 什么是航迹起始？它有哪些方法？

9. 请画图分析说明航迹起始逻辑法的基本思想。

10. 请设计一种航迹起始算法，画出其算法流程图。

11. 什么是点迹-航迹关联？请叙述点迹-航迹关联的一般流程。

12. 请叙述"最近邻"点迹-航迹关联方法的基本思想。

13. 点迹-航迹关联的常用方法有哪些，各有什么优缺点？

14. 请设计一种点迹-航迹关联算法，画出其算法流程图。

15. 什么是相关波门？设置它的目的是什么？

16. 二维相关波门的形状有哪几种？

17. 相关波门的类型有哪几种？

18. 在确定波门大小时，要考虑哪些因素？

19. 各类波门的大小一般为多大比较合适？

第3章

跟踪滤波

雷达探测过程中固有各种误差,使获取的量测数据往往偏离目标真实位置,需要通过跟踪滤波对其进行处理,以获得较准确的目标航迹,使其更加接近目标的真实情况,这就是目标的状态估计过程。本章首先介绍估计理论,它是跟踪滤波的理论基础;然后介绍线性系统模型,包括状态方程和量测方程的基本概念;在此基础上,重点讨论卡尔曼滤波器(Kalman Filter,KF)和常增益滤波器(α-β 与 α-β-γ 滤波器);最后简单介绍机动目标跟踪的基本原理。

3.1 随机估计理论

● 3.1.1 跟踪滤波的过程

由于目标是运动的,且存在各种扰动,并且雷达在探测过程中也存在各种噪声干扰,因此,目标的跟踪滤波过程就是消除上述各种因素影响的过程。由第 2 章可知,对于已经建立的航迹,其航迹中点迹的更新,即航迹的跟踪滤波,包括三个基本步骤,如图 3-1 所示。

第一步:根据已知航迹预测(外推)航迹在下一扫描周期的目标坐标,即在 k 时刻估计 $k+1$ 时刻的航迹参数,记预测的坐标数据为 $\hat{x}_{k+1|k}$。

第二步:在 $k+1$ 时刻雷达观测得到目标的量测值(这里已经确认这个观测得到的目标点迹是由于该批目标运动引起的,它由点迹-航迹相关解决),记量测值为 z_{k+1}。

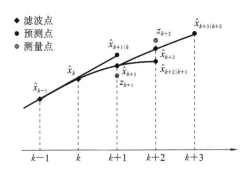

图 3-1　航迹的跟踪滤波示意图

第三步：由预测值和量测值通过处理得到一个更能反映目标真实位置的估计值，即滤波，其值称为滤波值，记为 $\hat{\boldsymbol{x}}_{k+1|k+1}$，或者简记为 $\hat{\boldsymbol{x}}_{k+1}$。

循环上述三个步骤，航迹即可得到延续，得到的估计序列 $\hat{\boldsymbol{x}}_1, \hat{\boldsymbol{x}}_2, \cdots, \hat{\boldsymbol{x}}_k, \cdots, \hat{\boldsymbol{x}}_n$ 便构成了目标的航迹。

3.1.2　随机估计的基本概念

从 3.1.1 节可以看出，跟踪滤波的核心是估计。随机估计就是根据受噪声干扰的观测值（它与状态和参数有关）对未知系统状态或参数赋值。一般假定观测噪声和扰动输入等其他随机过程的统计性质是已知的，被观测系统和用来测量的传感器的数学模型也假定是已知的。

设收集观测值的时间区间为 $[0, T]$ 并希望在"t"时刻进行状态估计，则根据"t"与区间 $[0, T]$ 的关系，有三种估计需要考虑：

（1）滤波，$t = T$；

（2）预测，$t > T$；

（3）平滑，$t < T$。

滤波和预测都关系到目标的跟踪，图 3-2 是对估计问题的图解说明，图中，$\boldsymbol{x}$ 表示状态矢量，$\boldsymbol{z}$ 表示观测矢量，$\hat{\boldsymbol{x}}_t / T$ 表示在时间区间 $[0, T]$ 内给出观测值的时间 t 时的状态估计。该图表明，影响状态估计器设计的相关因素有：

（a）动态系统；

（b）观测传感器；

（c）随机扰动和扰动输入；

（d）随机观测误差。

根据（a）和（b）的数学模型及过程（c）和（d）的统计特性，在状态估计器中会出现不同的问题。雷达目标跟踪滤波理论发展过程中，常用的滤波方法有最小二乘滤波、卡尔曼滤波和 $\alpha\beta$ 滤波等，其中最高效的要算著名的卡尔曼滤波算法。当（a）和（b）的模型是线性且过程(c)和(d)具有高斯概率密度函数时,卡尔曼滤波算法可得到最佳滤波,而卡尔曼滤波的理论基础是最小均方误差估计。

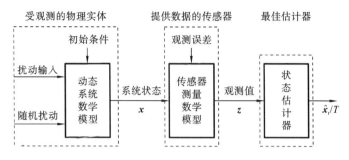

图 3-2　估计问题的图解说明

　　估计理论讲的是如何根据一组与未知参数有关的观测数据推算出未知参数的值。设 $z(j)$ 是在有随机噪声 $w(j)$ 情况下获得参数 x 的量测值,用函数形式可表示为

$$z(j)=h[j,x,w(j)],\quad j=1,2,\cdots,k \tag{3-1}$$

式中,j 代表离散时刻。对于 k 个这样的量测,函数

$$\hat{x}(k)=\hat{x}[k,\boldsymbol{Z}^k] \tag{3-2}$$

就是在某种意义下对参数 x 的估计,其中 $\boldsymbol{Z}^k$ 为直到 k 时刻的累计量测集合,即在采样时刻 $j=1,2,\cdots,k$ 内对信号参数 $x(j)$ 进行观测,得到观测值 $\{z(j),j=1,2,\cdots,k\}$ 的情况下,要求按一定的准则构造一个观测数据的函数 $\hat{x}(z)$ 作为信号参数 $\hat{x}(j)$ 的估计。

● 3.1.3　最小均方误差估计

　　如果估计赋值按某一准则即"代价函数"最小化进行,那么这种估计就叫做"最优化",而最小均方误差估计使用的"代价函数 $c(x,\hat{x})$"就是估计误差(即真值 x 与估计值 $\hat{x}$ 之间的差)的平方值 $(x-\hat{x})^2$,如式(3-3),其函数图形如图 3-3 所示。

$$c(x,\hat{x})=(x-\hat{x})^2=\widetilde{x}^2 \tag{3-3}$$

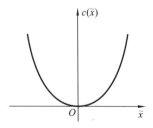

图 3-3　误差平方代价函数

　　一旦确定了代价函数后,由设定的代价函数和先验分布函数可给出平均代价(平均风险)的表达式

$$\bar{c} = \int_{-\infty}^{+\infty} \int_{-\infty}^{+\infty} c(x, \hat{x}) p(x, z) \mathrm{d}x \mathrm{d}z \tag{3-4}$$

贝叶斯估计就是使平均代价最小的估计,即选择 $\hat{x}$ 使平均代价最小。由条件概率密度函数(PDF)可得

$$\bar{c} = \int_{-\infty}^{+\infty} \left(\int_{-\infty}^{+\infty} c(x, \hat{x}) p(x \mid z) \mathrm{d}x \right) p(z) \mathrm{d}z \tag{3-5}$$

定义

$$\bar{c}(\hat{x} \mid z) = \int_{-\infty}^{+\infty} c(x, \hat{x}) p(\hat{x} \mid z) \mathrm{d}x \tag{3-6}$$

显然该内积分和 $p(z)$ 都是非负的,若使内积分对 $\hat{x}$ 为极小,即可使平均代价 $\bar{c}$ 为极小。$\bar{c}(\hat{x} \mid z)$ 称为条件平均代价或条件平均风险,所以使平均代价极小求估计 $\hat{x}$ 可等价为使条件平均代价极小求估计。

将误差平方代价函数代入条件平均代价函数的表达式中,可得均方误差估计的平均代价为

$$\bar{c}(\hat{x} \mid Z^k) = \int_{-\infty}^{+\infty} c(x, \hat{x}) p(\hat{x} \mid Z^k) \mathrm{d}x = \int_{-\infty}^{+\infty} (x - \hat{x})^2 p(\hat{x} \mid Z^k) \mathrm{d}x$$
$$= E\left[(x - \hat{x})^2 \mid Z^k \right] \tag{3-7}$$

选取 $\hat{x}$ 使 $\bar{c}(\hat{x} \mid Z^k)$ 达到极小,即可得到最小均方误差估计(MMSE)。

对式(3-7)中的条件平均代价函数求一阶和二阶导数可得

$$\frac{\mathrm{d}}{\mathrm{d}\hat{x}} \left(\int_{-\infty}^{+\infty} (x - \hat{x})^2 p(\hat{x} \mid Z^k) \mathrm{d}x \right) = -2 \left(\int_{-\infty}^{+\infty} (x - \hat{x}) p(\hat{x} \mid Z^k) \mathrm{d}x \right)$$
$$= -2 \int_{-\infty}^{+\infty} x p(\hat{x} \mid Z^k) \mathrm{d}x + 2\hat{x} \int_{-\infty}^{+\infty} p(\hat{x} \mid Z^k) \mathrm{d}x \tag{3-8}$$

和

$$\frac{\mathrm{d}^2}{\mathrm{d}\hat{x}^2} \left(\int_{-\infty}^{+\infty} (x - \hat{x})^2 p(\hat{x} \mid Z^k) \mathrm{d}x \right) = 2 \int_{-\infty}^{+\infty} p(\hat{x} \mid Z^k) \mathrm{d}x = 2 \tag{3-9}$$

由于二阶导数大于零,所以条件平均代价函数存在极小值,由一阶导数等于零可得

$$\hat{x} = \int_{-\infty}^{+\infty} x p(x \mid Z^k) \mathrm{d}x \tag{3-10}$$

综上所述,使均方误差

$$E\left[(x - \hat{x})^2 \mid Z^k \right] \tag{3-11}$$

达到极小的 x 值的估计 $\hat{x}$ 称为最小均方误差估计,即

$$\hat{x}^{\mathrm{MMSE}}(k) = \arg \min_{\hat{x}} E\left[(x - \hat{x})^2 \mid Z^k \right] \tag{3-12}$$

它的解是条件均值,用条件概率密度函数可表示为

$$\hat{x}^{\mathrm{MMSE}}(k) = E[x \mid Z^k] = \int x p(x \mid Z^k) \mathrm{d}x \tag{3-13}$$

最小均方误差估计的均方误差阵小于或等于任何其他估计准则所得到的均方误差阵,所以最小均方估计具有最小的估计误差方差阵,因此最小均方估计又称为最小方差估计。

在 x 为 n 维矢量时,其代价函数的形式为

$$c(\boldsymbol{x},\hat{\boldsymbol{x}})=\|\boldsymbol{x}-\hat{\boldsymbol{x}}\|_W^2=(\boldsymbol{x}-\hat{\boldsymbol{x}})^{\mathrm{T}}\boldsymbol{W}(\boldsymbol{x}-\hat{\boldsymbol{x}}) \tag{3-14}$$

其中 $\boldsymbol{W}$ 为非负定加权矩阵，$\|\boldsymbol{x}-\hat{\boldsymbol{x}}\|_W^2$ 是误差矢量的范数。条件平均代价函数为

$$\boldsymbol{J}(\hat{\boldsymbol{x}},\boldsymbol{z})=\boldsymbol{E}\big[(\boldsymbol{x}-\hat{\boldsymbol{x}})^{\mathrm{T}}\boldsymbol{W}(\boldsymbol{x}-\hat{\boldsymbol{x}})\mid\boldsymbol{z}\big]=\int(\boldsymbol{x}-\hat{\boldsymbol{x}})^{\mathrm{T}}\boldsymbol{W}(\boldsymbol{x}-\hat{\boldsymbol{x}})p(\boldsymbol{x}\mid\boldsymbol{z})\mathrm{d}x$$

$$\tag{3-15}$$

在 $\dfrac{\partial \boldsymbol{J}}{\partial \hat{\boldsymbol{x}}}=0$ 的条件下，可求得使式(3-15)最小的 $\boldsymbol{x}$ 的估计，即最佳估计为

$$\hat{\boldsymbol{x}}^{\mathrm{MMSE}}(k)=E[\boldsymbol{x}\mid\boldsymbol{z}]=\int\boldsymbol{x}p(\boldsymbol{x}\mid\boldsymbol{z})\mathrm{d}x \tag{3-16}$$

并且，该最佳估计能得到最小协方差矩阵为

$$\hat{\boldsymbol{P}}=E[(\boldsymbol{x}-\hat{\boldsymbol{x}})(\boldsymbol{x}-\hat{\boldsymbol{x}})^{\mathrm{T}}\mid\boldsymbol{z}] \tag{3-17}$$

若 $\boldsymbol{x}$ 和 $\boldsymbol{z}$ 是联合正态分布的随机向量，在这种情况下，条件密度分布函数 $p(\boldsymbol{x}\mid\boldsymbol{z})$ 为正态分布，并假设 $\boldsymbol{x}$ 和 $\boldsymbol{z}$ 的均值分别为 $\bar{\boldsymbol{x}}$ 和 $\bar{\boldsymbol{z}}$，设相应的协方差矩阵分别为

$$\begin{cases}\mathrm{cov}(\boldsymbol{x})=\boldsymbol{E}\big[(\boldsymbol{x}-\bar{\boldsymbol{x}})(\boldsymbol{x}-\bar{\boldsymbol{x}})^{\mathrm{T}}\big]=\boldsymbol{P}_{xx}\\ \mathrm{cov}(\boldsymbol{z})=\boldsymbol{E}\big[(\boldsymbol{z}-\bar{\boldsymbol{z}})(\boldsymbol{z}-\bar{\boldsymbol{z}})^{\mathrm{T}}\big]=\boldsymbol{P}_{zz}\\ \mathrm{cov}(\boldsymbol{x},\boldsymbol{z})=\boldsymbol{E}\big[(\boldsymbol{x}-\bar{\boldsymbol{x}})(\boldsymbol{z}-\bar{\boldsymbol{z}})^{\mathrm{T}}\big]=\boldsymbol{P}_{xz}\end{cases} \tag{3-18}$$

进而，可求得依据 $\boldsymbol{z}$ 的 $\boldsymbol{x}$ 的最小均方误差估计为(具体推导见文献[2])

$$\hat{\boldsymbol{x}}=E[\boldsymbol{x}\mid\boldsymbol{z}]=\bar{\boldsymbol{x}}+\boldsymbol{P}_{xz}\boldsymbol{P}_{zz}^{-1}(\boldsymbol{z}-\bar{\boldsymbol{z}}) \tag{3-19}$$

对应的条件误差协方差矩阵为

$$\boldsymbol{P}_{xx\mid z}=\boldsymbol{E}\big[(\boldsymbol{x}-\hat{\boldsymbol{x}})(\boldsymbol{x}-\hat{\boldsymbol{x}})^{\mathrm{T}}\mid\boldsymbol{z}\big]=\boldsymbol{P}_{xx}-\boldsymbol{P}_{xz}\boldsymbol{P}_{zz}^{-1}\boldsymbol{P}_{xz} \tag{3-20}$$

上式十分重要，它说明给出最小均方误差估计的条件均值仍是观测值的线性函数。这个结论是设计最佳均方估计器的基础，也是解决动态问题(滤波和预测)的理论基础。

3.1.4　递推式滤波

假定有一个未知常量 x(如目标的距离)需由两个观测值 z_1 和 z_2 来决定，而且两个观测值存在互相独立的随机附加观测误差值 v_1 和 v_2，即

$$\begin{cases}z_1=x+v_1\\ z_2=x+v_2\end{cases} \tag{3-21}$$

上式中 v_1 和 v_2 的均值为零，方差分别为 σ_1^2 和 σ_2^2。若没有任何其他信息，则可求得 x 的估计 $\hat{x}$ 为

$$\hat{x}=k_1z_1+k_2z_2 \tag{3-22}$$

它是观测值的线性函数，式中 k_1 和 k_2 均待定。现进一步定义估计误差 $\tilde{x}$ 为

$$\tilde{x}=\hat{x}-x \tag{3-23}$$

在满足无偏估计 $E[\tilde{x}]=0$ 和均方估计误差 $E[\tilde{x}^2]$ 最小的条件下，可求得 k_1 和 k_2 分别为

$$k_1 = \frac{\sigma_2^2}{\sigma_1^2 + \sigma_2^2}, \quad k_2 = \frac{\sigma_1^2}{\sigma_1^2 + \sigma_2^2} \tag{3-24}$$

相应估计 $\hat{x}$ 和估计误差方差为

$$\hat{x} = \frac{1}{\sigma_1^2 + \sigma_2^2}(\sigma_2^2 z_1 + \sigma_1^2 z_2) \tag{3-25}$$

$$E[\tilde{x}^2] = \left(\frac{1}{\sigma_1^2} + \frac{1}{\sigma_2^2}\right)^{-1} \triangleq \sigma_{\tilde{x}}^2 \tag{3-26}$$

上式中,对每个观测值按其精度加权,即精度较高的观测值比精度较低的观测值受到更多的重视(若 $\sigma_1 = 0$,则 $\hat{x} = z_1$)。若 $\sigma_1 = \sigma_2$,则观测值被平均,即估计 $\hat{x}$ 由观测值 z_1 和 z_2 平均求得。式(3-26)表明了这个估计的精确程度,可见,估计的方差 $\sigma_{\tilde{x}}^2$ 小于任何一个观测误差的方差。

假设现在又得到新的观测值 z_3,z_3 受观测噪声 v_3 的干扰,v_3 的均值为零,方差为 σ_3^2。应用上面同样的方法,可求得新的估计 $\hat{x}_3$ 的估计式为

$$\hat{x}_3 = \frac{\sigma_2^2 \sigma_3^2 z_1 + \sigma_1^2 \sigma_3^2 z_2 + \sigma_2^2 \sigma_1^2 z_3}{\sigma_2^2 \sigma_3^2 + \sigma_1^2 \sigma_3^2 + \sigma_2^2 \sigma_1^2} \tag{3-27}$$

上式方程改写为递推形式为

$$\hat{x}_3 = \hat{x}_2 + \frac{\sigma_{\hat{x}_2}^2}{\sigma_{\hat{x}_2}^2 + \sigma_3^2}(z_3 - \hat{x}_2) \tag{3-28}$$

由此可以得到很有意义的关系式:新的估计 $\hat{x}_3$ 是根据前一次估计 $\hat{x}_2$ 并对本次观测值与前次估计的偏差 $z_3 - \hat{x}_2$ 进行适当加权求得的。这个过程可以无限重复,不断地进行观测,所得观测值按某个时间顺序不断地被使用,估计从而不断地得到更新。估计 $\hat{x}_3$ 方差的相应递推关系为

$$\sigma_{\hat{x}_3}^2 = \left(\frac{1}{\sigma_1^2} + \frac{1}{\sigma_2^2} + \frac{1}{\sigma_3^2}\right)^{-1} = \left(\frac{1}{\sigma_{\hat{x}_2}^2} + \frac{1}{\sigma_3^2}\right)^{-1} \tag{3-29}$$

当获得第 k 次观测时,估计 $\hat{x}_k$ 的递推式为

$$\hat{x}_k = \hat{x}_{k-1} + \frac{\sigma_{\hat{x}_{k-1}}^2}{\sigma_{\hat{x}_{k-1}}^2 + \sigma_k^2}(z_k - \hat{x}_{k-1}) \tag{3-30}$$

其估计方差为

$$\sigma_{\hat{x}_k}^2 = \left(\frac{1}{\sigma_{\hat{x}_{k-1}}^2} + \frac{1}{\sigma_k^2}\right)^{-1} \tag{3-31}$$

其中,当 $k=1$ 时,$\hat{x}_1 = z_1$,$\sigma_{\hat{x}_1}^2 = \sigma_1^2$。

因此,递推式方法降低了对实现估计滤波所需要的存储能力的要求。事实上,它只需要保留前次估计及其方差,而不需要存储所有的观测值 z,从而易于实现。

进一步,在上面的递推式中,可以设 $K_k = \sigma_{\hat{x}_{k-1}}^2 / \sigma_{\hat{x}_{k-1}}^2 + \sigma_k^2$,则该式就可以表示成

$$\hat{x}_k = \hat{x}_{k-1} + K_k(z_k - \hat{x}_{k-1}) \tag{3-32}$$

这种形式下,$\hat{x}_{k-1}$ 是上一次的滤波值,K_k 是这一次滤波的增益,$z_k - \hat{x}_{k-1}$ 就是量测残差或新息。

3.2　系　统　模　型

　　雷达目标的跟踪滤波是对动态目标的运动参数进行估计，它要求建立系统模型来描述目标动态特性和雷达测量过程。状态变量法是描述系统模型的一种很有价值的方法，其所定义的状态变量应是能够全面反映系统动态特性的一组维数最少的变量，该方法把某一时刻的状态变量表示为前一时刻状态变量的函数，系统的输入输出关系是用状态转移模型和输出观测模型在时域内加以描述的。状态反映了系统的"内部情况"，输入可以由确定的时间函数和代表不可预测的变量或噪声的随机过程组成的状态方程来描述，输出是状态向量的函数，通常受到随机观测误差的扰动，可由量测方程描述。

> 　　"当你能衡量你所谈论的东西并能用数学符号加以表达时，你才真的对它有了几分了解；而当你还不能衡量、不能用数学符号来表达它时，你的了解就是肤浅和不能令人满意的。这种了解也许是认知的开始，但在思想上则很难说已经步入了科学的阶段。"——英国数学物理学家、热力学之父凯尔文勋爵(Lord Kelvin)。
>
> 　　正确建模是由定性到定量的基础，信息化时代的战争是模型支撑下的精算细算之战。

● 3.2.1　状态方程

　　状态方程就是目标运动状态的数学模型，建立模型的主要困难在于很难找到一种模型能够描述目标运动的全过程，通常只能按目标运动的各阶段分别建立模型，下面主要介绍两种基本的模型。

▌▌ 1. 匀速(Constant Velocity，CV)模型

　　若假设目标在平面内做匀速直线运动，则离散时间系统下 t_k 时刻目标的状态(x_k,y_k)可表示为

$$\begin{cases} x_k = x_0 + v_x t_k = x_0 + v_x kT \\ y_k = y_0 + v_y t_k = y_0 + v_y kT \end{cases} \tag{3-33}$$

其中，(x_0,y_0)为初始时刻目标的位置，v_x 和 v_y 分别为目标在 x 方向和 y 方向的速度，T 为采样间隔。

　　式(3-33)用递推形式可表示为

$$\begin{cases} x_{k+1}=x_k+v_xT=x_k+\dot{x}_kT \\ y_{k+1}=y_k+v_yT=y_k+\dot{y}_kT \end{cases} \tag{3-34}$$

考虑不可能获得目标精确模型以及许多不可预测的现象,换句话说,也就是目标不可能做绝对匀速运动,其速度必然有一些小的随机波动,例如目标在匀速运动过程中,驾驶员或环境扰动等都可造成速度出现不可预测的变化,像飞机飞行过程中云层和阵风对飞机飞行速度的影响等,而这些速度的小的变化可看作过程噪声来建模,所以在引入过程噪声后,式(3-34)应表示为

$$\begin{cases} x_{k+1}=x_k+v_xT=x_k+\dot{x}_kT+\dfrac{1}{2}v_xT^2 \\ y_{k+1}=y_k+v_yT=y_k+\dot{y}_kT+\dfrac{1}{2}v_yT^2 \end{cases} \tag{3-35}$$

这里要特别强调的是 v_x、v_y 分别表示目标在 x 轴和 y 轴方向上速度的随机变化。而目标的速度可表示为

$$\begin{cases} \dot{x}_{k+1}=\dot{x}_k+v_xT \\ \dot{y}_{k+1}=\dot{y}_k+v_yT \end{cases} \tag{3-36}$$

在匀速模型中,描述系统动态特性的状态向量为 $\boldsymbol{X}(k)=[x_k,\dot{x}_k,y_k,\dot{y}_k]^{\mathrm{T}}$,则式(3-35)和式(3-36)用矩阵可以表示为

$$\begin{bmatrix} x(k+1) \\ \dot{x}(k+1) \\ y(k+1) \\ \dot{y}(k+1) \end{bmatrix}=\begin{bmatrix} 1 & T & 0 & 0 \\ 0 & 1 & 0 & 0 \\ 0 & 0 & 1 & T \\ 0 & 0 & 0 & 1 \end{bmatrix}\begin{bmatrix} x(k) \\ \dot{x}(k) \\ y(k) \\ \dot{y}(k) \end{bmatrix}+\begin{bmatrix} 0.5T^2 & 0 \\ T & 0 \\ 0 & 0.5T^2 \\ 0 & T \end{bmatrix}\begin{bmatrix} v_x \\ v_y \end{bmatrix} \tag{3-37}$$

即目标状态方程为

$$\boldsymbol{X}(k+1)=\boldsymbol{F}(k)\boldsymbol{X}(k)+\boldsymbol{\Gamma}(k)\boldsymbol{v}(k) \tag{3-38}$$

其中,$\boldsymbol{v}(k)=[v_x,v_y]^{\mathrm{T}}$ 为过程噪声向量,而

$$\boldsymbol{F}(k)=\begin{bmatrix} 1 & T & 0 & 0 \\ 0 & 1 & 0 & 0 \\ 0 & 0 & 1 & T \\ 0 & 0 & 0 & 1 \end{bmatrix} \tag{3-39}$$

为系统的状态转移矩阵,

$$\boldsymbol{\Gamma}(k)=\begin{bmatrix} 0.5T^2 & 0 \\ T & 0 \\ 0 & 0.5T^2 \\ 0 & T \end{bmatrix} \tag{3-40}$$

为过程噪声分布矩阵。

2. 匀加速(Constant Acceleration,CA)模型

若假设目标在平面内做匀加速直线运动,并考虑速度的随机变化,则目标的位置和

速度的递推形式可以表示为

$$\begin{cases} x_{k+1} = x_k + \dot{x}_k T + \dfrac{1}{2}\ddot{x}_k T^2 + \dfrac{1}{2}v_x T^2 \\[2mm] y_{k+1} = y_k + \dot{y}_k T + \dfrac{1}{2}\ddot{y}_k T^2 + \dfrac{1}{2}v_y T^2 \\[2mm] \dot{x}_{k+1} = \dot{x}_k + \ddot{x}_k T + v_x T \\[2mm] \dot{y}_{k+1} = \dot{y}_k + \ddot{y}_k T + v_y T \\[2mm] \ddot{x}_{k+1} = \ddot{x}_k + v_x \\[2mm] \ddot{y}_{k+1} = \ddot{y}_k + v_y \end{cases} \tag{3-41}$$

则由式(3-41)得到的目标状态方程的表示形式仍同式(3-38),但此时状态向量为 $\boldsymbol{X}(k) = [x_k, \dot{x}_k, \ddot{x}_k, y_k, \dot{y}_k, \ddot{y}_k]^{\mathrm{T}}$,过程噪声向量为 $\boldsymbol{v}(k) = [v_x, v_y]^{\mathrm{T}}$,而相应的状态转移矩阵和过程噪声分布矩阵分别为

$$\boldsymbol{F}(k) = \begin{bmatrix} 1 & T & T^2/2 & 0 & 0 & 0 \\ 0 & 1 & T & 0 & 0 & 0 \\ 0 & 0 & 1 & 0 & 0 & 0 \\ 0 & 0 & 0 & 1 & T & T^2/2 \\ 0 & 0 & 0 & 0 & 1 & T \\ 0 & 0 & 0 & 0 & 0 & 1 \end{bmatrix}, \quad \boldsymbol{\Gamma}(k) = \begin{bmatrix} T^2/2 & 0 \\ T & 0 \\ 1 & 0 \\ 0 & T^2/2 \\ 0 & T \\ 0 & 1 \end{bmatrix} \tag{3-42}$$

同理,当目标在三维空间中(增加 z 轴)匀速和匀加速运动时,可仿照写出其对应的状态向量和系统状态转移矩阵,请读者自行完成。另外,这里要说明的是状态向量 $\boldsymbol{X}(k)$ 中元素的位置可以任意互换,但相应的状态转移矩阵和过程噪声分布矩阵中的元素也要做出互换。

状态向量维数增加估计会更准确,但估计的计算量也会相应地增加,因此在满足模型的精度和跟踪性能的条件下,应尽可能地采用简单的数学模型。考虑不可能获得目标精确模型以及许多不可预测的现象,所以这里要引入过程噪声。例如在匀速运动模型中,驾驶员或环境扰动等都可造成速度出现不可预测的变化,像飞机飞行过程中云层和阵风对飞机飞行速度的影响等,这些都可用过程噪声来建模。

考虑到目标运动过程中有可能有控制信号,所以目标状态方程的一般形式可表示为

$$\boldsymbol{X}(k+1) = \boldsymbol{F}(k)\boldsymbol{X}(k) + \boldsymbol{G}(k)\boldsymbol{u}(k) + \boldsymbol{V}(k) \tag{3-43}$$

式中:$\boldsymbol{G}(k)$ 为输入控制项矩阵,$\boldsymbol{u}(k)$ 为已知输入或控制信号,$\boldsymbol{V}(k)$ 为过程噪声序列。通常假定为零均值的附加高斯白噪声序列,其协方差为 $\boldsymbol{Q}(k)$,即

$$E[\boldsymbol{V}(k)\boldsymbol{V}^{\mathrm{T}}(j)] = \boldsymbol{Q}(k)\delta_{kj}$$

式中,δ_{kj} 为 Kronecker Delta 函数。该性质说明不同时刻的过程噪声是相互独立的。如果过程噪声 $\boldsymbol{V}(k)$ 用 $\boldsymbol{\Gamma}(k)\boldsymbol{v}(k)$ 代替,则 $\boldsymbol{Q}(k)$ 变成 $\boldsymbol{\Gamma}(k)q(k)\boldsymbol{\Gamma}^{\mathrm{T}}(k)$。

3.2.2 量测方程

量测方程是雷达测量过程的假设,对于线性系统而言,量测方程可表示为

$$\boldsymbol{Z}(k+1)=\boldsymbol{H}(k+1)\boldsymbol{X}(k+1)+\boldsymbol{W}(k+1) \tag{3-44}$$

式中:$\boldsymbol{Z}(k+1)$为量测向量,$\boldsymbol{H}(k+1)$为量测矩阵,$\boldsymbol{X}(k+1)$为状态向量,$\boldsymbol{W}(k+1)$为量测噪声序列。通常假定为零均值的附加高斯白噪声序列,即$E[\boldsymbol{W}(k)\boldsymbol{W}^{\mathrm{T}}(j)]=\boldsymbol{R}(k)\delta_{kj}$。该性质说明不同时刻的量测噪声也是相互独立的,且假定过程噪声序列与量测噪声序列及目标初始状态是相互独立的,即$E[\boldsymbol{V}(k)\boldsymbol{W}^{\mathrm{T}}(j)]=\boldsymbol{0}$。

当在二维平面中以匀速或匀加速运动对目标进行建模时,对应的状态向量$\boldsymbol{X}(k)$可分别$\boldsymbol{X}(k)=[x_k,\dot{x}_k,y_x,\dot{y}_k]^{\mathrm{T}}$和$\boldsymbol{X}(k)=[x_k,\dot{x}_k,\ddot{x}_k,y_x,\dot{y}_k,\ddot{y}_k]^{\mathrm{T}}$表示,此时这两种情况下的量测向量$Z(k)$均为

$$\boldsymbol{Z}(k)=\begin{bmatrix}x_k\\y_k\end{bmatrix} \tag{3-45}$$

而量测矩阵$\boldsymbol{H}(k)$分别为

$$\boldsymbol{H}(k)=\begin{bmatrix}1&0&0&0\\0&0&1&0\end{bmatrix} \tag{3-46}$$

$$\boldsymbol{H}(k)=\begin{bmatrix}1&0&0&0&0&0\\0&0&0&1&0&0\end{bmatrix} \tag{3-47}$$

同理,当在三维空间中以匀速或匀加速运动对目标进行建模时,其量测向量$Z(k)$读者可以自行写出。

上述离散时间线性系统也可用图3-4的框图来表示,该系统包含如下先验信息:

(1) 初始状态$\boldsymbol{X}(0)$是高斯的,具有均值$\hat{\boldsymbol{X}}(0|0)$和协方差$\boldsymbol{P}(0|0)$;

(2) 过程噪声和量测噪声序列与初始状态无关;

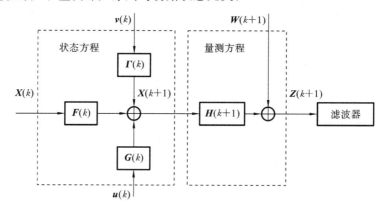

图 3-4　离散时间线性系统

(3) 过程噪声和量测噪声序列互不相关。

在上述假定条件下,状态方程和量测方程的线性性质可以保持状态和量测的高斯性质。根据已知 j 时刻和 j 以前时刻的量测值对 k 时刻状态 $\boldsymbol{X}(k)$ 作出的某种估计,若记为 $\hat{\boldsymbol{X}}(k|j)$,则按照状态估计所指的时刻,估计问题可归纳为下列三种:

(1) 当 $k>j$ 时,是预测问题,$\hat{\boldsymbol{X}}(k|j)$ 为 k 时刻状态 $\boldsymbol{X}(k)$ 的预测值;

(2) 当 $k=j$ 时,是滤波问题,$\hat{\boldsymbol{X}}(k|j)$ 为 k 时刻状态 $\boldsymbol{X}(k)$ 的滤波值,可简记为 $\hat{\boldsymbol{X}}(k)$;

(3) 当 $k<j$ 时,是平滑问题,$\hat{\boldsymbol{X}}(k|j)$ 为 k 时刻状态 $\boldsymbol{X}(k)$ 的平滑值。

今后只讨论预测和滤波问题,而不讨论平滑问题。

3.3　卡尔曼滤波器

卡尔曼滤波由匈牙利科学家 R. E. Kalman 于 1960 年提出,是一种从与所需信号相关的观测量中,通过算法估计出所需信号的滤波算法,它是一种线性估计方法,其基本原理是最小均方误差估计。该方法在目标跟踪领域有广泛应用,现在许多常用滤波方法都是从卡尔曼滤波的基础上发展起来的。

卡尔曼滤波作为一种殿堂级理论,助力了美国阿波罗计划,使人类登上了月球,进入了太空。科技改变生活,也引起战争形态的急剧变化,科技创新是核心竞争力,是解锁现代战争的制胜密码。

3.3.1　滤波器模型

所有的线性形式的滤波器中,线性均方估计滤波器是最优的。线性均方误差准则下的滤波器包括维纳滤波器和 Kalman 滤波器,稳态条件下二者是一致的,但 Kalman 滤波器适用于有限观测间隔的非平稳问题,它是适合于计算机计算的递推算法。

如 3.2 节所述,传感器的量测向量与状态向量通常是不一样的,状态向量还包含了速度和加速度等信息,因此它们分别构成了观测空间和状态空间,如图 3-5 所示。状态方程描述了状态空间中从 k 时刻到 $k+1$ 时刻的状态向量的变化,而量测方程描述的是从状态空间中状态向量到观测空间量测向量之间的映射关系。

结合图 3-1,以及 3.1.4 中递推式滤波原理,在线性离散系统中,Kalman 滤波的基本原理就是:将 k 时刻的状态估计值 $\hat{\boldsymbol{X}}(k|k)$,通过状态方程 $f(\boldsymbol{X}(k+1)|\boldsymbol{X}(k))$ 估计出在 $k+1$ 时刻状态的预测值 $\hat{\boldsymbol{X}}(k+1|k)$,它代表了目标在 $k+1$ 时刻的均值 $\overline{\boldsymbol{X}}$,并结合 $k+1$ 时

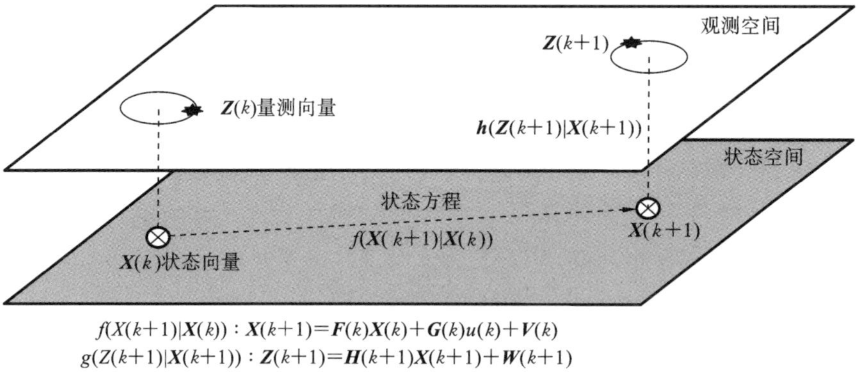

图 3-5 状态向量与量测向量的关系示意图

刻的实际量测值 $\boldsymbol{Z}(k+1)$,估计出 $k+1$ 时刻的状态值 $\hat{\boldsymbol{X}}(k+1|k+1)$,并且上述估计皆采用了最小均方误差准则。

3.1.3 节给出了静态(非时变)情况下随机向量 x 的最小均方误差估计为

$$\hat{\boldsymbol{x}} = E[\boldsymbol{x}|\boldsymbol{z}] = \bar{\boldsymbol{x}} + \boldsymbol{P}_{xz}\boldsymbol{P}_{zz}^{-1}(\boldsymbol{z} - \bar{\boldsymbol{z}}) \tag{3-48}$$

其对应的条件误差协方差矩阵为

$$\boldsymbol{P}_{xx|z} = \boldsymbol{E}\big[(\boldsymbol{x} - \hat{\boldsymbol{x}})(\boldsymbol{x} - \hat{\boldsymbol{x}})^{\mathrm{T}}|\boldsymbol{z}\big] = \boldsymbol{P}_{xx} - \boldsymbol{P}_{xz}\boldsymbol{P}_{zz}^{-1}\boldsymbol{P}_{zx} \tag{3-49}$$

类似地,动态(时变)情况下的最小均方误差估计可定义为

$$\hat{\boldsymbol{x}} \to \hat{\boldsymbol{X}}(k|k) = \boldsymbol{E}[\boldsymbol{X}(k)|\boldsymbol{Z}^k] \tag{3-50}$$

式中

$$\boldsymbol{Z}^k = \{\boldsymbol{Z}(j),\ j = 1, 2, \cdots, k\} \tag{3-51}$$

与式(3-50)相伴的状态误差协方差矩阵定义为

$$\begin{aligned}
\boldsymbol{P}(k|k) &= \boldsymbol{E}\{[\boldsymbol{X}(k) - \hat{\boldsymbol{X}}(k|k)][\boldsymbol{X}(k) - \hat{\boldsymbol{X}}(k|k)]|\boldsymbol{Z}^k\} \\
&= \boldsymbol{E}\{\tilde{\boldsymbol{X}}(k|k)\tilde{\boldsymbol{X}}^{\mathrm{T}}(k|k)|\boldsymbol{Z}^k\}
\end{aligned} \tag{3-52}$$

下面,给出 Kalman 滤波的具体推导。

把以 $\boldsymbol{Z}^k$ 为条件的期望算子应用到状态方程(式 3-50)中,得到状态的一步预测为

$$\begin{aligned}
\bar{\boldsymbol{x}} \to \hat{\boldsymbol{X}}(k+1|k) &= \boldsymbol{E}[\boldsymbol{X}(k+1)|\boldsymbol{Z}^k] = \boldsymbol{E}[\boldsymbol{F}(k)\boldsymbol{X}(k) + \boldsymbol{G}(k)\boldsymbol{u}(k) + \boldsymbol{V}(k)|\boldsymbol{Z}^k] \\
&= \boldsymbol{F}(k)\hat{\boldsymbol{X}}(k|k) + \boldsymbol{G}(k)\boldsymbol{u}(k)
\end{aligned} \tag{3-53}$$

该预测值的误差为

$$\tilde{\boldsymbol{X}}(k+1|k) = \boldsymbol{X}(k+1) - \hat{\boldsymbol{X}}(k+1|k) = \boldsymbol{F}(k)\hat{\boldsymbol{X}}(k|k) + \boldsymbol{V}(k)$$

因此,该预测协方差为

$$\begin{aligned}
\boldsymbol{P}_{xx} \to \boldsymbol{P}(k+1|k) &= \boldsymbol{E}\{\tilde{\boldsymbol{X}}(k+1|k)\tilde{\boldsymbol{X}}^{\mathrm{T}}(k+1|k)|\boldsymbol{Z}^k\} \\
&= \boldsymbol{E}\{[\boldsymbol{F}(k)\tilde{\boldsymbol{X}}(k|k) + \boldsymbol{V}(k)][\tilde{\boldsymbol{X}}^{\mathrm{T}}(k|k)\boldsymbol{F}^{\mathrm{T}}(k) + \boldsymbol{V}^{\mathrm{T}}(k)]|\boldsymbol{Z}^k\} \\
&= \boldsymbol{F}(k)\boldsymbol{P}(k|k)\boldsymbol{F}^{\mathrm{T}}(k) + \boldsymbol{Q}(k)
\end{aligned} \tag{3-54}$$

注意:预测协方差 $\boldsymbol{P}(k+1|k)$ 为对称矩阵,它可用来衡量预测的不确定性,$\boldsymbol{P}(k+1|k)$ 越小,则预测越精确。

通过对式(3-44)取在 $k+1$ 时刻、以 $\mathbf{Z}^k$ 为条件的期望值,可以类似地得到量测的预测是

$$
\begin{aligned}
\overline{\mathbf{Z}} \rightarrow \hat{\mathbf{Z}}(k+1|k) &= \mathbf{E}\big[\mathbf{Z}(k+1)|\mathbf{Z}^k\big] \\
&= \mathbf{E}\big[\mathbf{H}(k+1)\mathbf{X}(k+1)+\mathbf{W}(k+1)|\mathbf{Z}^k\big] \\
&= \mathbf{H}(k+1)\hat{\mathbf{X}}(k+1|k)
\end{aligned}
\tag{3-55}
$$

进而可求得量测的预测值和量测值之间的差值,即新息为

$$
\begin{aligned}
\widetilde{\mathbf{Z}}(k+1|k) &= \mathbf{v}(k+1)=\mathbf{Z}(k+1)-\hat{\mathbf{Z}}(k+1|k) \\
&= \mathbf{H}(k+1)\tilde{\mathbf{x}}(k+1|k)+\mathbf{W}(k+1)
\end{aligned}
\tag{3-56}
$$

因此,量测的预测协方差(或新息协方差)为

$$
\begin{aligned}
\mathbf{P}_{zz} \rightarrow \mathbf{S}(k+1) &= \mathbf{E}\{\widetilde{\mathbf{Z}}(k+1|k)\widetilde{\mathbf{Z}}^{\mathrm{T}}(k+1|k)|\mathbf{Z}^k\} \\
&= \mathbf{E}\{[\mathbf{H}(k+1)\widetilde{\mathbf{X}}(k+1|k)+\mathbf{W}(k+1)][\widetilde{\mathbf{X}}^{\mathrm{T}}(k+1|k)\mathbf{H}^{\mathrm{T}}(k+1)+\mathbf{W}^{\mathrm{T}}(k)]|\mathbf{Z}^k\} \\
&= \mathbf{H}(k+1)\mathbf{P}(k+1|k)\mathbf{H}^{\mathrm{T}}(k)+\mathbf{R}(k)
\end{aligned}
\tag{3-57}
$$

注意:新息协方差 $\mathbf{S}(k+1)$ 也为对称阵,它是用来衡量新息的不确定性,新息协方差越小,则说明量测值越精确。

状态和量测之间的协方差为

$$
\begin{aligned}
\mathbf{P}_{xz} \rightarrow \mathbf{E}\{\widetilde{\mathbf{X}}(k+1|k)\widetilde{\mathbf{Z}}^{\mathrm{T}}(k+1|k)|\mathbf{Z}^k\} \\
= \mathbf{E}\{\widetilde{\mathbf{X}}(k+1|k)[\mathbf{H}(k+1)\widetilde{\mathbf{X}}(k+1|k)+\mathbf{W}(k+1)]^{\mathrm{T}}|\mathbf{Z}^k\} \\
= \mathbf{P}(k+1|k)\mathbf{H}^{\mathrm{T}}(k+1)
\end{aligned}
\tag{3-58}
$$

增益为

$$
\mathbf{P}_{xz}\mathbf{P}_{zz}^{-1} \rightarrow \mathbf{P}(k+1|k)\mathbf{H}^{\mathrm{T}}(k+1)\mathbf{S}^{-1}(k+1)
\tag{3-59}
$$

增益的大小反映了最新观测信息对状态估计量的贡献大小。进而,可求得 $k+1$ 时刻的状态估计(即状态更新方程)为

$$
\hat{\mathbf{X}}(k+1|k+1) = \hat{\mathbf{X}}(k+1|k)+\mathbf{K}(k+1)\mathbf{v}(k+1)
\tag{3-60}
$$

或

$$
\hat{\mathbf{X}}(k+1|k+1) = \hat{\mathbf{X}}(k+1|k)+\mathbf{K}(k+1)[\mathbf{Z}(k+1)-\hat{\mathbf{Z}}(k+1|k)]
\tag{3-61}
$$

式(3-60)说明 $k+1$ 时刻的估计 $\hat{\mathbf{X}}(k+1|k+1)$ 等于该时刻的状态预测值 $\hat{\mathbf{X}}(k+1|k)$ 再加上一个修正项,而这个修正项与增益 $\mathbf{K}(k+1)$ 和新息有关。

$k+1$ 时刻状态估计值的误差协方差(即协方差更新方程)为

$$
\begin{aligned}
\mathbf{P}(k+1|k+1) &= \mathbf{P}(k+1|k)-\mathbf{H}(k+1)\mathbf{H}^{\mathrm{T}}(k+1)\mathbf{S}^{-1}(k+1)\mathbf{H}(k+1)\mathbf{P}(k+1|k) \\
&= [\mathbf{I}-\mathbf{K}(k+1)\mathbf{H}(k+1)]\mathbf{P}(k+1|k) \\
&= \mathbf{P}(k+1|k)-\mathbf{K}(k+1)\mathbf{S}(k+1)\mathbf{K}^{\mathrm{T}}(k+1)
\end{aligned}
\tag{3-62}
$$

式中,$\mathbf{I}$ 为与协方差同维的单位阵。式(3-62)可保证协方差矩阵 $\mathbf{P}$ 的对称性和正定性。

至此,我们建立了完整 Kalman 滤波算法步骤,如表 3-1 所示。

按表 3-1 的步骤,图 3-6 给出了 Kalman 滤波器流程框图,所包含的方程及滤波流程,而 Kalman 滤波的一个循环过程如图 3-7 所示,其余的依此类推。

表 3-1 Kalman 滤波算法步骤

状态预测：
$$\hat{\boldsymbol{X}}(k+1|k)=\boldsymbol{F}(k)\hat{\boldsymbol{X}}(k)+\boldsymbol{G}(k)\boldsymbol{u}(k)$$

状态预测协方差：
$$\boldsymbol{P}(k+1|k)=\boldsymbol{F}(k)\boldsymbol{P}(k|k)\boldsymbol{F}^{\mathrm{T}}(k)+\boldsymbol{Q}(k)$$

量测预测：
$$\hat{\boldsymbol{Z}}(k+1|k)=\boldsymbol{H}(k+1)\hat{\boldsymbol{X}}(k+1|k)$$

新息或量测残差：
$$\boldsymbol{v}(k+1)=\widetilde{\boldsymbol{Z}}(k+1|k)=\boldsymbol{Z}(k+1)-\hat{\boldsymbol{Z}}(k+1|k)=\boldsymbol{Z}(k+1)-\boldsymbol{H}(k+1)\hat{\boldsymbol{X}}(k+1|k)$$

新息协方差：
$$\boldsymbol{S}(k+1)=\boldsymbol{H}(k+1)\boldsymbol{P}(k+1|k)\boldsymbol{H}^{\mathrm{T}}(k+1)+\boldsymbol{R}(k+1)$$

增益：
$$\boldsymbol{K}(k+1)=\boldsymbol{P}(k+1|k)\boldsymbol{H}^{\mathrm{T}}(k+1)\boldsymbol{S}^{-1}(k+1)$$

状态更新：
$$\hat{\boldsymbol{X}}(k+1)=\hat{\boldsymbol{X}}(k+1|k)+\boldsymbol{K}(k+1)\boldsymbol{v}(k+1)$$

协方差更新：
$$\boldsymbol{P}(k+1|k+1)=\boldsymbol{P}(k+1|k)-\boldsymbol{K}(k+1)\boldsymbol{S}(k+1)\boldsymbol{K}^{\mathrm{T}}(k+1)$$

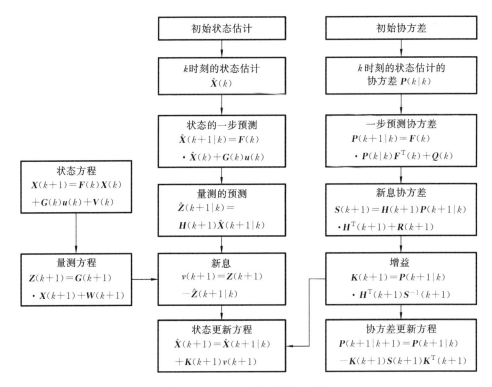

图 3-6 Kalman 滤波器算法框图

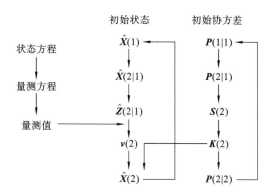

图 3-7　Kalman 滤波单次循环流程图

例 3.1　设系统方程 $\boldsymbol{X}(k)$ 和量测方程 $\boldsymbol{Z}(k)$ 分别为

$$\boldsymbol{X}(k)=\begin{bmatrix}1&1\\0&1\end{bmatrix}\boldsymbol{X}(k-1)+\begin{bmatrix}0.5\\1\end{bmatrix}v(k),\quad \boldsymbol{Z}(k)=\begin{bmatrix}1&0\end{bmatrix}\boldsymbol{X}(k)+w(k)$$

若已知过程噪声 $v(k)$ 和 $w(k)$ 的方差分别为 4 和 1，并假设 $\boldsymbol{Z}(1)=128$，初始条件为

$$\hat{\boldsymbol{X}}(0)=\begin{bmatrix}95\\1\end{bmatrix},\quad \boldsymbol{P}(0|0)=\begin{bmatrix}10&0\\0&20\end{bmatrix}$$

求 $\hat{\boldsymbol{X}}(1|0)$、$\hat{\boldsymbol{X}}(1)$ 和 $\boldsymbol{K}(1)$。

解　状态的一步预测

$$\hat{\boldsymbol{X}}(1|0)=\boldsymbol{F}(0)\hat{\boldsymbol{X}}(0)=\begin{bmatrix}1&1\\0&1\end{bmatrix}\begin{bmatrix}95\\1\end{bmatrix}=\begin{bmatrix}96\\1\end{bmatrix}$$

协方差的一步预测

$$\boldsymbol{P}(1|0)=\boldsymbol{F}(0)\boldsymbol{P}(0|0)\boldsymbol{F}^{\mathrm{T}}(0)+\boldsymbol{\Gamma}(0)\sigma_v^2\boldsymbol{\Gamma}^{\mathrm{T}}(0)$$
$$=\begin{bmatrix}1&1\\0&1\end{bmatrix}\begin{bmatrix}10&0\\0&20\end{bmatrix}\begin{bmatrix}1&0\\1&1\end{bmatrix}+4\begin{bmatrix}0.5\\1\end{bmatrix}\begin{bmatrix}0.5&1\end{bmatrix}$$
$$=\begin{bmatrix}31&22\\22&24\end{bmatrix}$$

新息协方差

$$\boldsymbol{S}(1)=\boldsymbol{H}(1)\boldsymbol{P}(1|0)\boldsymbol{H}^{\mathrm{T}}(1)+\boldsymbol{R}(1)=\begin{bmatrix}1&0\end{bmatrix}\begin{bmatrix}31&22\\22&24\end{bmatrix}\begin{bmatrix}1\\0\end{bmatrix}+1=32$$

增益

$$\boldsymbol{K}(1)=\boldsymbol{P}(1|0)\boldsymbol{H}^{\mathrm{T}}(1)\boldsymbol{S}^{-1}(1)=\begin{bmatrix}31&22\\22&24\end{bmatrix}\begin{bmatrix}1\\0\end{bmatrix}\frac{1}{32}=\begin{bmatrix}31/32\\22/32\end{bmatrix}$$

状态更新方程

$$\hat{\boldsymbol{X}}(1)=\hat{\boldsymbol{X}}(1|0)+\boldsymbol{K}(1)[\boldsymbol{Z}(1)-\boldsymbol{H}(1)\hat{\boldsymbol{X}}(1|0)]$$
$$=\begin{bmatrix}96\\1\end{bmatrix}+\begin{bmatrix}31/32\\22/32\end{bmatrix}[128-96]=\begin{bmatrix}127\\23\end{bmatrix}$$

3.3.2 滤波器初始化

状态估计的初始化问题是运用卡尔曼滤波器的一个重要的前提条件,只有进行了初始化,才能利用卡尔曼滤波器对目标进行跟踪。

1. 二维状态向量估计的初始化

状态向量为 $\boldsymbol{X}=[x,\dot{x}]^{\mathrm{T}}$,量测噪声 $\boldsymbol{W}(k)\sim N(0,r)$,且和过程噪声相互独立。这种情况下,初始状态为

$$\hat{\boldsymbol{X}}(1)=\begin{bmatrix}\hat{x}(1)\\\dot{x}(1)\end{bmatrix}=\begin{bmatrix}\boldsymbol{Z}(1)\\\dfrac{\boldsymbol{Z}(1)-\boldsymbol{Z}(0)}{T}\end{bmatrix} \tag{3-63}$$

式中,T 为采样间隔。初始协方差为

$$\boldsymbol{P}(1|1)=\begin{bmatrix}r & r/T\\r/T & 2r/T^2\end{bmatrix} \tag{3-64}$$

2. 四维状态向量估计的初始化

系统状态向量为 $\boldsymbol{X}(k)=[x \quad \dot{x} \quad y \quad \dot{y}]^{\mathrm{T}}$,而量测值 $\boldsymbol{Z}(k)$ 为

$$\boldsymbol{Z}(k)=\begin{bmatrix}Z_1(k)\\Z_2(k)\end{bmatrix}=\begin{bmatrix}x(k)\\y(k)\end{bmatrix}=\begin{bmatrix}\rho\cos\varphi\\\rho\sin\varphi\end{bmatrix} \tag{3-65}$$

式中,ρ 和 φ 分别为极坐标系下雷达的目标径向距离和方位角量测数据。于是系统的初始状态可利用前两个时刻的量测值 $Z(0)$ 和 $Z(1)$ 来确定,即

$$\hat{\boldsymbol{X}}(1)=\begin{bmatrix}Z_1(1) & \dfrac{Z_1(1)-Z_1(0)}{T} & Z_2(1) & \dfrac{Z_2(1)-Z_2(0)}{T}\end{bmatrix}^{\mathrm{T}} \tag{3-66}$$

k 时刻量测噪声在直角坐标系下的协方差为

$$\boldsymbol{R}(k)=\begin{bmatrix}r_{11} & r_{12}\\r_{12} & r_{22}\end{bmatrix}=\begin{bmatrix}\cos\varphi & -\rho\sin\varphi\\\sin\varphi & \rho\cos\varphi\end{bmatrix}\begin{bmatrix}\sigma_\rho^2 & 0\\0 & \sigma_\varphi^2\end{bmatrix}\begin{bmatrix}\cos\varphi & -\rho\sin\varphi\\\sin\varphi & \rho\cos\varphi\end{bmatrix}^{\mathrm{T}} \tag{3-67}$$

式中,σ_ρ^2 和 σ_φ^2 分别为径向距离和方位角测量误差的方差。

初始协方差阵为

$$\boldsymbol{P}(1|1)=\begin{bmatrix}r_{11}(1) & r_{11}(1)/T & r_{12}(1) & r_{12}(1)/T\\r_{11}(1)/T & 2r_{11}(1)/T^2 & r_{12}(1)/T & 2r_{12}(1)/T^2\\r_{12}(1) & r_{12}(1)/T & r_{22}(1) & r_{22}(1)/T\\r_{12}(1)/T & 2r_{12}(1)/T^2 & r_{22}(1)/T & 2r_{22}(1)/T^2\end{bmatrix} \tag{3-68}$$

3. 六维状态向量估计的初始化

系统状态向量为 $\boldsymbol{X}(k)=[x \quad \dot{x} \quad y \quad \dot{y} \quad z \quad \dot{z}]^{\mathrm{T}}$,量测值 $\boldsymbol{Z}(k)$ 为

$$\boldsymbol{Z}(k)=\begin{bmatrix} Z_1(k) \\ Z_2(k) \\ Z_3(k) \end{bmatrix}=\begin{bmatrix} x(k) \\ y(k) \\ z(k) \end{bmatrix}=\begin{bmatrix} \rho\cos\varphi\cos\theta \\ \rho\sin\varphi\cos\theta \\ \rho\sin\theta \end{bmatrix} \tag{3-69}$$

式中,θ 为空间极坐标系下雷达的俯仰角量测数据。

系统的初始状态

$$\hat{\boldsymbol{X}}(1)=\begin{bmatrix} Z_1(1) & \dfrac{Z_1(1)-Z_1(0)}{T} & Z_2(1) & \dfrac{Z_2(1)-Z_2(0)}{T} & Z_3(1) & \dfrac{Z_3(1)-Z_3(0)}{T} \end{bmatrix}^{\mathrm{T}} \tag{3-70}$$

该情况下 k 时刻直角坐标系下的量测噪声协方差为

$$\boldsymbol{R}(k)=\begin{bmatrix} r_{11} & r_{12} & r_{13} \\ r_{12} & r_{22} & r_{23} \\ r_{13} & r_{23} & r_{33} \end{bmatrix}=\boldsymbol{A}\begin{bmatrix} \sigma_\rho^2 & 0 & 0 \\ 0 & \sigma_\varphi^2 & 0 \\ 0 & 0 & \sigma_\theta^2 \end{bmatrix}\boldsymbol{A}^{\mathrm{T}} \tag{3-71}$$

式中,σ_ρ^2 和 σ_φ^2 的定义同四维状态向量情况,σ_θ^2 为俯仰角测量误差的方差。

其中,
$$\boldsymbol{A}=\begin{bmatrix} \cos\varphi\cos\theta & -\rho\sin\varphi\cos\theta & -\rho\cos\varphi\sin\theta \\ \sin\varphi\cos\theta & \rho\cos\varphi\cos\theta & -\rho\sin\varphi\sin\theta \\ \sin\theta & 0 & \rho\cos\theta \end{bmatrix} \tag{3-72}$$

六维状态向量情况下的初始协方差阵为

$$\boldsymbol{P}(1|1)=\begin{bmatrix} r_{11}(1) & r_{11}(1)/T & r_{12}(1) & r_{12}(1)/T & r_{13}(1) & r_{13}(1)/T \\ r_{11}(1)/T & 2r_{11}(1)/T^2 & r_{12}(1)/T & 2r_{12}(1)/T^2 & r_{13}(1)/T & 2r_{13}(1)/T^2 \\ r_{12}(1) & r_{12}(1)/T & r_{22}(1) & r_{22}(1)/T & r_{23}(1) & r_{23}(1)/T \\ r_{12}(1)/T & 2r_{12}(1)/T^2 & r_{22}(1)/T & 2r_{22}(1)/T^2 & r_{23}(1)/T & 2r_{23}(1)/T^2 \\ r_{13}(1) & r_{13}(1)/T & r_{23}(1) & r_{23}(1)/T & r_{33}(1) & r_{33}(1)/T \\ r_{13}(1)/T & 2r_{13}(1)/T^2 & r_{23}(1)/T & 2r_{23}(1)/T^2 & r_{33}(1)/T & 2r_{33}(1)/T^2 \end{bmatrix} \tag{3-73}$$

3.3.3　应用举例

例 3.2　设目标在 x 轴方向上做匀速直线运动,状态方程为
$$\boldsymbol{X}(k+1)=\boldsymbol{F}(k)\boldsymbol{X}(k)+\boldsymbol{\Gamma}(k)\boldsymbol{v}(k), \quad k=0,1,\cdots,99 \tag{3-74}$$
其中
$$\boldsymbol{X}(k)=\begin{bmatrix} x & \dot{x} \end{bmatrix}^{\mathrm{T}} \tag{3-75}$$

$$\boldsymbol{F}(k)=\begin{bmatrix} 1 & T \\ 0 & 1 \end{bmatrix}, \quad \boldsymbol{\Gamma}(k)=\begin{bmatrix} T^2/2 \\ T \end{bmatrix} \tag{3-76}$$

过程噪声方差为 $E[v^2(k)]=q$,采样间隔 $T=1$ s。目标真实的初始状态为 $\boldsymbol{X}(0)=$ $[9,11]^{\mathrm{T}}$,量测方程为

$$Z(k) = H(k)X(k) + W(k) \qquad (3\text{-}77)$$

其中,量测噪声方差 $E[W^2(k)] = r = 4$,而量测矩阵 $H(k) = \begin{bmatrix} 1 & 0 \end{bmatrix}$。

要求:

(1) 画出目标真实运动轨迹和估计轨迹;

(2) 画出目标预测和更新的位置和速度方差。

注意事项:

① 过程噪声协方差矩阵

$$Q(k) = \boldsymbol{\Gamma}(k)q\boldsymbol{\Gamma}^{\mathrm{T}}(k) \qquad (3\text{-}78)$$

② 状态估计的初始化

$$\hat{\boldsymbol{X}}(0) = \begin{bmatrix} \hat{x}(0) \\ \dot{\hat{x}}(0) \end{bmatrix} \qquad (3\text{-}79)$$

其中,

$$\hat{x}(0) = Z(1), \quad \dot{\hat{x}}(0) = \frac{Z(1) - Z(0)}{T}$$

③ 初始协方差阵

$$P(0|0) = \begin{bmatrix} r & r/T \\ r/T & 2r/T^2 \end{bmatrix} \qquad (3\text{-}80)$$

解 状态向量首先采用式(3-79)和式(3-80)的方法进行状态和协方差初始化,量测值 $Z(k)$ 由式(3-77)获得。图 3-8 和图 3-9 分别为过程噪声 $q = 0$ 和 $q = 1$ 情况下的目标真实轨迹和滤波轨迹,其中横坐标为目标的位置,纵坐标为目标的运动速度大小。

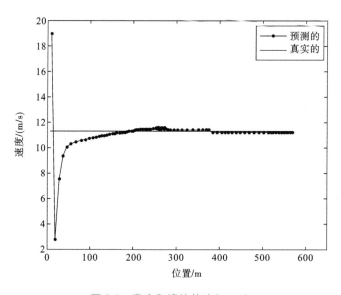

图 3-8　真实和滤波轨迹($q = 0$)

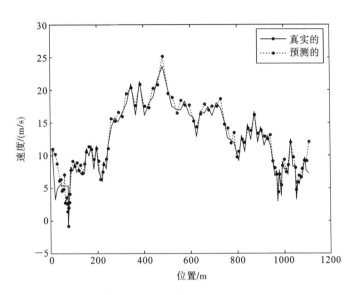

图 3-9　真实和滤波轨迹($q=1$)

图 3-10、图 3-11 和图 3-12、图 3-13 分别为过程噪声 $q=0$ 和 $q=1$ 情况下的预测位置误差协方差 $P_{11}(k+1|k)$、预测速度误差协方差 $P_{22}(k+1|k)$ 和更新位置误差协方差 $P_{11}(k+1|k+1)$、更新速度误差协方差 $P_{22}(k+1|k+1)$ 的轨迹图,其中横坐标为跟踪步数,纵坐标分别为位置和速度误差协方差。

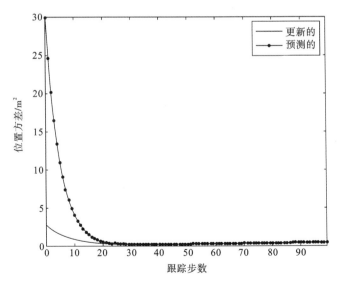

图 3-10　预测和更新位置误差协方差($q=0$)

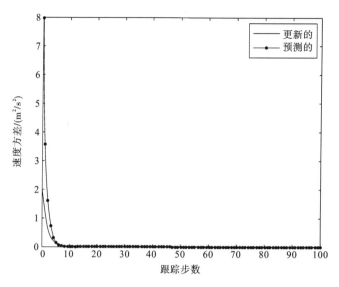

图 3-11　预测和更新速度误差协方差（$q=0$）

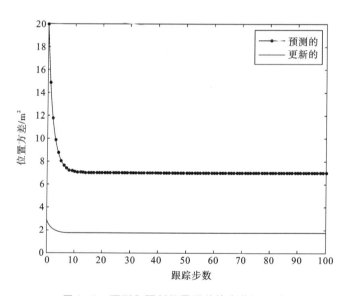

图 3-12　预测和更新位置误差协方差（$q=1$）

　　由图 3-10～图 3-13 可看出，随着估计过程的进行，$\boldsymbol{P}(k+1|k+1)$ 是逐渐下降的，这说明估计在起作用，估计的误差在逐渐减少，下降的幅度与过程噪声协方差 $\boldsymbol{Q}$ 和量测噪声协方差 $\boldsymbol{R}$ 有关，也还与环境的复杂性、滤波算法的好坏有关，而 $\boldsymbol{P}(k+1|k)$ 却比 $\boldsymbol{P}(k+1|k+1)$ 大，增大的值与 $\boldsymbol{Q}$ 有关。

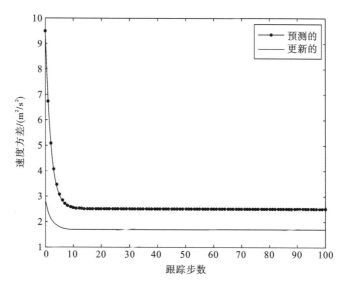

图 3-13　预测和更新速度误差协方差($q=1$)

3.3.4　使用中应注意的问题

卡尔曼滤波结果的好坏与过程噪声和量测噪声的统计特性、状态初始条件等因素有关。如果假设的模型与真实模型不相符,则会出现滤波发散现象。滤波发散是指滤波器实际的均方误差比估计值大很多,并且其差值随着时间的增加无限增长。一旦出现发散现象,滤波器就失去了意义。

1. 引起滤波发散的主要原因

(1) 系统过程噪声和量测噪声参数的选取与实际物理过程不符;
(2) 系统的初始状态和初始协方差的假设值偏差过大;
(3) 不适当的线性化处理或降维处理;
(4) 计算误差。

2. 克服前三种滤波发散的主要方法

(1) 限定下界滤波,衰减记忆滤波,限定记忆滤波等;
(2) 协方差平方根滤波与平滑、信息平方根滤波与平滑、序列平方根滤波与平滑。

3. 提高 Kalman 滤波实时能力的几个途径

(1) 改进计算技术;
(2) 减少状态维数;

（3）采用简化增益，例如常增益或者分段常增益；

（4）降低数据率。

3.4 常增益滤波器

在 3.2 节中我们讨论了系统的输入可由确定的时间函数和噪声组成的动态模型来描述，而输出是状态的函数，通常受到随机观测误差的扰动，可由量测方程描述，在离散状态下这两个方程可由式（3-43）和式（3-44）来描述。由 3.3.1 小节可知，卡尔曼滤波器由表 3-1 中公式组成。

滤波的目的之一就是估计不同时刻的目标位置，而由式（3-61）可看出，某个时刻目标位置的更新值等于该时刻的预测值再加上一个与增益有关的修正项，而要计算增益 $\boldsymbol{K}(k+1)$，就必须计算协方差的一步预测、新息协方差和更新协方差，因而在卡尔曼滤波器中增益 $\boldsymbol{K}(k+1)$ 的计算占了大部分的工作量。为了减少计算量，就必须改变增益矩阵的计算方法，为此人们提出了常增益滤波器，此时增益不再与协方差有关，因而在滤波过程中可以离线计算，这样就大大减少了计算量，易于工程实现。$\alpha\beta$ 滤波器是针对匀速运动目标模型的一种常增益滤波器，此时增益 $\boldsymbol{K}=[\alpha,\beta/T]^{\mathrm{T}}$。$\alpha$-$\beta$-$\gamma$ 滤波器是针对匀加速运动目标模型的一种常增益滤波器，此时增益 $\boldsymbol{K}=[\alpha,\beta/T,\gamma/T^2]^{\mathrm{T}}$。下面分别讨论这两种滤波器。

● 3.4.1 α-β 滤波器

▓ 1. α-β 滤波模型

α-β 滤波器是针对匀速运动目标模型的一种常增益滤波器，此时目标的状态向量中只包含位置和速度两项，即针对直角坐标系中某一坐标轴的解耦滤波。α-β 滤波器与卡尔曼滤波器最大的不同点就在于增益的计算不同，此时增益具有如下形式：

$$\boldsymbol{K}(k+1)=\begin{bmatrix}\alpha\\\beta/T\end{bmatrix} \tag{3-81}$$

式中，系数 α 和 β 是无量纲的量，分别为目标状态的位置和速度分量的常滤波增益，它们可以是常数，也可以随着取样序数分段的改变而不断改变。这两个系数一旦确定，增益 $\boldsymbol{K}(k+1)$ 就是个确定的量。所以，此时协方差和目标状态估计的计算不再通过增益使它们交织在一起，它们是两个独立的分支，在单目标情况下不再需要计算协方差的一步预测、新息协方差和更新协方差。但是在多目标情况下由于波门大小与新息协方差有关，而新息协方差又与一步预测协方差和更新协方差有关，所以此时协方差的计算不能忽略。

在单目标情况下 α-β 滤波器主要是由以下方程组成的,即:

状态的一步预测

$$\hat{\boldsymbol{X}}(k+1|k)=\boldsymbol{F}(k)\hat{\boldsymbol{X}}(k) \tag{3-82}$$

状态更新方程

$$\hat{\boldsymbol{X}}(k+1)=\hat{\boldsymbol{X}}(k+1|k)+\boldsymbol{K}(k+1)\boldsymbol{v}(k+1) \tag{3-83}$$

新息方程

$$\boldsymbol{v}(k+1)=\boldsymbol{Z}(k+1)-\boldsymbol{H}(k+1)\hat{\boldsymbol{X}}(k+1|k) \tag{3-84}$$

在多目标情况下,α-β 滤波器需要增加如下方程:

协方差的一步预测

$$\boldsymbol{P}(k+1|k)=\boldsymbol{F}(k)\boldsymbol{P}(k|k)\boldsymbol{F}^{\mathrm{T}}(k)+\boldsymbol{Q}(k) \tag{3-85}$$

新息协方差

$$\boldsymbol{S}(k+1)=\boldsymbol{H}(k+1)\boldsymbol{P}(k+1|k)\boldsymbol{H}^{\mathrm{T}}(k+1)+\boldsymbol{R}(k+1) \tag{3-86}$$

协方差更新方程

$$\boldsymbol{P}(k+1|k+1)=[\boldsymbol{I}-\boldsymbol{K}(k+1)\boldsymbol{H}(k+1)]\boldsymbol{P}(k+1|k)[\boldsymbol{I}+\boldsymbol{K}(k+1)\boldsymbol{H}(k+1)]^{\mathrm{T}}$$
$$-\boldsymbol{K}(k+1)\boldsymbol{R}(k+1)\boldsymbol{K}^{\mathrm{T}}(k+1) \tag{3-87}$$

α-β 滤波器比较简单,对计算机的要求不高,因而广泛用于航迹位置的预测和滤波。在航行管制系统中,目标按计划在预定的航路上飞行,采用 α-β 滤波器更为合适。

2. α-β 滤波器参数的确定

α-β 滤波器的关键是系数 α、β 的确定问题。由于采样间隔相对于对目标进行跟踪的时间来讲一般情况下是很小的,因而在每一个采样周期内过程噪声 $\boldsymbol{V}(k)$ 可近似看成是常数,如果再假设过程噪声在各采样周期之间是独立的,则该模型就是分段常数白色过程噪声模型。下面给出分段常数白色过程噪声模型下的 α 和 β 的值。为了描述问题的方便,定义目标机动指标

$$\lambda=\frac{T^2\sigma_v}{\sigma_w} \tag{3-88}$$

式中,T 为采样间隔,σ_v 和 σ_w 分别为过程噪声和量测噪声方差的标准差。

这时位置和速度分量的常滤波增益分别为(推导过程略)

$$\begin{cases}\alpha=-\dfrac{\lambda^2+8\lambda-(\lambda+4)\sqrt{\lambda^2+8\lambda}}{8}\\[3mm]\beta=\dfrac{\lambda^2+4\lambda-\lambda\sqrt{\lambda^2+8\lambda}}{4}\end{cases} \tag{3-89}$$

由式(3-89)可看出,位置、速度分量的增益 α 和 β 是目标机动指标 λ 的函数。而目标机动指标 λ 又与采样间隔 T、过程噪声的标准偏差 σ_v 和量测噪声标准偏差 σ_w 有关,只有当过程噪声标准偏差 σ_v 和量测噪声标准偏差 σ_w 均为已知时,才能求得目标的机动指标 λ,进而求得增益 α 和 β。若目标机动指标 λ 已知,则 α 和 β 为常值。通常情况下,量测噪声标准偏差 σ_w 是已知的,过程噪声标准偏差 σ_v 较难获得,而且当 σ_v 的误差较大时,α-β 滤波器不能使用。若过程噪声的标准差 σ_v 不能事先确定,那么目标机动指标 λ 就无法确

定,增益 α 和 β 两参数也就无法确定,此时工程上常采用如下与采样时刻 k 有关的 α、β 确定方法,即

$$\alpha = \frac{2(2k-1)}{k(k+1)}, \quad \beta = \frac{6}{k(k+1)} \tag{3-90}$$

对 α 来说,k 从 1 开始计算,对 β 来说,k 从 2 开始计算,但滤波器从 $k=3$ 开始工作,而且随着 k 的增加,α、β 都是减小的,其取值随 k 的变化如表 3-2 所示。对于某些特殊应用,可以事先规定 α、β 减小到某一值时保持不变。实际上,这时 α-β 滤波已退化成修正的最小二乘滤波。

表 3-2 α、β 值与 k 的关系

k	1	2	3	4	5	6	7	8	9	10	11	12	…
α	1	1	5/6	7/10	3/5	11/21	13/28	5/12	17/45	19/55	7/22	23/78	…
β	—	1	1/2	3/10	1/5	1/7	3/28	1/12	1/15	3/55	1/22	1/26	…

3.4.2 α-β-γ 滤波器

α-β-γ 滤波器用于对匀加速运动目标进行跟踪,此时系统的状态方程和量测方程仍用式(3-43)和式(3-44),不过目标的状态向量中包含位置、速度和加速度三项分量。对某一坐标轴来说,若取状态向量为 $\boldsymbol{X}(k) = [x, \dot{x}, \ddot{x}]^{\mathrm{T}}$,则相应的状态转移矩阵、过程噪声分布矩阵和量测矩阵分别为

$$\boldsymbol{F}(k) = \begin{bmatrix} 1 & T & \dfrac{T^2}{2} \\ 0 & 1 & T \\ 0 & 0 & 1 \end{bmatrix} \tag{3-91}$$

$$\boldsymbol{\Gamma}(k) = [T^2/2, \ T, \ 1]^{\mathrm{T}} \tag{3-92}$$

$$\boldsymbol{H}(k) = [1 \quad 0 \quad 0] \tag{3-93}$$

此时滤波增益 $\boldsymbol{K}(k+1)$ 为

$$\boldsymbol{K}(k+1) = [\alpha, \beta/T, \gamma/T^2]^{\mathrm{T}} \tag{3-94}$$

式中,T 为采样间隔、系数 α、β 和 λ 是无量纲的量,分别为状态的位置、速度和加速度分量的常滤波增益。可以证明,α、β 和 λ 与目标机动指标 λ 之间的关系为

$$\frac{\gamma^2}{4(1-\alpha)} = \lambda^2 \tag{3-95}$$

$$\beta = 2(2-\alpha) - 4\sqrt{1-\alpha} \tag{3-96}$$

$$\gamma = \beta^2/\alpha \tag{3-97}$$

由这三个式子就可获得增益中的分量 α、β 和 λ,α-β-γ 滤波器的公式形式同 α-β 滤波器,不过此时滤波的维数增加了。

与 α-β 滤波器类似,如果过程噪声标准偏差 σ_v 较难获得,那么目标机动指标 λ 就无法

确定,因而 α、β 和 λ 无法确定,换句话说,也就无法获得增益。此时,工程上经常采用如下的方法来确定 α、β 和 λ 值,即把它们简化为采样时刻 k 的函数:

$$\alpha=\frac{3(3k^2-3k+2)}{k(k+1)(k+2)}, \quad \beta=\frac{8(2k-1)}{k(k+1)(k+2)}, \quad \gamma=\frac{60}{k(k+1)(k+2)} \tag{3-98}$$

对 α 来说,从 $k=1$ 开始取值;对 β 来说,从 $k=2$ 时开始取值;对 γ 来说,从 $k=3$ 时开始取值。α、β 和 λ 值与 k 的关系如表 3-3 所示。

表 3-3　α、β、λ 值与 k 的关系

k	1	2	3	4	5	6	7	8	9	10	11	12	⋯
α	1	1	1	19/20	31/35	23/28	16/21	17/24	109/165	33/55	84/143	199/364	⋯
β	—	1	2/3	7/15	12/35	14/42	13/63	1/6	68/495	19/165	14/143	23/273	⋯
γ	—	—	1	1/2	2/7	5/28	5/42	1/12	2/33	1/22	5/143	5/182	⋯

虽然 α-β 滤波器和 α-β-γ 滤波器是简单且易于实现的常增益滤波方法,但仅适用于目标作匀速或匀加速运动的情况。为解决其他情况的滤波与预测问题,有很多文献提出一些自适应常增益滤波算法,取得了一定的效果。

3.4.3　应用举例

例 3.3　考虑一个系统,其运动限于直线上,系统的状态方程为
$$\boldsymbol{X}(k+1)=\boldsymbol{F}(k)\boldsymbol{X}(k)+\boldsymbol{\Gamma}(k)v(k), \quad k=0,1,\cdots,99$$

式中,状态向量 $\boldsymbol{X}(k)=[x,\dot{x}]^{\mathrm{T}}$,状态转移矩阵 $\boldsymbol{F}(k)=\begin{bmatrix}1 & T\\ 0 & 1\end{bmatrix}$,$v(k)$ 是零均值的白噪声,

$E[v(k)v^{\mathrm{T}}(j)]=\sigma_v^2\delta_{kj}=9\delta_{kj}$,噪声分布矩阵 $\boldsymbol{\Gamma}(k)=\begin{bmatrix}T^2/2\\ T\end{bmatrix}$,$T$ 为采样间隔,这里取 $T=1\text{ s}$。

若目标运动的真实初始状态为 $\boldsymbol{X}(0)=[8,66]^{\mathrm{T}}$,量测方程为
$$\boldsymbol{Z}(k)=[1 \quad 0]\boldsymbol{X}(k)+\boldsymbol{W}(k)$$

量测噪声 $\boldsymbol{W}(k)$ 是零均值白噪声,并与过程噪声序列是相互独立的,且具有方差 $\sigma_w^2=100$。

(1) 求出目标机动指标 λ,α-β 滤波器增益;

(2) 给出目标运动的真实轨迹和目标机动指标已知、未知情况下的估计轨迹。

解　(1) 利用已知的目标机动指标公式(3-88),可得
$$\lambda(k)=\frac{T^2\sigma_v}{\sigma_w}=0.3$$

进而可求得目标位置和速度的常滤波增益 α 和 β 为

$$\begin{cases} \alpha = -\dfrac{\lambda^2 + 8\lambda - (\lambda + 4)\sqrt{\lambda^2 + 8\lambda}}{8} = 0.5369 \\ \beta = \dfrac{\lambda^2 + 4\lambda - \lambda\sqrt{\lambda^2 + 8\lambda}}{4} = 0.2042 \end{cases}$$

（2）由（1）可知，目标机动指标已知情况下滤波器增益为

$$\boldsymbol{K}(k+1) = \begin{bmatrix} 0.5369 \\ 0.2042 \end{bmatrix}$$

目标的真实轨迹和目标机动指标已知、目标机动指标未知的估计轨迹如图 3-14 所示。其中，横坐标为目标的位置，纵坐标为目标的运动速度大小；图 3-15 为目标位置的

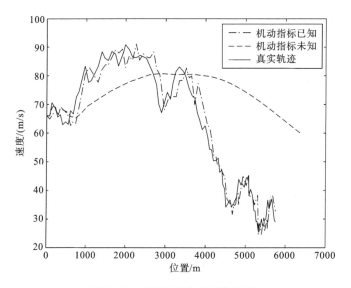

图 3-14　真实轨迹与估计轨迹图

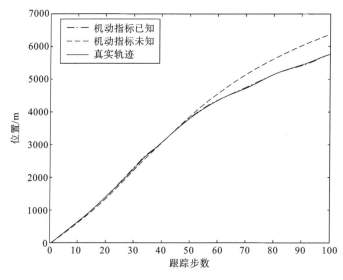

图 3-15　目标位置的真实轨迹和滤波轨迹

真实轨迹和目标机动指标已知、目标机动指标未知的估计轨迹,其中横坐标为跟踪步数,纵坐标为目标的位置。可看出,当机动指标未知而 α、β 按式(3-90)获取,在采样次数超过 50 次后,跟踪结果已经很差。

3.5　机动目标跟踪

在前面几节中,我们讨论了雷达数据处理中的一些基本跟踪滤波方法,在基本滤波方法中,我们一般都假定目标做匀速运动或匀加速运动。如果雷达运动速度较快,而目标运动速度较慢,比如,机载雷达对地面目标或海面目标进行跟踪,此时目标可近似看作匀速运动或匀加速运动,甚至可看成是静止的。随着飞行器机动性能的不断提高,而且在目标运动过程,驾驶员人为的动作或控制指令使得目标随时会出现转弯、闪避或其他特殊的攻击姿态等机动现象,目标不可能一直做匀速运动或匀加速运动,也就是说,通常情况下目标在运动过程会出现机动。因此,"机动"是指目标运动发生了不可预测的变化。需要专门研究机动目标的跟踪问题。

● 3.5.1　算法分类

机动目标跟踪方法概括来讲可分为以下两类:基于机动检测的跟踪算法;无需机动检测的自适应跟踪方法。第一类算法按照检测到机动后调整的参数又可进一步分类。

▦ 1. 调整滤波器增益

具体方法有:重新启动滤波器增益序列;增大输入噪声的方差;增大目标状态估计的协方差矩阵。下文的可调白噪声算法即属于此类方法,该算法通过调整输入噪声的方差来达到调整滤波器增益的目的。

▦ 2. 调整滤波器的结构

具体方法有:在不同的跟踪滤波器之间切换;增大目标状态维数。变维滤波算法在判断出目标发生机动后将当前的目标状态维数增加,在判断机动结束后恢复至原来的模型。下面的输入估计算法是把机动加速度看成未知的确定性输入,利用最小二乘法从新息中估计出机动加速度大小,并用来更新目标的状态。

第二类方法不需要对目标进行机动检测,而是在对目标进行估计的同时对滤波增益进行修正。如 Singer 模型法认为噪声过程是有色的,将目标加速度作为具有指数自相关的零均值随机过程建模。而多模型算法假定几种不同的噪声级,计算每一个噪声级的概率,然后求它的加权和。当然,跟踪器也可以按照一定的准则在它们之间进行转换,比如哪个噪声级的概率大就选哪个。

3.5.2 基于机动检测的跟踪算法

所谓目标的机动检测,其实质是一种判别机制,它是利用目标的量测信息和数理统计的理论进行检测。具有机动检测的跟踪算法的基本思想是,机动的发生将使原来的模型变差,从而造成目标状态估计偏离真实状态,滤波残差特性发生变化。因此,人们便可以通过观测目标运动的残差变化来探测目标是否发生机动或机动结束,然后使跟踪算法进行相应的调整,即进行噪声方差调整或模型转换,以便能够更好地跟踪目标。图 3-16 为这类机动目标跟踪算法的基本原理图。从图中我们可以看出:首先由量测 $\boldsymbol{Z}$ 与状态预测 $\boldsymbol{H}\hat{\boldsymbol{X}}(k+1|k)$ 构成新息向量 $\boldsymbol{v}$,然后通过观察 $\boldsymbol{v}$ 的变化进行机动检测,最后按照某一准则或逻辑调整滤波增益或者滤波器的结构,从而达到对机动目标的跟踪。

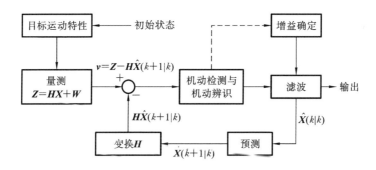

图 3-16　机动目标跟踪基本原理图

下面给出可调白噪声思想来实现机动目标跟踪方法。

可调白噪声模型的思想最早由 Jazwinski 在 1969 年提出,而由 C. B. Chang 和 R. H. Whiting 等人在 1977 年将其具体应用于机动目标跟踪。这种方法通过观察目标新息的变化来探测机动的产生与结束,并对滤波器进行相应的调整。

为了讨论问题的方便,下面再次描述机动目标的运动方程

$$\boldsymbol{X}(k+1)=\boldsymbol{F}(k)\boldsymbol{X}(k)+\boldsymbol{G}(k)\boldsymbol{u}(k)+\boldsymbol{V}(k) \tag{3-99}$$

式中,过程噪声 $\boldsymbol{V}(k)$ 是零均值、具有协方差矩阵 $\boldsymbol{Q}(k)$ 的白色随机序列输入,$\boldsymbol{u}(k)$ 是未知的,解决机动目标跟踪问题主要是针对输入 $\boldsymbol{u}(k)$ 进行研究。

假设目标的动态方程可表示为式(3-99),则其对应的量测方程为

$$\boldsymbol{Z}(k+1)=\boldsymbol{H}(k+1)\boldsymbol{X}(k+1)+\boldsymbol{W}(k+1) \tag{3-100}$$

该方法认为目标机动表现为一种大新息,如果目标发生了机动,新息必将增大。基于这种思想使用归一化的新息平方对目标进行机动检测,即

$$\varepsilon_r(k)=\boldsymbol{v}^{\mathrm{T}}(k)\boldsymbol{S}^{-1}(k)\boldsymbol{v}(k) \tag{3-101}$$

式中,滤波残差(新息)为

$$v(k) = Z(k) - \hat{Z}(k|k-1) \tag{3-102}$$

式中,$\varepsilon_r(k)$是具有 n_z 个自由度的 χ^2 分布随机变量,其中 n_z 是量测的维数。设 ε_{max} 是某一门限,α 为显著性水平,基于非机动情况的目标模型,阈值这样设定

$$\Pr\{\varepsilon_v(k) \leqslant \varepsilon_{max}\} = 1 - \alpha \tag{3-103}$$

超过这个阈值,则认为目标发生机动,需增大过程噪声协方差 $Q(k+1)$,以后一直采用增大的过程噪声协方差 $Q(k+1)$直到 $\varepsilon_r(k)$ 小于阈值 ε_{max} 为止;若 $\varepsilon_r(k)$ 小于阈值 ε_{max},则认为目标机动结束,便恢复原来的滤波模型。另外,也可使用比例因子 $\varphi > 1$,去乘过程噪声矩阵 $Q(k+1)$,此时新息协方差变为

$$S(k) = H(k)P(k|k-1)H^T(k) + R(k)$$
$$= H(k)[F(k-1)P(k-1|k-1)F^T(k-1) + \varphi Q(k-1)]H^T(k) + R(k) \tag{3-104}$$

为达到调整归一化新息平方的目的,除了采用单次检验统计量外,我们还可以使用滑窗平均或衰减记忆似然函数来对噪声进行调整。

3.6　实验：目标跟踪

■ 1. 实验内容

采用 Kalman 滤波算法在二维平面空间中实现目标的跟踪。仿真产生一批目标,状态向量为 $[x, \dot{x}, y, \dot{y}]^T$,初始状态为 $[380000, 500, 270000, 0]^T$(位置单位为 m,速度单位为 m/s),目标匀速飞行,过程噪声为零均值高斯分布,方差为 15×10^{-2};雷达参数设置:雷达位置为 $(0,0)$,扫描周期为 10 s,测角误差为 $1°$;测距误差为 170 m。

■ 2. 程序代码

```
%目标跟踪
function main()
  %*****************
  %    参数设置
  %*****************

  %定义"雷达"的数据结构,包括位置、测角误差、测距误差
  global RADAR;
  RADAR=struct('location',[0 0],'disErr',0,'dirErr',0);

  T=10;                          %雷达扫描周期为 10 秒
  F=[1 T 0 0;0 1 0 0;0 0 1 T;0 0 0 1];   %状态转移矩阵
  G=[T/2 0;1 0; 0 T/2;0 1];      %过程噪声分布矩阵
```

```
H=[1 0 0 0;0 0 1 0];                      %量测矩阵
%过程噪声设置
q11=15*10^-2;
q22=15*10^-2;
q=[q11 0;0 q22];
Q=G*q*G';
startLocation=
%创建一个目标真实轨迹
realTrack=createOneObject(startLocation,T,F,G);

%设置雷达参数
radar=RADAR;
radar.location=[0,0];
radar.disErr=170;
radar.dirErr=pi/180;

%生成雷达量测航迹
detectedTrack=createDetectedTrack(realTrack,radar);

%测距与测角方差
sigma_rou2=radar.disErr^2;
sigma_sita2=radar.dirErr^2;
simTime=length(detectedTrack);        %仿真时长

%将极坐标转换为直角坐标
Z=[detectedTrack(1,:).*cos(detectedTrack(2,:));detectedTrack(1,:).*sin(de-
tectedTrack(2,:))];
rouSita=detectedTrack;        % 存放原理的距离和方位值,用于计算矩阵 A

%*******************
%初始化
%*******************
z1=Z(:,1);
z2=Z(:,2);
X=[z2(1) (z2(1)-z1(1))/T z2(2) (z2(2)-z1(2))/T]';        %初始化状态向量
A=[cos(rouSita(2,2)),-rouSita(1,2)*sin(rouSita(2,2));sin(rouSita(2,2)) rouS-
ita(1,2)*cos(rouSita(2,2))];
R=A*[sigma_rou2 0;0 sigma_sita2]*A';
r11=R(1,1);r12=R(1,2);r21=R(2,1);r22=R(2,2);
P=[r11 r11/T r12 r12/T;r11/T 2*r11/T^2 r12/T 2*r12/T^2;r12 r12/T r22 r22/T;r12/T 2
*r12/T^2 r22/T 2*r22/T^2];        %初始协方差

%*******************
%跟踪滤波
```

```
% * * * * * * * * * * * * * * * *
filteredTrack=X;
filteredTrackErr=P;
for i=3:1: simTime
  A=[cos(rouSita(2,i)),-rouSita(1,i)*sin(rouSita(2,i));sin(rouSita(2,i)) rou-
  Sita(1,i)*cos(rouSita(2,i))]; R=A*[sigma_rou2 0;0 sigma_sita2]*A';%根据量测协
  方差
  [X,P]=Kalman(X,P,Z,F,G,Q,H,R)    %Kalman 滤波
  filteredTrackErr(:,:,i-1)=P;      %滤波协方差存放
  filteredTrack(:,i-1)=X;           %滤波值存放
  end
end


% * * * * * * * * * * * * * * * * * * * * *
%           显示
% * * * * * * * * * * * * * * * * * * * * *


%卡尔曼滤波
%
function [X,P]=Kalman(X_Forward,P_Forward,Z,F,G,Q,H,R)
  % 参数说明
  %        Z--观测数据矢量

  %        F--系统模型状态矩阵
  %        G--系统模型噪声系数矩阵
  %        Q--系统模型噪声方差
  %        H--量测系数矩阵
  %        R--量测模型噪声协方差
  %        X_Forward--前次估计状态矢量
  %        P_Forward--前次估计状态协方差矩阵

  %        X--输出估计状态矢量
  %        P--输出估计状态协方差矩阵

  % 预测
  X_Predict=F*X_Forward;
  P_Predict=F*P_Forward*F'+G*Q*G';

  % 增益矩阵
  K=P_Predict*H'*inv(H*P_Predict*H'+R)';

  % 修正滤波值和误差协方差阵
  X=F*X_Forward+K*(Z-H*(F*X_Forward));
```

```
    M=K*H;
    n=size(M);
    I=eye(n);
    P=(I-K*H)*P_Predict*(I-K*H)'+K*R*K';
end % end Kalman()


%********************************
% 仿真目标真实航迹
%********************************
function realTrack=createOneObject(startLocation,T,F,G)
    % 根据状态方程,构建一个目标运动的真实轨迹
    % 输入:
    % startLocation 目标起始位置
    % T 采样周期
    % F 状态转移矩阵
    % G 过程噪声分布矩阵
    % 输出:realTrack 目标真实航迹
    % T=4;
    % F=[1 T 0 0;0 1 0 0;0 0 1 T;0 0 0 1];    %状态转移矩阵
    % G=[T/2 0;1 0; 0 T/2;0 1];    %过程噪声分布矩阵
    q11=sqrt(15*10^-2);
    q22=sqrt(15*10^-2);
    Q=[q11 0;0 q22];
    startSpeed=rand(1)*(1200-4)+4;    %随机产生的初始速度
    startDir=rand(1)*pi/2;    %随机产生的初始航向
    startSpeed_x=startSpeed*cos(startDir);
    startSpeed_y=startSpeed*sin(startDir);
    startLocation=[startLocation(1),startSpeed_x,startLocation(2),startSpeed_y]';
    location=startLocation;
    location_old=startLocation;
    trackLength=20;
    for i=1:trackLength-1
        location_new=F*location_old;%+G*(Q.*randn(2,2));
        location=[location,location_new];
        location_old=location_new;
    end
    realTrack=[location(1,:);location(3,:)];


end % end createOneObject


%************************
% 根据目标真实轨迹生成量测值
%************************
function detectedTrack = createDetectedTrack (realTrack, radar)    % radarLocation, sig-
```

```
maRou,sigmaSita)
% sigmaRou=170;sigmaSita=1;    % 量测误差
% 输入 realTrack 目标真实轨迹,角度和方位值
% 输入 radar 雷达测角误差和测距误差
% 输出 detectedTrack 目标量测航迹
trackLength=length(realTrack);
detectedTrack=[];
for i=1:trackLength
    rou=distance(realTrack(:,i),radar.location)+randn(1)*radar.disErr;
    sita=getDirection(realTrack(:,i),radar.location)+randn(1)*radar.dirErr;
    detectedTrack=[detectedTrack,[rou,sita]'];
end
end
```

3.7　小　结

　　跟踪滤波通过对雷达量测数据进行处理,从而抑制雷达探测过程中各种误差的影响,使目标航迹更加接近真实轨迹。本章首先介绍估计理论,它是跟踪滤波的理论基础;然后介绍线性系统模型,包括状态方程和量测方程的基本概念;在此基础上,重点讨论卡尔曼滤波器(Kalman Filter)和常增益滤波器(α-β 与 α-β-γ 滤波器);最后简单介绍机动目标跟踪的基本原理。主要内容及要求如下:

　　(1) 随机估计理论是跟踪滤波的数学理论基础,随机估计就是根据受噪声干扰的观测值(它与状态和参数有关)对未知系统状态或参数赋值。要求理解雷达目标跟踪的过程,了解随机估计的基本思想,掌握最小均方误差估计的原理,理解递推式滤波的设计思想。

　　(2) 跟踪滤波系统模型描述了滤波(跟踪)系统如何由用于描述目标运动的状态方程、描述雷达测量的量测方程、滤波器,以及过程噪声、量测噪声等要素构成。要求了解状态方程的各部分要素、量测方程的各部分要素的作用,理解滤波系统的主要作用。

　　(3) 状态方程也称动态方程或系统方程,是目标运动规律的假设。这个假设的合适与否,关系到系统能否精确地跟上目标。要求掌握状态方程的一般形式,各个要素的含义和作用。了解 CV 模型和 CA 模型的由来,掌握这两个模型各自的离散形式。

　　(4) 量测方程是对测量装备测量过程的假设,是滤波器的核心组成,它使欲估计的参数与量测数据发生关联。它由量测向量、量测矩阵和量测误差构成,其中量测矩阵使得估计参数与量测数据发生关联,量测误差反映的是传感器(雷达)的量测的随机误差。要求掌握量测方程的基本形式,二维和三维情况下的量测矩阵形式。

　　(5) 卡尔曼滤波器是一种使用最广泛的目标跟踪滤波算法,是其他许多实用滤波器的基础。卡尔曼滤波器的基本理论来源于最小均方误差估计,其基本方程由状态一步预

测、协方差一步预测、新息协方差、增益、状态更新方程及协方差更新方程五个基本方程组成,实现对目标的精确跟踪。要求理解卡尔曼滤波器的基本原理,掌握卡尔曼滤波器的五个基本计算公式和相应的流程,能够使用它们进行目标跟踪计算。

(6) 卡尔曼滤波器是一种迭代式的目标跟踪计算方法,因此,其初始化是顺利进行滤波的关键问题。本章在初始化方面重点介绍了二维、四维和六维状态向量的初始化方法。要求了解初始化的基本原理,掌握二维状态向量的初始化计算方法。

(7) α-β(或 α-β-γ)滤波器是为了减少计算卡尔曼滤波器对于增益的计算量而设计出来的一种滤波方法。该方法将增益固定,或者简化增益计算。主要有两种情况,一种是已知过程噪声和量测噪声统计特性情况下的计算,另一种是未知上述信息情况下的计算。要求理解该滤波器的基本原理,并掌握其计算方法。

(8) 目标机动时,由于滤波器反映目标运动的状态方程出现误差,容易造成目标丢失。机动目标跟踪有机动检测和自适应两类方法。其中,第一类方法中的可调白噪声模型,利用目标状态滤波时新息协方差的变化程度,使用假设检验的方法确认机动发生,通过调整过程噪声方差大小的方法实现机动目标跟踪。

习 题

1. 简述跟踪滤波的过程。

2. 试述影响状态估计器设计的几个因素是什么? 试简要分析说明。

3. 已知被估计参量 θ 的后验概率密度函数为 $p(\theta|x) = (x+\lambda)^2 \theta \exp[-(x+\lambda)\theta]$, $\theta \geqslant 0$,试求 θ 的最小均方误差估计量 $\hat{\theta}_{mse}$。

4. 研究目标运动模型有什么意义?

5. 请画出离散时间线性系统框图。

6. 请用矩阵表示形式写出目标在三维空间中做匀速直线和匀加速直线运动时的状态方程及量测方程。

7. 设状态方程和测量方程分别为 $x(k+1) = x(k)$, $z(k) = x(k) + w(k)$,其中,$z(k)$ 和 $x(k)$ 为标量。$E[w(k)] = 0$,$\mathrm{cov}[w(k)w(j)] = R\delta_{kj}$,初始状态 $\hat{x}(0) = \bar{x}_0$,$P(0|0) = P_0$,且 $\mathrm{cov}[x(0|0), w(k)] = 0$,若得到观测值 $z(1)$ 和 $z(2)$,试求状态估计 $\hat{x}(2)$ 和估计误差方差 $P(2|2)$。

8. 用一台机载高度表,对直升机到地面高度从 $t=1$ s 开始进行跟踪测量,取样间隔 $T=1$ s。设飞机到地面的距离为 $r(t)$,飞机升高的速度 $\dot{r}(t)$ 为常数。已知 $E[r(0)]=0$,$D[r(0)]=10$,$E[\dot{r}(0)]=0$,$D[\dot{r}(0)]=10$,$\mathrm{cov}[r(0),\dot{r}(0)]=0$,观测噪声满足 $E[v(k)]=0$,$\mathrm{cov}[v(k),v(j)]=5\delta_{kj}$,且与 $r(0)$、$\dot{r}(0)$ 不相关。观测的距离 $z(1)=100$,试求 Kalman 滤波估计 $\hat{r}(1)$、$\hat{\dot{r}}(1)$ 及估计误差方差。

9. 设目标的运动状态可描述为 $\boldsymbol{X}(k+1) = \boldsymbol{F}\boldsymbol{X}(k)$,其中 $\boldsymbol{X}(k) = [x(k), \dot{x}(k)]^{\mathrm{T}}$,$\boldsymbol{F}$

$=[1 \quad T;0 \quad 1]$；观测方程为 $z(k)=x(k)+w(k)$，其中 $w(k)$ 是零均值高斯白噪声，方差为 R，假定 $T=2$，$R=64$，$z(0)=50$，$z(1)=70$，$z(2)=120$。

(1) 采用两点法建立起始估计；

(2) 求初始估计误差的方差阵 $\boldsymbol{P}(1|1)$；

(3) 求 $\hat{\boldsymbol{X}}(2)$。

10. 画图并简述 $\alpha\text{-}\beta$ 滤波器。

11. 在 $\alpha\text{-}\beta$ 滤波器中 α、β 的含义是什么？它们如何取值？

12. 简述基于机动检测的机动目标跟踪的基本原理。

第4章

雷达网

为完成对空情报保障任务,必须有足够大空域范围内的目标信息,只靠单雷达是保证不了的,因此需要用多部雷达组成雷达网来获取信息。本章首先介绍相对于单雷达,雷达网具有的特点及分类,在此基础上,进一步介绍雷达网的探测范围、性能指标、布站方法及信息处理方式。

4.1 雷达网的特点及分类

由于单部雷达的探测空域范围有限,为了构建一个国家或一个地区严密的对空监视屏障,自然会想到用分布在不同地点的多部雷达,使它们的探测范围紧密衔接,形成一个预警探测网络,这就是雷达网最初产生的背景。

自 1938 年英国研制第一部实战使用的雷达以来,雷达就以网状形式部署使用。1939 年,英国在英吉利海峡用 20 部对空警戒雷达构建了世界上第一个对空情报雷达网,即本土链网络,当时只以扩大雷达探测覆盖范围为主要目标,并没有雷达情报综合中心,也就是说情报并没有综合处理。到 1940 年夏,随着作战的需要,又进一步发展成为一个由 80 多个雷达站和 1200 多个对空目视观察哨相结合的对空侦察预警系统,能在远离英国东南海岸多达 170 km 的空域发现来袭的德国轰炸机群,为英国防空系统赢得长达 45 min 的预警时间。1953 年,美国林肯实验室在新英格兰东南实施了第一个防空系统研究项目——可得角计划,由 3 部远程监视雷达、12 部低空补盲雷达、4 部测高雷达构成了雷达预警网实验系统,用电话线把这些雷达探测的航迹情报连接到中心计算机,构建了世界第一个区域雷达航迹情报综合中心,即防空预警系统,这就是后来著名的赛其防空系统的原型,开创了多雷达航迹情报的综合使用,促进了"雷达网"概念深入人心。

军语认为:雷达网是雷达情报网的简称,是指在一定区域内配置多部雷达,并使各雷达的探测范围在规定高度上能够相互衔接的布局。

在雷达网作战运用和建设中使用过较多提法,如雷达网、雷达组网、雷达情报网等,对其认识也不尽一致。特别是当今高新技术的不断发展和现代高技术战争呈现的特点和要求,使雷达网概念的内涵和外延都发生了变化,赋予了新的内容。

为适应未来信息化战争的作战需要,雷达网必须依据作战的总要求,有计划地组织运用力量,优化配置结构。其基本要求主要体现在六个方面:一是兵力部署结构优化;二是雷达探测手段多元;三是指挥控制流程扁平;四是情报信息融合高效;五是情报组织关系顺畅;六是作战编组形式科学。实现以上作战使用要求,核心是需要解决情报资源和探测资源的组织运用两大问题,即围绕情报组织解决顶层的指挥控制和底层的信息获取问题,并根据这一基本思路准确把握和筹划雷达网的作战运用。

因此,雷达网就是根据空中作战任务的需求,将不同程式的多部雷达,按照一定的战术原则进行部署构建的空中情报预警探测网络。雷达网是一个系统的概念,不仅含有情报获取(探测)要素,还具有情报处理、决策指挥、优化控制等要素,是将雷达技术、计算机技术、信息处理技术、决策优化技术等融为一体的雷达网信息系统。通常所说的雷达组网和雷达情报网则是雷达网在不同层面的表现形式。

> 发展的观点是唯物辩证法的一个总特征,要以发展的观点看问题,才能准确把握事物的本质。随着高新技术的不断发展,雷达网概念的内涵和外延必将发生新的变化,赋予新的内容。

4.1.1 雷达网的特点

布置适当的多部雷达构成的雷达网,可充分利用各单部雷达的资源和信息融合优势,相对于单雷达,具有目标跟踪连续、探测概率增大、定位精度改善和"四抗"能力提高等几个主要特点,从而使整体作战能力得到很大提高。

1. 目标跟踪连续

单部雷达由于受探测范围的限制,仅能探测一定空间范围内的飞行目标,当目标飞出其探测范围时,该雷达将失去对目标的跟踪。只有将多部雷达联接起来构成雷达网,才能完成对飞行目标的连续跟踪。图 4-1 显示出了雷达网对目标的跟踪情况。

从图 4-1 可以看出,多部雷达构成的雷达网探测范围增大,能在较大的空间范围内探测到飞行目标,各雷达将测量到的目标数据,经传输线路送到处理中心,完成坐标变换、时间统一、误差配准、航迹起始、点迹-航迹相关、航迹滤波等处理,从而得到在广域范围中

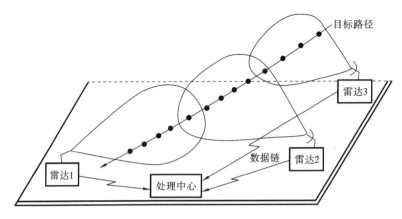

图 4-1 目标连续跟踪示意图

的连续目标航迹。

2. 探测概率增大

雷达探测概率是指给定点上雷达对目标的探测概率。通常雷达探测范围的外缘是按 $P_d=0.5$ 绘制的。在此条件下计算探测范围可以用下式表示:

$$D=1.35D_{0.5}\sqrt[4]{-\lg P} \qquad (4-1)$$

其中,$D_{0.5}$ 为探测概率为 0.5 时的已知探测距离。

由式(4-1)可知,单部雷达给定点上雷达对目标的探测概率为

$$P=10^{-0.3\left(\frac{D}{D_{0.5}}\right)^4} \qquad (4-2)$$

同时,实时侦察并向处理中心发送信息的若干雷达对给定目标的总探测概率为

$$P_n=1-\prod_{i=1}^{n}(1-P_i) \qquad (4-3)$$

式中:n 为实施目标探测的雷达数量,P_i 是给定点上第 i 部雷达对目标的探测概率,$1-P_i$ 为给定点上第 i 部雷达对目标的漏报概率。

从式(4-3)可以看出,雷达网的探测概率比单雷达的探测概率高,漏报概率低。雷达网较之单雷达能提供更多的发现目标的机会。也就是说,雷达网增加了对目标的探测概率,减少了漏情概率。

3. 定位精度改善

雷达网能组合来自两个或两个以上的雷达的数据,因而改善了目标的定位精度。当数据通过简单平均的方式组合时,其精度改善因子等于所用雷达数目的平方根。若对各个目标的坐标数据(如距离和角度)按其精度加权,则可得到更好的组合。图 4-2 表示了这个概念。

雷达利用测距和测角的方法对目标定位,其各自的测量误差决定于发射信号的形式,以及信号处理器和数据录取设备的特性。当距离误差不变时,角度误差会使位置误差增大,而位置误差与距离误差正交且随距离误差的增加而增大。这启发我们可以利用

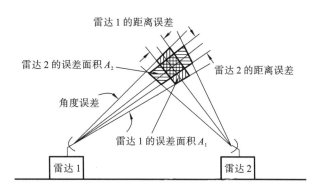

图 4-2　雷达网改善目标的定位精度示意图

两部或多部雷达的测距结果来推导目标位置；当雷达波束如图 4-2 那样直角交叉时,处理起来特别方便,这时目标位置误差由分别代表两部雷达误差的面积 A_1 和 A_2 相交的公共面积来表示。

4. "四抗"能力提高

现代战争中雷达组网是对抗综合电子干扰、抗隐身、抗反辐射导弹和抗低空/超低空突防四大威胁的一种有效手段。

不同体制、不同频段、不同极化方式的雷达组网,可以提高系统的抗电子干扰能力。由于机载干扰设备天线具有一定的方向性,如果雷达网中各雷达间距比较远,可以使部分雷达处于敌机航线两侧,而侧方雷达受干扰较小,便于在干扰条件下掌握目标。

雷达网集频域、空域和极化域等抗隐身措施于一身,不仅能够较早地探测、发现隐身目标,而且还能够凭借其独特的数据融合优势对隐身目标进行精确定位跟踪,雷达组网是当今最有前途的抗隐身手段之一。

在雷达网中,不同功能、不同体制、不同作用范围的各种雷达联网工作,或者采用同频、同体制的雷达联网工作,由控制系统统一指挥协调。网内各雷达交替开机、轮番机动,对反辐射导弹构成闪烁电磁环境,使跟踪方向、频率、波形混淆,增强了抗反辐射导弹的能力。

雷达网中,空基雷达可以克服地球曲率影响,低空补盲雷达可以超前部署延长防空系统预警时间,雷达的杂波抑制技术可以改善组网雷达低空性能,信息融合技术可以增强组网雷达低空性能。可以说,组网雷达集多种抗低空措施于一身,使得它对低空目标的探测、跟踪性能提高。

对这部分的具体技术手段及分析感兴趣的读者可以参阅文献[12]。

> 雷达网是在对抗各种威胁中不断演变成长的。对抗无处不在,也必将是长期的、激烈的。要保持定力,积极投身练兵备战,提高对抗的硬核实力。

4.1.2 雷达网的分类

雷达网按组网雷达类型的不同可分为单基地雷达网、双/多基地雷达网、单基地与双/多基地混合雷达网三种。

单基地雷达网：由发射和接收一体的单基地雷达构成的雷达网，通过组网使整个雷达网系统构成一个有机整体。单基地雷达组网内各雷达工作独立，工作方式灵活多变；各雷达在与网络中心站失去联系时，也可独立完成部分工作。单基地雷达网按照雷达空间部署位置的不同，又可以分为共站式（共位置）雷达网和分布式（非共位置）雷达网。

双/多基地雷达网：由发射和接收在不同位置的双/多基地雷达构成的雷达网，充分利用双/多基地不易被干扰和侦测的特性，有电子反干扰（Electronic Counter-counter measures，ECCM）、抗反辐射导弹（Anti-Radiation Missiles，ARM）、反隐身能力；辅以空中平台，还可极大地增强抗低空突防能力。

单基地与双/多基地混合雷达网：由单基地雷达和双/多基地雷达混合构成的雷达网，具有上述两种方式的共同优点。

雷达网按组网雷达工作机制的不同可分为有源雷达网、无源雷达网、有源/无源混合雷达网三种。

有源雷达网：由有源雷达构成的雷达网。通过组网，可以增加对目标的探测概率，减少漏情概率，改善对目标的定位精度，提高抗电子干扰、抗隐身、抗反辐射导弹和抗低空突防等能力。

无源雷达网：由无源雷达构成的雷达网。无源雷达通过接收目标辐射或反射的电磁波实现对目标的探测，只能给出目标的方位信息，通过无源雷达组网协同时差定位，可以减小定位时长，提高定位精度，减小探测盲区，充分利用无源雷达的探测特性，具有电子反干扰、抗反辐射导弹、反隐身能力。

有源、无源混合雷达网：由有源雷达和无源雷达混合构成的雷达网。有源无源雷达具有较强的互补性。有源雷达通过主动发射电磁波和接收回波对目标进行探测，获得目标的距离和角度信息，定位精度高，且隐蔽性差，很容易遭受到敌方的干扰和攻击；而无源雷达通过接收目标辐射或反射的电磁波实现对目标的探测，只能给出目标的方位信息，数据精度低，不易被敌方摧毁，具有较强的生存能力，是有源雷达的重要补充。将有源雷达与无源雷达组网，实行有源无源雷达协同预警，将大大提高防空预警体系的信息对抗能力。

雷达网按空中作战服务的层级不同可分为单站雷达网、战术雷达网、战役（战区）雷达网和战略级雷达网四个层次，下面分别简单介绍。

1. 单站雷达网

单站雷达网是在一个站（常称雷达探测中心）部署多部雷达，它们在空间的部署位置相同,通常又称为共站式(共位置)雷达网。单站雷达网又可分为配对式的单站雷达网和双工式的单站雷达网。

（1）配对式的单站雷达网。配对式的单站雷达网是指多部雷达在功能上互相补充,以获得完整空中目标情报的多雷达探测系统,其示意如图 4-3 所示。

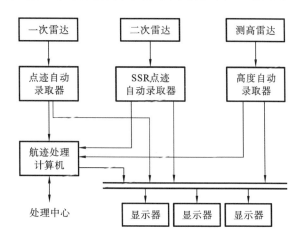

图 4-3 配对式单站雷达网示意图

二次监视雷达(Secondary Surveillance Radar,SSR)对装有 SSR 应答器的飞机进行监视,SSR 应答器能够提供目标的身份、高度等信息。SSR 点迹自动录取器对二次雷达回波进行相关检测、自动确认,从而获取数字式点迹信息。若一次雷达为两坐标雷达,它和测高雷达协同,对空中目标进行监视,提供目标的三维坐标信息。一次雷达点迹自动录取器和高度自动录取器,分别对一次雷达和测高雷达回波进行数字式相关处理,提供目标点迹的三维数字式坐标信息。这三种不同功能的雷达构成了一个比较完整的对空监视系统,提供有关空中目标的信息。

航迹处理计算机对各录取器送来的数字式点迹数据进行二次处理,即将点迹进行配对,并对点迹进行过滤、平滑和外推,完成航迹检测任务,然后将航迹信息送到信息处理中心。

配对式的多雷达系统,通过将多部雷达的观测值的结合和合并,不仅获得了空中目标的完整信息,而且还改善了点迹和航迹的相关功能,同时也改善了目标的定位精度。

（2）双工式的单站雷达网。双工式的单站雷达网是指为确保雷达探测系统的可靠性和对空监视质量的要求,在一个站设 N 部性能不同或者不同程式的雷达,其示意如图 4-4 所示。

在图 4-4 中,两坐标雷达提供目标的二维坐标数据,三坐标雷达提供目标的三维坐标数据。两坐标和三坐标自动录取器,分别对两坐标雷达回波和三坐标雷达回波进行数字式相关处理,提供目标点迹的二维和三维数字式坐标信息。航迹处理计算机对各录取器送来的数字式点迹信息进行二次处理。

在双工式的单站雷达网中,雷达的工作情况随着环境和空情等的变化而变化,在正常情况下(只担负平时防空警戒值班),两部(或 N 部)雷达轮流开机值班;当有空袭情况

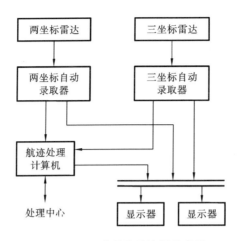

图 4-4 双工式单站雷达网示意图

或其他重要任务时,两部(或 N 部)同时工作,提供连续、准确的目标三维坐标数据;当值班雷达出现故障或维护时,另一部雷达紧急开机,担负值班警戒。

从上述分析可以看出,双工式的单站雷达网,不仅可以提高雷达探测系统的可靠性,还可以改善目标的定位精度。

▮▮ 2. 战术雷达网

战术雷达网由若干个单机站和单站雷达网组合而成。单机站是指该站只有一部雷达,一般是远程警戒雷达(作用距离在 400 km 以上)或三坐标引导雷达。

战术雷达网的任务是在一个局部地区,为防空作战和进攻作战提供空情保障,为航空兵提供引导保障,为地防部队指示目标。战术雷达网是一个独立的作战单位,它对所属雷达站实施指挥与控制,收集和处理各雷达站上报的空中情报,除上报给上级单位外,还将情报按用户作战需求进行分发。引导雷达站的情报直接送往附近的航空兵部队,实施对空引导。战术雷达网的覆盖范围一般在数千到数万平方公里。

▮▮ 3. 战役(战区)雷达网

战役(战区)雷达网由若干个战术雷达网组合而成。它的任务是为战役(战区)的多兵种联合作战提供空中情报的支援。它负责收集各战术雷达网上报的空中情报,除上报上级单位外,还将情报分发给本战区各情报的用户单位。

战役(战区)雷达网覆盖的地域较大(跨好几个省),参战的军(兵)种作战单位多,与战术雷达网比较有如下三个特点:一是打破了军(兵)种界限,空军、海军、陆军的雷达网均纳入其中;二是探测器种类多,有地面雷达、舰载雷达、预警机雷达、气球载雷达、天基雷达(在可能装备的条件下)等,形成多层空域的覆盖,雷达情报在战役(战区)情报处理中心还与其他探测器(如无源探测器、红外探测器等)获取的情报进行融合处理,构成对外层空间、空中、地面、水面的预警探测系统;三是服务单位多,由于是多军(兵)种联合作战,参战单位多,都需要向其提供空情或海情,同时还要向上级和地方民防提供预警情报。

4. 战略级雷达网

战略级雷达网由战役(战区)雷达网和一些特种雷达组成,从作战服务的层级来说,已经是国家层面了。其主要任务是向国家最高决策层提供战略预警信息,如敌方战略导弹(弹道导弹和巡航导弹)、战略轰炸机以及陆上和海洋的战略目标等信息。特种雷达主要有:

(1) 大型地面相控阵雷达。主要用于发现和跟踪弹道导弹,给反导系统指示目标。作用距离可达 3000~7000 km,能跟踪多批目标。

(2) 天波超视距雷达。其发射的电磁波(短波)在地面与电离层之间多次反射,可探测 800~1000 km 以外的空中目标和处于助推段的弹道导弹目标,能提供较长的预警时间。

(3) 机载预警雷达。它是一种大型脉冲多普勒雷达,能在强地物杂波干扰背景中发现低空目标,有利于巡航导弹和弹道导弹起飞段的发现和跟踪。

4.2　雷达网的探测范围

雷达网的探测范围也称雷达网的覆盖范围,指雷达网探测的空域范围,是由网内每部雷达探测空域的范围决定的。本节先给出雷达探测范围的定义和描述方法,在此基础上,给出雷达网的探测范围。

4.2.1　雷达的探测范围

雷达是一种对空探测设备,用以获取空中目标的情报。然而,单部雷达探测空域的范围有限,超出了这个范围,该雷达就不能发现目标。

雷达的探测范围是指雷达每次搜索都能以不低于给定量的概率在其中发现有给定有效反射截面(Radar Cross Section,RCS)的雷达目标的空域范围。

在防空指挥控制系统中,要求雷达探测系统的有效反射截面参数是 1~2 m^2(小型机)和 5~10 m^2(轰炸机),目标探测概率参数是 0.5(警戒)和 0.9(引导)。但在大多数战役战术计算中,探测范围常取有效反射截面为 1 m^2,探测概率为 0.5。

雷达天线扫描空间目标时,波束扫过的空间区域是一个立体空间,为了表示某型雷达的探测范围,需要用两种探测范围图来描述:一是垂直探测范围图;二是水平探测范围图。

垂直探测范围图也称为威力图(俗称"波瓣图"),威力图给出了雷达出厂时在测试场得到的数据,是一个包含给定有效反射面的飞行器在各个不同飞行高度 H 上的探测距离 D 的数据表。在部队架设某雷达阵地后,需要针对该阵地,用"检飞"(即检验飞行,用飞机在预定的高度和航路上多次飞行,用雷达进行观测)得到的数据,对原始数据进行修正,重新绘制形成新的威力图。雷达不同,威力图一般也不一样,某型雷达的威力图如图4-5 所示。

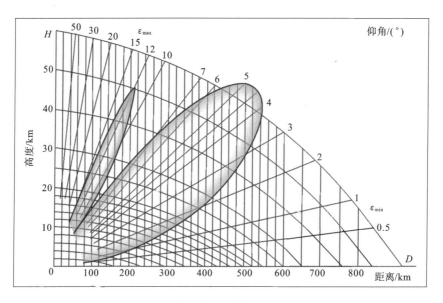

图 4-5　雷达垂直探测范围图(威力图)

威力图的原点代表雷达所处的位置,横坐标代表水平距离 D(单位:km),纵坐标代表高度 H(单位:km)。粗黑线所包围的区域代表该雷达某一方位在垂直半截面内的有效探测空域。横线代表等高线,因为地球是个球面,考虑地球曲率在内,所以等高线是弯曲的。图中的射线表示仰角线,其中 ε_{min} 为波瓣下边沿的最低仰角,ε_{max} 为波瓣上边沿的最高仰角。有的雷达的威力图有多个波瓣,图 4-5 所示的威力图就有两个波瓣。当雷达天线作圆周扫描时,该图也以原点为顶点作 360°旋转,形成一个探测范围的立体空间。

由垂直探测范围图可以看出:

(1)雷达的最远探测距离是有限制的。不同的高度层,最远探测距离也不同。如在图 4-5 中 40 km 高度最远探测距离为 480 km,而 10 km 高度最远探测距离只有250 km。

(2)低空有"盲区",顶空有"盲区",两个波瓣之间也有"盲区"。所谓"盲区",就是雷达不能发现目标的区域。由于地面防空情报雷达的波瓣是上翘的,加上地球表面的弯曲,在某个仰角以下的空域,雷达电磁波不能到达,目标不能被雷达发现,形成了低空盲区。敌来袭目标利用这一缺陷,往往采用低空突防战术(贴近地面或海面飞行)来躲过地面防空情报雷达的监视。在雷达站顶空附近的空域是顶空盲区,顶空盲区呈圆锥状,低空小高空大。两个波瓣之间有缺口,雷达电磁波也不能到达,也是雷达的盲区。了解盲区的分布情况,对于掌握空中情况很有帮助。

雷达在自由空间的探测范围,可简化为图 4-6 所示的圆锥体。投影到水平面上,可得到雷达水平面探测范围。水平探测范围图,理论上是以雷达站为圆心的同心圆,不同的高度层,圆的半径不同,圆周内的范围表示该高度层的探测范围,如图 4-7 所示。

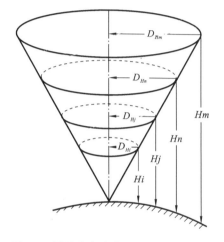

图 4-6　雷达在自由空间探测范围示意图

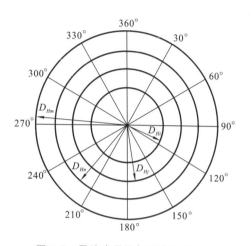

图 4-7　雷达水平面探测范围示意图

在雷达最大探测范围内,一般是高度越高,水平探测距离越远(具体情况视波瓣形状而定)。水平探测范围图也可以看成是将垂直波瓣旋转后,某个高度层的水平切割面在水平面上的投影。实际的水平探测范围,往往受雷达阵地环境的影响而有所改变,例如在某个方位受高山或地面建筑物的影响,雷达电磁波被遮挡,遮挡物后面的目标不能被发现,使得该方位的最大探测距离减小。水平探测范围将不再是同心圆的一部分,而是在被遮挡的方位上向着圆心有一个凹口。这个被遮挡的方位范围,称为"遮蔽角",如图 4-8 所示。

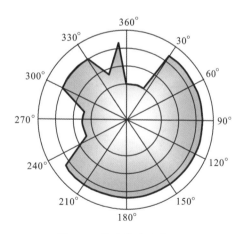

图 4-8　雷达阵地遮蔽角图

雷达实际探测范围的确定,一般是通过阵地测量、波瓣计算、检飞核对等步骤完成的。通常雷达探测范围的外缘是按发现概率 $P_d = 0.5$ 的值绘制的。一部雷达一旦担负对空情报保障任务,它的探测范围也就确定下来了。

4.2.2 雷达网的探测范围

　　知道了雷达网中每一部雷达的探测范围后,根据雷达分布情况,就可以很容易得到雷达网的探测范围。雷达网的探测范围也称为覆盖范围,也是通过水平探测范围和垂直探测范围两种方式来描述的。

1. 水平探测范围

　　由于雷达网是由分布在不同地域的多部雷达构成的,所以雷达网的水平探测范围是由网中各雷达水平探测范围"叠加"而成的。常用的方法是:首先将几种规定高度层上雷达网中所有雷达的水平面探测范围,用一定比例(如 1∶50 万)的空白地图纸绘制出来;然后把每部雷达相同高度层上探测范围的相交点连接成一条光滑曲线之后,即将各部雷达探测范围图的外沿连接起来,就可以得到该高度层上雷达网的水平面探测范围图。

　　图 4-9 所示的是由五部雷达构成的雷达网的水平探测范围图。图 4-10 所示的是不同高度层雷达网的水平探测范围图,绘制了三种高度(500 m、1000 m、5000 m)层上雷达网水平面探测范围。

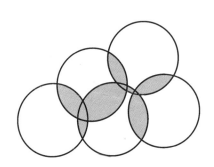

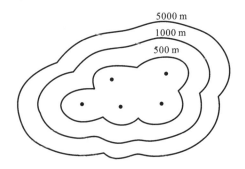

图 4-9　雷达网水平探测范围图　　　　图 4-10　雷达网不同高度层的水平探测范围图

　　由图 4-9 可见,每相邻雷达之间水平探测范围都有重叠的区域(图中阴影所示),之所以要求重叠覆盖,是为了提高目标被发现的可能性(即发现概率),因为在重叠覆盖区中的目标,覆盖的雷达都能发现,这就减少了漏情的可能。由于有了重叠区,一批目标可能被多部雷达同时发现,它们报到信息处理中心(指挥所)后,就形成了"重复批"。对重复批的处理是雷达网信息处理中的重要任务之一。

　　雷达网最大探测范围是指某一高度层上雷达网的水平面探测范围,并在该高度层上雷达网的探测范围达到最大。这一高度层通常为 20000～25000 m 范围内的某一高度,其高度层的最佳选择,要根据雷达网内可能出现的飞行器的最高飞行高度来考虑。在重叠系数很大的情况下,可选用雷达网之间的搭接高度。

　　为了构建严密的对空监视网,两个相邻雷达网之间在一定高度层上也要有重叠区。

重叠区的大小视作战区域而定。

2. 垂直探测范围

雷达网的水平探测范围用来描述在一定高度层上各方位的最大探测距离,而雷达网的垂直探测范围则用来描述在某一方位上各距离的有效探测高度。雷达网的垂直探测范围示意图如图 4-11 所示,它以信息处理中心为坐标原点,横坐标代表距离,纵坐标代表高度。H_X 为探测高度的上限(一般为 30 km 左右),H_L 为探测高度的下限(一般为几十米)。由于雷达网是由多部不同程式的雷达按照一定战术原则部署而成的,它分别采用了中、高空雷达(即中、高空探测能力强的雷达)和低空补盲雷达(即低空探测能力强的雷达)。所以较之单部雷达,低空盲区减小,没有"顶空盲区"(单部雷达的顶空盲区被其他雷达覆盖)。

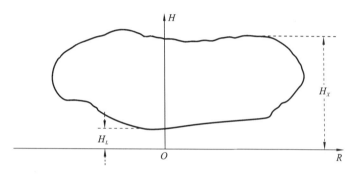

图 4-11　雷达网垂直探测范围示意图

4.3　雷达网性能指标

雷达网最主要的功能是探测责任区域的目标,跟踪并报出其航迹。从雷达网中雷达部署的视角看,评价雷达网的首要指标是对责任区域的覆盖能力;另外,对雷达网性能的综合评价还包括反隐身能力、抗干扰能力、反低空突防能力、抗反辐射导弹能力等指标。

4.3.1　责任区域

责任区域是指雷达网担负警戒及引导责任的地域范围。划分责任区域的目的是为了明确区分相邻雷达网掌握空中情报的责任,也为相邻雷达网之间目标交接地带的划定提供依据。

如图 4-12 所示,雷达网的责任区域,在无相邻雷达网的情况下,与其水平探测范围基本一致;在有相邻雷达网的情况下,则根据本雷达网与相邻雷达网探测范围的衔接情况来划定。相邻雷达网之间责任区域的分界线具体划分方法,通常以两个雷达网之间的相邻雷达站在最低衔接高度(通常是我机作战的最低高度)层上探测范围交点的连线作为责任区的分界线。采用这种方法划定分界线,其优点比较精细,能够保证相邻雷达网在分界线上均能连续掌握高于衔接高度以上的目标。但这种分界线曲折较多,在使用上不够方便。通常是以这种折线为基础,将某些曲折部分修改成直线,作为责任区域的分界线。

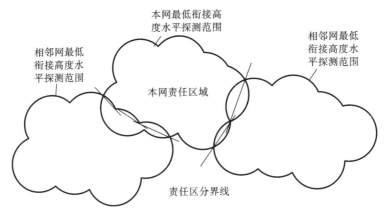

图 4-12　责任区域划分示意图

由图 4-12 可见,由于相邻雷达网的边界具有重叠覆盖的区域,在责任区分界线两边附近的区域相邻雷达网都能发现目标,这就为跨区飞行的目标顺利交接、连续掌握提供了保证。

4.3.2　覆盖性能指标

雷达网的覆盖性能是指雷达网在某特定高度层上对目标能有效、连续探测的度量,通常用覆盖系数、盲区系数和重叠系数来表示。

1. 覆盖系数

覆盖系数是指雷达网水平覆盖面积与责任区总面积之比,它反映了雷达网总体覆盖情况。若用 C_{OV} 表示覆盖系数,则

$$C_{OV} = \frac{S_{OV}}{S_0} \tag{4-4}$$

式中,S_{OV} 为雷达网责任区域的水平覆盖面积,S_0 是责任区的总面积。可见,在不同的高度层,覆盖系数是不一样的,一般选择中高空(8000～10000 m)作为参考高度层。

2. 盲区系数

盲区系数是指在某高度层上雷达网责任区的盲区面积与责任区总面积之比。若用 C_{BL} 表示盲区系数,则

$$C_{BL} = \frac{S_{BL}}{S_0} \tag{4-5}$$

式中,S_{BL} 为某高度层上雷达网责任区域的盲区面积,S_0 是责任区的总面积。根据雷达网覆盖连续性的要求,C_{BL} 应趋近于 0。

盲区系数与覆盖系数是一个概念的两种不同表示方式,它们之间的关系是

$$C_{BL} = 1 - C_{OV}$$

3. 重叠系数

雷达网重叠系数是指能同时观察到空间某一目标的雷达数量,可表示为

$$K = \frac{\sum_i S_i}{S_0} = \frac{n \lceil \pi D_L^2 \rceil}{S_0} \tag{4-6}$$

式中,S_i 为第 i 部雷达责任区域的探测面积,n 为雷达网内雷达数量,D_L 为雷达网内单雷达在规定的下限高度上发现目标的距离。重叠系数越大,探测概率就越大,空情质量就越好,但要求雷达部署密集,投入也更大。应根据作战需求和对空情质量的要求来定。一般情况下,雷达网的最佳重叠系数为 3,而重点保卫目标的重叠系数可达到 4~5。

4.3.3　抗干扰能力

雷达网的抗干扰能力主要与网内单雷达的抗干扰能力、雷达网所占的频宽、空间信号能量密度、雷达信号类型有关。评价雷达网抗干扰能力主要有以下三个参数。

1. 雷达网探测覆盖系数改善因子

雷达网探测覆盖系数是雷达网综合性能评价的一个指标,它和组网雷达的探测能力密切相关,同时又与单站抗干扰能力密切相关。组网雷达的抗干扰能力强,或抗干扰措施好,则雷达网在干扰情况下探测能力受影响就小,覆盖系数就越高,反之则低。

雷达网探测覆盖系数改善因子是指雷达网在受到干扰条件下采取抗干扰措施和不采取抗干扰措施覆盖系数的比值来评价其抗干扰性能,可表示为

$$C_{OVIF} = \frac{C'_{OV}}{C_{OV}} \tag{4-7}$$

式中,C'_{OV} 为采取抗干扰措施后雷达网探测覆盖系数,C_{OV} 为没有采取抗干扰措施的雷达网探测覆盖系数。

2. 雷达网频域覆盖系数

频域对抗是雷达抗干扰最有效和最重要的一个方面,雷达网占有的频段越多、频域越宽,则雷达网抗干扰能力越强,因此可将雷达网频域覆盖作为衡量雷达网抗干扰能力的一个重要指标。雷达网频域覆盖系数是频段覆盖系数和频宽系数两部分的乘积。

对于一个 N 部雷达构成的雷达网,若占有 M 个频段,每个频段的标准频宽为 F_1, F_2,$\cdots$,F_M,在每个频段内,全部雷达所占频宽为 $\Delta f_i (i=1,2,\cdots,M)$,则频段覆盖系数定义为

$$F_{fd} = \frac{M}{N} \tag{4-8}$$

频宽系数定义为

$$F_{fk} = \sum_{i=1}^{M} \frac{\Delta f_i}{F_i} \tag{4-9}$$

而雷达网的频域覆盖系数定义为

$$F_{OV} = F_{fd} \times F_{fk} \tag{4-10}$$

3. 雷达网信号覆盖系数

对于多雷达组网,如果其中的信号类型越多、越复杂,则被侦察干扰就越困难。因此,在雷达组网中采用信号类型数量与雷达数量的比值作为衡量雷达网抗干扰能力的重要指标,并定义为雷达网信号覆盖系数,即

$$S_{OV} = \frac{M_S}{N} \tag{4-11}$$

式中,N 为雷达数量,M_S 表示雷达信号类型的数量。

4.4 雷达网布站方法

在雷达网中,雷达的部署情况对于雷达网的性能影响很大。雷达网布站研究网内各雷达在空间位置的配置。一般而言,网内各雷达在空间位置上的配置结构,要在考虑地理环境约束的前提下使雷达网能覆盖责任空域,在低空探测时不能出现大的漏洞,对低可观测目标要达到一定的探测概率,同时还具有一定的抗干扰能力。

雷达网在时域、频域、空域、极化域部署的优劣不仅直接影响时间、空间覆盖域及目标数据率,而且影响雷达的抗干扰、抗欺骗、反隐身和生存能力,影响雷达的目标识别效果。

传统的部署立足于单部雷达在检飞(对一定 RCS 在特定发现概率和虚警概率)基础上绘制的雷达探测威力图,考虑了各雷达威力图之间在距离、高度、频段上的交替、衔接及一定的冗余度,但缺乏立体感,特别是在敌电子干扰情况下雷达探测范围的变化情况,在主要方向上的部署缺乏严格的数学规划,造成资源浪费、低效重复和可能的自我干扰。

　　优化部署是在综合各种因素、权衡利弊的基础上利用数学手段对雷达网定量分析的部署方法,属于多目标的优化与决策问题。

　　雷达网布站总的来说应该坚持如下原则:在雷达总数或费用一定的情况下,在主要方向、重点空域和主要高度层(特指沿海一线低空目标区)中雷达网覆盖系数最大;重叠系数最大;各种极化方式、工作频段、工作方式的类别尽可能最多;在干扰环境下单部雷达间盲区互补、主要区域间盲区最小等。

　　雷达组网优化配置和部署的原则很多,可以根据其中的一种原则进行部署,也可以综合其中几种或所有因素,在权衡利弊的基础上用数学手段对雷达网进行定量分析。

4.4.1　根据无缝覆盖原则进行布站

　　对于对空雷达网,根据部署方式一般可将其分为两种结构。一种是单层的,由中小型雷达密集配置构成;另一种是多层的,由主体雷达探测高中空,由低空雷达填补雷达网下层的低空和超低空盲区。

1. 单层网的结构及部署

　　单层网是由中小型雷达密集配置构成的,其结构如图 4-13 所示。所谓中型雷达,通常是指雷达探测范围为 $200 \sim 400$ km 的雷达;小型雷达是指近程低空警戒雷达,探测范围为 200 km 以内。

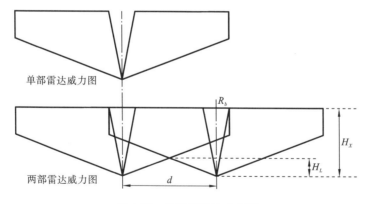

单部雷达威力图

两部雷达威力图

图 4-13　单层网雷达威力图

　　图中画出了单部雷达探测范围示意图及两部中型雷达的探测范围连接的结构示意图,并对雷达的探测范围垂直半截面进行了规则化,H_X 和 H_L 分别表示雷达网探测的上限和下限高度(通常也是雷达威力搭接高度)。通常要求上限高度 H_X 是:警戒 30 km,引导 20 km;下限高度 H_L 是:低空为 500 m,超低空为 50 m;d 为雷达网中两部雷达之间的距离,d 的值与 H_X 和上限高度上的顶空盲区半径 R_b 等参数相关,并且还与雷达网的部署形式有关。

（1）单层网的部署形式。通常采用的单层网的部署形式,有三角形配置和正方形配置,如图 4-14 和图 4-15 所示。

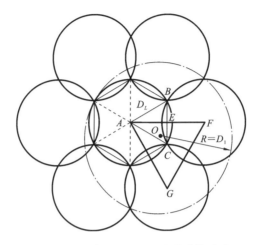

图 4-14　按等边三角形配置雷达的形式

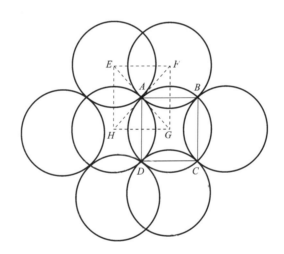

图 4-15　按正方形配置雷达的形式

假如同一程式雷达构成雷达网,即各雷达探测距离完全相等($AC=CF=CG=D_L$),按等边三角形 $\triangle AFG$ 的方式配置,若其在搭接高度的探测半径为 D_L,从图 4-14 可以看出,一部雷达在 H_L 高度上所覆盖的平均面积 $\overline{S}$ 等于圆内接正六边形的面积(即 6 倍的 $\triangle ABC$ 的面积),即

$$\overline{S}=6\times\frac{BC\times AE}{2}=3(D_L\times D_L\cos 30°)\approx 2.6D_L^2 \qquad (4-12)$$

若同一程式雷达构成雷达网按正方形 $EFGH$ 的方式配置,此时各雷达探测距离完全相等($AE=AF=AG=AH=D_L$),从图 4-15 可以看出,一部雷达在 H_L 高度上所覆盖的平均面积 $\overline{S}$ 等于圆内接正方形的面积(即 $ABCD$ 的面积,也就是 $EFGH$ 的面

积)，即

$$\overline{S}=4\times\frac{AE\times AF}{2}=2(AE\times AF)=2D_L^2 \tag{4-13}$$

因此从经济的观点来看，通常按等边三角形来配置雷达，因为在这种情况下，单部雷达平均覆盖面积大，所以覆盖同样面积责任区域需要的雷达数量要少于正方形配置，两者之比为

$$覆盖面积比值=\frac{2.6D_L^2}{2D_L^2}=1.3$$

$$节省雷达数量=\frac{1.3-1}{1.3}\times100\%=23\%$$

从计算的结果可以看出，按等边三角形配置与按正方形配置相比，前者的覆盖面积是后者的 1.3 倍；覆盖同样面积的区域所需雷达数量，前一种方法比后一种方法要节约 23% 的雷达。而用同样数量的雷达，可以在雷达网内构成最大的三层重叠区。例如对高度为 H_1 的目标，雷达的探测半径为 $R=D_1$，则当此目标在 O 点时，虚线圆内位于 A、F、G 点的三部雷达都能探测到此目标（见图 4-14）。

（2）雷达数量的计算。雷达数量是指覆盖一定面积 S 所需的雷达数，显然雷达数量 N 是 R_b 和 D_L 的函数。假定按等边三角形配置，雷达网的搭接高度为 H_L，由此可算出整个雷达网覆盖面积 S 所需要的雷达数量为

$$N=\frac{S}{\overline{S}}=\frac{S}{2.6D_L^2} \tag{4-14}$$

在计算雷达数量时，还必须考虑雷达网在上限高度上相互弥补盲区，即必须满足条件

$$D_X>d+R_b, \quad 即 \quad d<D_X-R_b \tag{4-15}$$

上式中，D_X 为雷达在上限高度 H_X 时的作用距离，d 为雷达之间的距离，三角形配置时可用下式进行计算：

$$d=2D_L\cos30°=1.73D_L \tag{4-16}$$

实际上，当选择合适的搭接高度 H_L 时，式（4-15）容易满足。

思考：若为正方形配置雷达之间的距离应该如何计算？

例 4.1　假定某防空区域的范围为边长 1024 km 的正方形，采用同一程式的雷达构成雷达网，雷达网按等边三角形方式配置，并要求雷达网探测的上限高度 H_X 为 20 km，下限高度 H_L 为 4000 m，最高仰角为 18°，计算需要的雷达数量。假定雷达网在搭接高度的探测距离 $D_L=170$ km，上限高度的探测距离 $D_X=390$ km。

解　　　　　$$N=\frac{S}{\overline{S}}=\frac{1024\times1024}{2.6D_L^2}=\frac{1048576}{2.6\times170^2}\approx14（部）$$

由式（4-16）得

$$d=1.73D_L=1.73\times170=294（km）$$

$$D_X-R_b=390-H_X\cot18°=390-62=328（km）$$

显然满足 $d<D_X-R_b$。

（3）雷达网的重叠系数。雷达网的重叠系数是目标高度的函数。为便于讨论雷达网

重叠系数的计算,雷达网的配置同例 4.1,如果目标位于图 4-14 中的 O 点,其高度为 H_1,对应高度的雷达水平探测距离为 D_1,则位于半径 $R = D_1$ 圆周内的雷达都能观测到这一目标,因此该雷达网在高度 H_1 上的重叠系数是

$$K = \frac{\pi D_1^2}{2.6 D_L^2} = 1.2 \left(\frac{D_1}{D_L}\right)^2 \tag{4-17}$$

若 $H_1 = H_L$,则 $D_1 = D_L$,$K = 1.2$,这就说雷达网在搭接高度上有 20% 的面积是双层重叠的。若 $H_1 > H_L$,则 $D_1 > D_L$,K 将增大。例如,当 $H_1 = 20$ km,$H_L = 4000$ m,即 $D_1 = 390$ km,$D_L = 170$ km,可算得

$$K = 1.2 \left(\frac{D_1}{D_L}\right)^2 = 1.2 \times \left(\frac{390}{170}\right)^2 = 6.3$$

从上式可以看出,单层网结构需要的雷达数量大,而且由于重叠系数大,在增大了探测概率的同时也给空情的综合处理带来很多困难。

2. 多层网的结构及部署

多层网是由主体雷达和低空雷达构成的。由主体雷达探测高中空,由低空雷达来填补雷达网下层的低空和超低空盲区。主体雷达通常指作用距离大于 400 km 的远程雷达。

(1)多层网的结构。多层网采用主体雷达和低空雷达上下层配置的结构方式。主体雷达波束约在 4000 m 高度上搭接,如图 4-16 所示。4000 m 以下的盲区,由低空雷达来补盲,如图 4-17 所示。

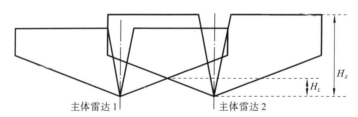

图 4-16 主体雷达网为威力图

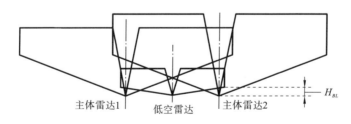

图 4-17 主体雷达及低空雷达威力图

主体雷达不仅探测距离远,而且中高空性能好。这样,在指定的防区范围内,少量的雷达就可以担负防区的情报保障任务。

例如,在例 4.1 中,若仅将中程雷达换成远程雷达,并设定 H_L 为 4000 m,D_L 为 250 km,这时覆盖 1024×1024 km^2 的正方形区域仅需 6.45 部雷达。

低空补盲雷达用于搜索低空和超低空飞行目标,具有抑制地物杂波的能力,能从大量地物杂波中鉴别出低空飞行目标。低空雷达由于受地球曲率限制,探测距离一般较近,主要用于探测中低空飞机。

由此可见,多层网可以充分发挥主体雷达和低空补盲雷达的优势,形成优势互补的雷达探测网。

(2)多层网的部署。多层网的部署中,主体雷达的配置方式也可以采用三角形和正方形的配置。低空补盲雷达的数量和部署与主体雷达的探测范围和作战要求等有关。平均 1 部主体雷达所需的低空补盲雷达的数量满足

$$N \geqslant \frac{d + 2R_b}{2D} \tag{4-18}$$

式中,d 为主体雷达之间的距离,R_b 为主体雷达的顶空盲区半径,D 为低空补盲雷达的作用距离。

多层网的雷达部署,通常根据敌空袭兵器可能入侵方向和飞行高度,将主体雷达和低空补盲雷达进行适当的部署。

在上述的多层网的部署中,低空网除可采用常规的低空雷达外,还可以采用超视距雷达和空中预警机,可使预警时间增加 15~30 min。

4.4.2　从探测隐身目标出发进行布站

隐身技术的综合运用,虽大大降低了目标的雷达截面积(RCS),但并非使隐身目标变得完全不可见,因为隐身飞机的外形设计主要是降低鼻锥方向的 RCS。雷达组网反隐身最重要的一个特点在于,对共同空域实现多重覆盖,即对空域内的同一目标具有一定的观测重叠系数,以实现从不同方位对目标进行照射,提高系统对隐身目标的探测能力。

雷达网探测隐身目标时最可能出现的问题是漏报,从探测反隐身目标出发确定雷达在空间的布站,主要是确定两个雷达站之间的最大间距。为了防止雷达网出现对威胁目标漏报的情况,对雷达网布局时从最不利的隐身目标出发,即将雷达检测隐身目标所需的最小 RCS 随角度变化的曲线及该目标所能提供的 RCS 随照射角度变化的曲线画在同一坐标平面内。通过比较所需的与所能提供的 RCS 之间的差值,计算差值等于零时所对应的临界仰角和临界散射截面,并计算最大作用距离在地面上的投影距离,从而得到雷达对目标的可探测范围图。由可探测范围图来确定出对雷达最不利的"纵向暴露距离"和对雷达最有利的"隐身穿越的最小横距",从而确定出雷达之间的最大间距,即两个雷达站之间的间距不能大于隐身目标对两个雷达站的"隐身穿越的最小横距"之和。应用该方法的关键是绘制雷达的可探测范围图。

在实际应用中,雷达站的选址受许多因素的限制,需在限制条件与确定的最大范围之间进行折中。另外,米波雷达抗隐身性能较好,应在隐身目标可能入侵的方向,部署波长较长的米波雷达。

● 4.4.3 从抗干扰原则出发进行布站

电子干扰作为现代雷达面临的四大威胁之一,严重影响了雷达性能的发挥,对雷达的生存也构成了重要的威胁。为了使雷达网在敌方干扰条件下仍能有效地工作,首先要使网内各雷达之间的频段尽量减少重叠,各雷达信号类型和极化类型应尽量不同,以降低敌方干扰的影响。在此基础上,通过对雷达在空间进行合适的配置,也可以在一定程度上提高雷达网的抗干扰能力,主要包括以下两个方面:

一是从雷达的位置部署上讲,要把抗干扰能力比较强的雷达放置在距敌干扰机较近的位置。即当来袭目标的主要方向明确时,把抗干扰能力最强的雷达部署在入侵方向的主要前沿;当目标来袭方向不明确时,把抗干扰能力最强的雷达配置在重点防空区域的边缘,而将抗干扰能力弱的雷达布置在中心区域。

二是网内各雷达之间的间距设置应保证雷达网有较高的探测严密度。也就是应该使雷达网的覆盖系数较大,这样在雷达网受到干扰时,才能较好地保持探测的连续性。在遭受敌方强干扰情况下,我方雷达的作用距离会大幅度地减小,为了在干扰情况下仍然能够对责任区域进行有效的监视,就需要进行冗余布站。在布站前要充分论证敌方的干扰能力和我方雷达网的抗干扰能力,根据论证的结果进行布站。另外,进行冗余布站也具有抵抗敌方欺骗性干扰的优点,一种欺骗性干扰在同一时刻只能对一部雷达进行欺骗干扰。如果我方雷达进行了冗余布站,完全可以在共同覆盖区域利用数据融合的方法去除敌方的欺骗性干扰。因此从抗干扰的角度出发,冗余布站是必需的。

● 4.4.4 从对顶空补盲的原则出发确定布站

雷达的垂直探测范围图具有这样的特点:探测目标的最大距离随目标高度升高而增加,在雷达的顶空通常存在一个张角为 $60°\sim70°$ 的锥形顶空盲区,并且从雷达的垂直探测范围图还可以看出雷达存在低空盲区。

在具体进行多雷达组网时,如果某一雷达的顶空盲区可以被其邻站雷达的扫描波束覆盖,则不用对该雷达进行顶空补盲,如果某一雷达的顶空盲区无法由其邻站覆盖,而且在顶空盲区内可能会有敌方的航路,则要考虑顶空补盲,在考虑顶空补盲时,可以采用以下两种方法。

(1)在相邻雷达站之间进行互相的覆盖。为了互相覆盖相邻雷达站的顶空盲区,可以适当地把站间距离拉近。对于有多个雷达组成的雷达网来说,假设已知其责任区域,规定了所允许的最大盲区系数和所要求的覆盖系数,在具体布站时就可以依据这些参数要求对多个相同或者不同的雷达进行优化组合,以求以最少的雷达资源最大限度地满足所提出的要求。

(2)设置顶空补盲雷达。当雷达网没有受到敌方的压制性干扰时,利用两部或者多部雷达的波束互相覆盖来互相消除顶空盲区是可行的,但是在雷达受到压制性干扰时,雷达的作用距离会下降,此时如果要依靠雷达之间的波束互相进行顶空补盲,则需要更多的雷达资源,这时可以考虑使用顶空补盲雷达。

对于实际的雷达布站,应考虑地理环境的限制和约束、雷达使用的战术要求,以及雷达装备的资源等条件,从可能的候选站址中,按前述的各项原则进行分析和设计,然后再进行综合考虑,并确定出所需的空间配置结构。

4.5　雷达网信息处理方式

对于不同布站方式的雷达网,要充分利用雷达网内各雷达的探测资源,需要对雷达网内的信息进行综合处理,按信息处理的方式,可分为集中式、分布式和混合式处理。

4.5.1　处理区域

雷达网的信息处理区域是指雷达网信息处理中心处理空中目标信息时所需要的平面区域,它由所属雷达网的最大探测范围形成的区域和远方信息处理区域构成,如图4-18所示。

1. 远方信息处理区域

所谓远方信息处理区域是指由雷达网最大探测范围的外缘起,向外延伸一定距离(D_Y)所构成的区域。在远方信息处理区中,虽然本网探测不到目标,但能处理和显示从相邻雷达网送来的目标信息。接收到的友邻雷达网的报文信息称为"远方报"。

设立远方信息处理区域的目的是为了尽早发现和掌握进入本雷达网的目标,为本网赢得准备的预警时间。

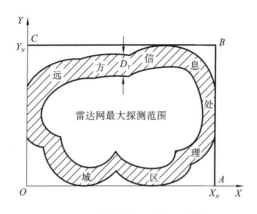

图 4-18　信息处理区域示意图

延伸的距离 D_Y 既不能太大也不能太小,要恰到好处。一般的要求是:在相邻雷达网内空中目标向本雷达网方向飞行时,经过 D_Y 一段距离飞行,在进入本雷达网最大范围之前,本雷达网有关雷达已进入搜索状态最为合适。通常要考虑的因素包括进入本雷达网目标的最大速度,以及分析判断、传达命令、雷达开机和开机后搜索目标所需的时间。

$$D_Y = V(t_1 + t_2 + t_3 + t_4) \tag{4-19}$$

式中:V 表示进入本雷达网目标最大飞行速度(km/min),t_1 表示分析判断远方信息中目标飞行方向和企图等所需的时间(min),t_2 表示传达命令所需的时间(min),t_3 表示雷达开机所需的时间(min),t_4 表示开机后搜索目标所需的时间(min)。

例如空中目标由相邻网向本网飞行,在到达本网探测范围之前,本网的信息处理中心便收到了友邻网发来的远方报,掌握了该批目标的航路和各时刻的位置坐标,做好作战方案,包括确定搜索和跟踪雷达、开机时间、下达命令等,目标一旦进入本网的探测范围,便可及时掌握。若空情分析判断 3 min,传达命令 1 min,雷达开机 5 min,开机后搜索目标 1 min,则远方信息处理区域为本网赢得的预警时间为 10 min 左右。据此推算,以目标时速为 1800 km 计算,远方信息处理区域的宽度约为 300 km。

需要注意的是,随着信息处理中心的等级、所处的外部环境、武器装备等情况的不同,所需的有关参数也有所不同。另外,由于具体情况是错综复杂的,有些参数很难十分准确地确定,在此情况下,应尽可能选择较大参数,以便给所属部队留有战斗准备和处理意外情况的时间。

2. 信息处理区域的规则化

知道了雷达网最大探测范围和远方信息处理区域的大小后,就可以得到雷达网信息处理中心所需要的信息处理区域的大小。由图 4-18 可以看出,信息处理区域由雷达网最大探测范围所形成区域与远方信息处理区域组合构成,区域大小为雷达网最大探测范围的外缘向外延伸 D_Y(km)后所包含的区域面积。由于雷达网的探测范围是由架设在不同位置上雷达的探测范围所决定的,因此,不同雷达网最大探测范围所形成的区域,以及最后形成的信息处理区域的面积和形状各不相同。不同形状的信息处理区域,不便于进行相关处理,通常需把它们进行规则化。

所谓规则化,就是把不同形状的信息处理区域规则化成矩形区域。可以按如下方法进行规则化(见图 4-18):首先将所求得的信息处理区域绘制在一定比例的地图上;然后作直角坐标系 XOY,使 OX 轴指向正东并与所求得的信息处理区域南边最外缘的一点相切,使 OY 轴指向正北并与所求得的信息处理区域西边最外缘的一点相切;最后作 OY 轴平行线 AB 并与所求得的信息处理区域东边最外缘的一点相切,作 OX 轴平行线 BC 并与所求得的信息处理区域北边最外缘的一点相切;由此得到的外切矩形 $OABC$,便是规则化后的信息处理区域。不特殊说明,信息处理区域指的就是规则化后的信息处理区域。

信息处理系统将以直角坐标系来标示信息处理区域内的数据,该坐标系称为统一直角坐标系。它的原点在信息处理区域的左下角处,以使信息处理区域均处于直角坐标系的第一象限。需要注意的是,有时根据需要可以把信息处理区域规则化成由多个相连的小的矩形区域组成的区域。

3. 航迹点过滤

航迹点过滤是指对相邻雷达网信息处理中心和雷达站送来的所有目标航迹点进行的是否在信息处理区域内的判别,其目的是滤去信息处理区域外的航迹点,只保留区域内的航迹点。信息处理中心均采用平面直角坐标来表示目标的位置,在信息处理系统设计时参数就已经设定。

设进入信息处理中心计算机内的目标航迹点,经坐标转换后的统一直角坐标为 (X, Y)。其判别的方法是:若 $0 \leqslant X \leqslant X_N$,$0 \leqslant Y \leqslant Y_N$,则表明该目标航迹点处于信息处理区域内,应当保留,否则信息处理软件便将它排除,不对它进行处理。

4.5.2 集中式处理

集中式信息处理,也称点迹合并的雷达网信息处理,是指雷达不进行数据处理,经录取输出的是点迹信息,目标的航迹起始、点迹与多雷达的航迹相关、航迹维持以及航迹终止等都在处理中心集中进行,经处理后输出目标的系统航迹。图 4-19 所示是集中式处理方式的框图。从图中可以看出,雷达站数据录取器输出的雷达目标点迹,直接通过通信线路送到处理中心的计算机进行综合处理,其过程将在第 6 章中详细介绍。

集中式信息处理的优点是跟踪精度高,并且对机动目标、隐身目标跟踪性能好,目标航迹起始快,缺点是数据传输、计算机性能和雷达校准的要求较高。集中式信息处理方式适用于较小规模的雷达网,如多部雷达位置相同的单站雷达网。

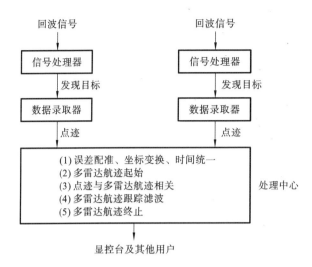

图 4-19　集中式信息处理方框图

4.5.3　分布式处理

分布式信息处理,也称航迹合并的雷达网信息处理,是指经雷达数据处理后输出的是目标的航迹数据(雷达站上报的带批号的目标航迹),然后把单雷达航迹送往雷达网信息处理中心的处理计算机进行组合,完成多雷达航迹融合,确定各目标唯一的系统航迹,其过程将在第 7 章中详细介绍。分布式信息处理方框图见图 4-20。

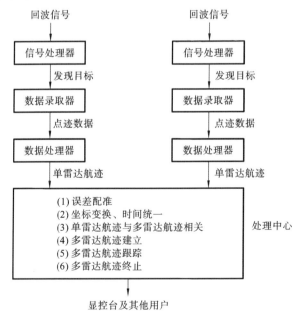

图 4-20　分布式信息处理方框图

分布式信息处理的优点是充分利用了雷达资源,对系统通信容量要求较小,处理中心的计算量较小,系统的可靠性较高,被广泛应用于较大规模的雷达网中;其缺点是有时存在一定的信息损失。

4.5.4　混合式处理

混合式信息处理同时传输雷达录取的点迹信息和经过雷达局部处理的航迹信息到处理中心,保留了分布式处理和集中式处理的优点,但在通信和计算上要付出昂贵的代价。但同时也有上述两类处理方式难以比拟的优势,混合式信息处理方框图如图 4-21 所示。

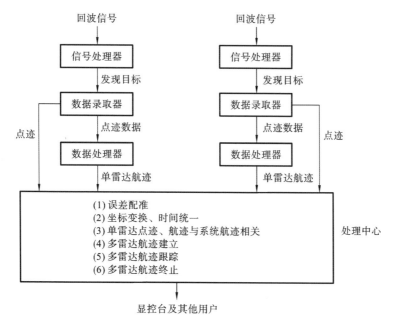

图 4-21　混合式信息处理方框图

由于混合式处理方式从实现上是将集中式和分布式两种信息处理方式结合在一起,故后面第 6、7 两章主要介绍集中式和分布式信息处理。

4.6　小　结

雷达网就是根据空中作战任务的需求,将不同程式的多部雷达,按照一定的战术原则进行部署构建的空中情报预警探测网络。本章首先讨论了雷达网的特点及分类,然后

讨论了雷达网的探测范围、性能评价指标、布站方法,最后讨论了雷达网信息处理方式。其主要内容及要求如下:

(1)雷达网是在一定区域内配置多部雷达,并使各雷达的探测范围在规定高度上能够相互衔接的布局,相对于单雷达,主要有跟踪目标连续、探测概率增加、定位精度改善和"四抗"能力提高等特点。按空中作战服务层级的不同可分为单站雷达网、战术雷达网、战役(战区)雷达网和战略级雷达网四个层次。要求了解雷达网的特点、各种类型雷达网的含义及分类。

(2)雷达的探测范围指雷达每次搜索都能以不低于给定量的概率在其中发现有给定有效反射面的雷达目标的空域范围,可用垂直探测范围图和水平探测范围图表示。要求理解雷达的探测范围,会读威力图(波瓣图),知道盲区、遮蔽角等几个相关的概念。

(3)雷达网的探测范围也称为覆盖范围,可通过水平探测范围和垂直探测范围两种方式来描述。水平探测范围是由网中各雷达水平探测范围"叠加"而成的,将各部雷达探测范围图的外缘连接起来形成的,用来描述在一定高度层上各方位的最大探测距离。垂直探测范围则用来描述在某一方位上,各距离的有效探测高度。要求能解释雷达网的探测范围。

(4)雷达网责任区域是指雷达网担负警戒及引导责任的地域范围,其划分目的是为了明确区分相邻雷达网掌握空中情报的责任,也为相邻雷达网之间目标交接地带的划定提供依据。要求深入理解雷达网责任区域。

(5)雷达网的性能评价指标包括雷达网的覆盖性能指标(用覆盖系数、盲区系数和重叠系数来表示)和雷达网的抗干扰能力。要求说出雷达网的性能评价指标,并描述其含义。

(6)雷达网布站是指在雷达总数或费用一定的情况下,在主要方向、重点空域和主要高度层中雷达网对目标覆盖冗余数最多;单部雷达对目标的覆盖系数最大;各种极化方式、工作频段、工作方式的类别尽可能最大;在干扰环境下单部雷达间盲区互补、主要区域间盲区最小等。可以根据无缝覆盖原则进行布站,也可以从探测隐身目标出发进行布站,也可以从抗干扰原则出发进行雷达布站,还可以从顶空补盲的原则出发确定布站,可以根据其中的一种原则进行部署,也可以综合其中几种或所有因素,在权衡利弊的基础上用数字手段对雷达网进行定量分析。要求理解雷达网布站的原则,基本掌握雷达网布站的方法。

(7)雷达网的信息处理区域是处理空中目标情报信息时所需要的平面区域,它由所属雷达网的最大探测范围形成的区域和远方信息处理区域构成。实际使用时需要对其进行规则化,用于航迹点过滤。要求深入理解雷达网信息处理区域。

(8)雷达网中的信息处理,就是对若干雷达所跟踪目标的航迹进行最佳综合(或称融合)的过程。按信息处理的集中程度主要分为分布式和集中式。分布式的信息处理,也称航迹合并的雷达网数据处理,是指雷达信息的二次和三次处理分别在不同处理机内进行,即经雷达数据处理后输出的是目标的航迹数据(雷达站上报的带批号的雷达情报点),然后把单雷达航迹送往雷达情报网信息中心的处理计算机进行组合,完成多雷达航迹融合,确定各目标唯一的系统航迹。集中式信息处理,也称点迹合并的雷达网信息处理,是指雷达信息的二次和三次处理同时在一个处理机内进行,即雷达不进行数据处理,经录取输出的是点迹信息,目标的航迹起始、点迹与多雷达航迹的相关、航迹维持以及航迹终止等都在处理中心集中进行,经处理后输出目标的系统航迹。要求深入理解雷达网信息处理的方式。

> 单部雷达的探测能力有限,雷达网中各雷达优势互补,能极大提升作战能力。个体的能力虽然有限,但个体间团结协作、取长补短,形成的集体力量是巨大的。

习　题

1. 什么是雷达网? 相对于单雷达,雷达网有哪些特点?

2. 雷达网按组网雷达类型的不同可分为哪几类?

3. 单基地雷达网按照雷达空间部署位置的不同,可以分为哪两类?

4. 雷达网按空中作战服务层级的不同可分为哪几个层次?

5. 如何理解雷达的探测范围? 它是怎么描述的?

6. 解释威力图(波瓣图)、盲区、遮蔽角。

7. 什么是雷达网的探测范围? 怎样描述?

8. 雷达网的性能指标包括哪几项?

9. 雷达网的覆盖性能指标包括哪些内容? 请分别解释。

10. 雷达网布站的原则有哪些?

11. 某雷达网信息系统的责任区为边长 1024 km 的正方形,采用同一程式雷达部署(分别按三角形和正方形配置),搭接高度为 $H_L=2$ km,且在搭接高度 H_L 的作用距离为 $D_L=90$ km,最高仰角为 18°。

(1) 已知雷达网探测的上限高度 $H_X=20$ km,此时雷达作用距离 $D_X=390$ km,试分析所需雷达数量。

(2) 如果在高度 $H_1=4$ km 处雷达作用距离 $D_1=170$ km,试分析雷达网在该高度层的重叠系数。

12. 雷达网为什么采用多层网部署,有哪些好处?

13. 解释处理区域和责任区域。

14. 为什么要对雷达网信息处理区域进行规则化?

15. 叙述对雷达网信息处理区域规则化的方法。

16. 集中式处理与分布式处理的区别是什么?

17. 集中式处理有哪些特点,常用于何种形式的雷达网? 描述基本处理流程。

18. 分布式处理有哪些特点,常用于何种形式的雷达网? 描述基本处理流程。

第5章

雷达网信息预处理

对雷达网内单部雷达信息的处理,可获得单雷达的点迹或航迹信息,它们汇集到雷达网信息处理中心后,需要进行再次加工处理,由于各雷达都是在自己的时间和空间系统内进行测量,再加上各种误差,如雷达的探测误差、天线转动误差、通信误差、计算机处理误差等,首先必须进行预处理。本章主要介绍雷达网信息预处理中的格式排错、误差配准、时间统一和坐标变换。

5.1 格式排错

首先要进行错误检查,主要检查两类错误:一是检查信息报文格式是否错误,主要是检查输入信息报文的格式是否正确,若报文格式不符合规定,就将这份报文作为"废报"加以排除;二是检查输入信息报文中的目标参数值是否有错,主要是评估目标坐标数据是否合理,即当前点的坐标与前一点的坐标差值是否超出了飞行器飞行速度的可能范围,如果超出则判定报文数据有错,这种超出可能范围的航迹点俗称为"飞点",工程上称为"野值",应将其列为"废报"加以排除,已在第 2 章阐述。这里主要介绍报文格式排错。

● 5.1.1 雷达信息报文格式

雷达站信息包括一次处理后的点迹或二次处理后的航迹,它们通过信道传送,发往处理中心。为便于信息处理中心计算机处理,在传递每份信息时,必须按事先约定的雷达信息格式对录取系统输出上报的数据进行排列,并按信息格式进行装填。

雷达信息格式是指雷达信息中各项数据的组合和排列格式,是上级为实现各单位信息的传递和交流而制定的一种协议。

雷达信息的分类及基本格式的确定是很重要的,这是因为雷达网信息处理中心计算机对雷达站上报的信息进行处理时,是根据信息的格式来区分信息类别并分别进行不同的处理的。如果输入的信息格式不符合规定的要求,计算机就拒绝处理,以免进行错误的处理和防止错乱信号的干扰。

一般雷达信息报文格式应包含以下主要内容:

(1) 信息源:信息的来源,如雷达或雷达站的编号;

(2) 点迹号:雷达通过凝聚形成的点迹编号;

(3) 航迹号:目标航迹的编号,也称批号;

(4) 坐标:目标点迹的空间位置参数,用极坐标、地理坐标或方格坐标等表示;

(5) 航速:目标运动的航向与速度;

(6) 高度:目标所在位置的海拔高度;

(7) 估计方差:目标位置估计协方差;

(8) 时间:信息的产生时间;

(9) 型别数量:目标的类型及数量;

(10) 属性:国籍及地区、敌我友、真伪及不明等。

每个要素是一串字符,前面用一个大写的拉丁字母作标识符,以区别后续的字符串是哪一个要素。一份报文由若干要素组成,顺序要按雷达信息报文格式要求排列。

5.1.2　信息格式排错

在雷达网信息预处理中,通常要进行每份报文的格式排错处理,它将检查出的无使用价值的错误信息记录下来,不再继续加工该份报文。格式排错是根据每份报文中数据项前面的标识符来进行的。下面简要介绍数据项的排错处理。

(1) 信息源编号排错。一般雷达网信息处理中心,对输入信息源事先是已知的,通常把各信息源的有关数据均事先存入系统中。例如,如果一份报文中的站号与系统中已存入的站号均不相同,则认为站号错,将该份报文作站号错处理,并作废该份报文。

(2) 航迹号排错。航迹号(或批号)数据项若非一定位数的进制编码,均认为是非正规航迹号格式,则认为航迹号错,应作航迹号错处理,并作废该份报文。

(3) 坐标排错。坐标排错有极坐标排错、直角坐标排错、方格坐标排错、地理坐标排错四种。坐标排错是根据事先确定的坐标编码位数和进制进行的,若位数、进制和事先规定相同,则正确;否则,作为坐标错误处理,并作废该份报文。

（4）高度排错。高度数据项若非一定位数的进制数字编码或超出事先规定的极限高度值,均认为高度错,应作高度错误处理,并作废该份报文。

（5）时间排错。时间数据项若非事先规定的编码位数和进制,均认为时间错,应作时间错误处理,并作废该份报文。

（6）性质排错。机型数量数据项若非一定位数的进制数字编码,认为性质错,应作性质错误处理,并作废该份报文。

5.2 误差配准

在雷达网信息系统中,雷达对目标进行测量所得的测量数据中包含两种测量误差:一种是随机误差,是由测量系统的内部噪声引起的,每次测量时它可能都是不同的,随机误差可通过增加测量次数,利用滤波等方法使误差的方差在统计意义下最小化,在一定程度上克服;另一种是系统误差,它是由测量环境、天线、伺服系统、数据采集过程中的非校准因素等引起的,例如雷达站的站址误差、高度计零点偏差等,系统误差是复杂、慢变、非随机变化的,在相对较长的一段时间内可看作未知的"恒定值"。参考文献[1]的研究结果表明,当系统误差和随机误差的比例大于等于 1 时,分布式航迹融合和集中式点迹融合的效果明显恶化。系统误差是一种确定性的误差,是无法通过滤波方法去除的,需要事先根据各个雷达站的数据进行估计,再对各自目标航迹进行误差补偿,这一过程称为误差配准。所以,系统误差有时也称配准误差。通过误差配准,可以尽可能地消除系统误差对情报处理质量的影响。

在传统的选主站方式下,当远距离发现目标或目标丢失时,雷达站对目标要进行交接或次站补点,此时在显控台监视器上会出现锯齿状或情报倒飞现象,这是由于各雷达系统误差所致。如果系统误差太大,多雷达的跟踪甚至不如单雷达的跟踪效果。最坏的情况,系统误差会导致来自同一轨迹的多雷达量测关联失败,产生相对同一目标的多条航迹,这样本来是同一目标的航迹,却由于相互偏差较大而可能被认为是不同的目标,从而给航迹关联及融合带来模糊和困难,使融合得到的系统航迹的性能下降,尤其是在目标密集、编队飞行等复杂的场景中更易造成航迹关联混乱、融合精度降低,进而使整个系统融合失去意义,丧失了雷达网系统本身应有的优点。

5.2.1 系统误差产生的原因

在雷达网信息系统中,系统误差主要由以下因素造成。

（1）雷达位置误差。雷达的已知位置不够准确，从而在由本地雷达站向处理中心进行坐标转换时产生偏差。

（2）雷达天线对准正北方向的偏差。即雷达天线的正北参考方向本身不精确，与真实的正北方向之间存在偏差。

（3）雷达的测距误差。覆盖同一空域的雷达网中各个雷达的探测性能不同，具有不同的测距精度和测角精度。测距误差是由距离偏差和距离时钟速率误差所致。距离偏差是指加到所有距离观测值上的距离公共增量，而距离时钟误差会产生与距离成正比的误差。

（4）目标高度误差。目标的真实高度不确定，从而在转换过程中产生一定的偏差。

（5）坐标变换的精度限制。坐标变换成主参考系时处理不够精确同样会产生误差，比如为了减小系统的计算负担而在投影变换时采用了一些近似方法（如将地球视为标准的球体等）。

（6）各雷达的跟踪算法不同。各本地雷达采用的跟踪算法不同，造成各本地航迹的数据精度不同。

（7）采样周期不同。各雷达的采样周期不同，所以融合不同步，外推或内插数据到同一时刻时造成的误差。

5.2.2　系统误差的配准方法

在一定条件下，系统误差可以通过检飞或标校等技术手段予以一定程度的降低或消除，剩余的系统误差则可通过建立传感器测量系统误差数学模型，利用其对目标的测量数据来统计估计，估计性能依赖于模型匹配程度和测量样本对系统误差的可观测程度。在雷达网信息系统中，减少误差的方法要视雷达部署情况的不同而不同。对共站式雷达网系统，可以将某一部雷达作为其他所有雷达调准的参考。类似于单部雷达，此时目标的相对位置不受系统误差的影响。但是对于非同地的多雷达系统，则必须考虑由各雷达测得的绝对值，以便把各雷达对同一目标的观测值叠加起来。最简单的误差配准方法是目标位置已知条件下的误差配准，其方法就是将各个雷达调准到位置已知的目标。但这一条件有时很难满足，所以人们研究了许多目标未知条件下的误差配准算法。对于目标位置未知的误差配准算法，一般根据两部雷达对同一目标的多对量测值，对系统偏差进行估计，然后根据估计值对雷达的量测进行校正。根据坐标系的不同，又可以分为基于球极投影的误差配准算法，如 RTQC（实时质量控制）误差配准算法、LS（最小二乘）误差配准算法、GLS（广义最小二乘）误差配准算法、精确极大似然配准算法和基于地理坐标系（ECEF）的误差配准算法，这些具体算法可参考文献[1]。

下面介绍雷达天线对准正北方向的偏差的校正方法。雷达天线的正北参考方向是进行雷达数据录取的基础，如果雷达正北参考方向偏差，则对信息处理的精度产生很大的影响，因此必须进行正北参考方向的校准。其主要方法有 GPS/北斗校正法、固定地物回波校正法和基准雷达校正法。

（1）GPS/北斗校正法是采用 GPS/北斗定位设备对雷达天线的正北方向进行校正，这是较常采用的一种设备校正方法，也是最基本的校正方法。

（2）固定地物回波校正法是采用一部可发送地物固定回波的雷达作为基准雷达，其在扫描中不断比较地物回波的位置，修正探测中的误差，然后再以基准雷达为标准，修正其他雷达的探测误差。由于一部基准雷达不可能全部覆盖网内所有雷达的探测范围，因此，采用逐级校正的方法，即基准雷达校正中间雷达，中间雷达再校正边远雷达。采集固定地物回波是为了校正雷达网各雷达的系统误差，使多雷达数据融合系统有一个基准点，包括将有明显特征的固定回波数据记录到雷达录取器中，将标准地物回波数据先输入多雷达数据融合系统中心处理机中，再将记忆下的标准固定回波数据同反射回来的固定回波数据进行比较，修正雷达自身误差，最后自动地对探测到的目标进行误差校正，以获得准确的雷达情报。

（3）基准雷达校正法是以一部主要雷达（没有正北偏差或正北偏差很小，可忽略不计）为基准，利用该部主雷达的测量来校正其他次要雷达（具有正北偏差），其方法和固定地物回波校正法类似。

5.3 时间统一

要测量和描述一个运动物体的状态，必须精确地给出各观测量的时刻和该时刻物体所处的位置和速度等参数，这就需要相应的时间系统和坐标系统。

在雷达网信息系统中，首先是单部雷达在各自的时间和坐标系统内进行测量，然后对各雷达的测量结果进行时空统一。这就要求处理的各雷达数据必须是同一时刻和同一坐标系统的，这样才可能计算出目标的正确状态。时间系统和坐标系统一样，应有其尺度（时间）与原点（历元）。只有把尺度与原点结合起来，才能给出统一的时间系统和坐标系统。

运动目标在空中的位置是时间的函数。在单雷达跟踪系统中，系统时间与雷达扫描时间有着内在的关系，一般可从扫描位置推测发现目标的时间。在多雷达跟踪系统中，当多部雷达共同探测空中目标时，需按统一的时间系统对空中目标位置进行测量，在处理中心基于统一时间对各个雷达探测的目标位置进行融合，没有时间的目标位置信息是无法直接使用的。因此，统一各雷达及处理中心的时间是必需的。

实际系统中，由于每部雷达的开机时间、数据传播的延迟和采样周期的不统一等原因，通过数据录取器所录取的目标测量数据通常并不是同一时刻的。时间误差对测量的距离数据和距离变化率数据都会带来大的影响。所以，在雷达情报处理过程中必须把这些观测数据进行时间统一（时间同步）。

下面首先简单介绍时间基准统一，然后讲述航迹点时间统一。

5.3.1　时间基准统一

1. 时间系统

任何一个周期运动,只要它的周期是恒定并且是可观测的,都可以作为时间尺度。例如,以地球自转周期为时间尺度的时间系统有恒星时、真太阳时、平太阳时、世界时等,这种以地球自转为基准的时间系统具有不均匀性,已被周期更稳定、精度更高的原子跃迁所产生的稳定频率信号为基准的原子时所取代。

(1) 世界时 UT。世界时秒的定义为:太阳连续两次经子午线的平均时间间隔称为一个平太阳日,一个平太阳日分成 $24 \times 60 \times 60 = 86400(s)$。世界时有三种,即 UT0、UT1 和 UT2,其中 UT1 和 UT2 是对 UT0 的不均匀性进行修正后得到的。

(2) 原子时 AT。原子时秒的定义是:铯原子基态的两个超精细能级间在零电磁场下跃迁辐射 9192631770C(周)所持续的时间。

(3) 协调世界时 UTC。为了获得既准确的频率和均匀的时间尺度,又与地球自转相关的时刻,出现了协调世界时,它用于协调原子时与世界时的关系。协调世界时的秒长就是原子时的秒长。

(4) 我国现行标准时间的发播。由陕西天文台通过短波和长波,以不同的频率向外发播世界时和北京时间。

由中国计量科学院研究院控制的中央电视台广播插入的标准时间频率信号,其时间单位是原子秒,发布的标准时间为北京时间。

2. 系统对时方法

要保证雷达网系统中各层级在同一个时间标准下进行同步工作,各雷达和处理中心的情报处理系统必须有一个统一的计时标准,即统一的时钟。这种统一计时标准的处理过程称为时间同步。目前系统时间统一方法主要采用网络对时。网络对时系统采用原子钟为一级时钟,利用原子钟作为统一对时的标准,各处理系统的系统服务器为二级时钟。系统服务器通过网络向原子钟申请对时,系统内设备通过网络向系统服务器申请对时。

5.3.2　航迹点时间统一

在进行情报(信息)综合时,把一个处理周期内,各雷达在不同时刻测量的目标数据通过航迹点时间统一方法统一到同一时刻,即解决各雷达扫描周期不同导致数据采样时刻不同的处理问题。各雷达的目标点迹数据除了包含探测目标的位置信息外,还包含统一的时间戳,这样表示的信息更充分和完整,也便于进一步融合和使用。给各雷达的目标点迹数据加时间戳有两种方法:一是在目标原始点迹数据加上时间戳,即在检测到过门限信号时,录取目标位置参数同时也录取时间统一模块输出的标准时间;二是根据目标原始点迹数据经凝聚处理后的时间,考虑处理延迟,经计算得到探测目标的准确时间。这两种方法适合于不同的雷达系统,前一种方法适合用于新研制的雷达,因其得到的时间更准确;而后一种方法适合于雷达的入网改造,以尽可能地减少对原系统的改动。常用的时间统一方法有外推法、拉格朗日三点插值法、最小二乘曲线拟合法等。

▌▎ 1. 外推法

可利用速度外推的方法实现航迹点的时间统一。考虑到信息更新速度较快,所以外推时假设目标坐标是匀速直线变化的,其变化速度是已知的。

为了证明点迹属于同一目标,需要计算它们在同一时刻所处的位置。如果计算结果足够接近,则它们很可能属于同一个目标。

点迹统一到同一计时时间的过程如下:

(1)指定需要使用点迹的时刻 t_k;

(2)确定每个点的外推时间长度;

(3)进行坐标外推。

设时刻 t_1(见图 5-1)雷达 1 探测到目标,时刻 t_2 雷达 2 探测到目标。需要在 t_k 时刻使用获得的点迹信息。

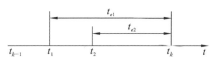

图 5-1　点迹统一到同一时刻

首先确定每个点的外推时间长度 $t_{ei}=t_k-t_i$,即 $\begin{cases} t_{e1}=t_k-t_1 \\ t_{e2}=t_k-t_2 \end{cases}$,然后根据下式进行坐标外推

$$\begin{cases} X_{ei}=X_i+v_X t_{ei} \\ Y_{ei}=Y_i+v_Y t_{ei} \end{cases} \tag{5-1}$$

式中,X_{ei},Y_{ei} 为 i 点迹在时刻 t_k(坐标比较时刻)的外推坐标;X_i,Y_i 为 i 目标在探测时刻的坐标;v_X,v_Y 为 i 目标的速度分量。

点迹统一到同一计时时间的转换会带来附加的误差,在后续处理过程中必须加以注意。附加误差可以用相应的外推误差公式来估计,具体可参考文献[1]、[13]。

2. 拉格朗日三点插值法

使用拉格朗日三点插值法将高精度的观测数据推算到低精度的时间点上,它的具体算法是:在同一时间片内将各雷达观测数据按测量精度进行增量排序,然后将高精度观测数据分别向最低精度时间点内插、外推,以形成一系列等间隔的目标观测数据。其原理描述如下。

假设 t_{k-1}、t_k、t_{k+1} 时刻的测量数据为 X_{k-1}、X_k、X_{k+1},则计算 t_i 时刻($t_{k-1}<t_i<t_{k+1}$)的测量值为

$$X_i = \frac{(t_i-t_k)(t_i-t_{k+1})}{(t_{k-1}-t_k)(t_{k-1}-t_{k+1})} \cdot X_{k-1} + \frac{(t_i-t_{k-1})(t_i-t_{k+1})}{(t_k-t_{k-1})(t_k-t_{k+1})} \cdot X_k$$
$$+ \frac{(t_i-t_{k-1})(t_i-t_k)}{(t_{k+1}-t_{k-1})(t_{k+1}-t_k)} \cdot X_{k+1} \tag{5-2}$$

如果(t_{k-1},X_{k-1})、(t_k,X_k)、(t_{k+1},X_{k+1})三点不在一条直线上,则上述插值公式得到的是一个二次函数,通过这三点的曲线是抛物线。

3. 最小二乘曲线拟合法

对于各雷达的目标点迹数据(t_k,X_k) $(k=1,2,\cdots,n)$,做曲线拟合时,最小二乘法的基本原理是使得各雷达的观测数据与拟合曲线的偏差的平方和最小,这样就能使拟合的曲线更接近于真实函数。具体步骤描述如下:

设未知函数接近于线性函数,取表达式

$$X(t) = a \cdot t + b \tag{5-3}$$

作为它的拟合曲线。又设所得的观测数据为(t_k,X_k) $(k=1,2,\cdots,n)$,则每一个观测数据点与拟合曲线的偏差为

$$X(t_k) - X_k = a \cdot t_k + b - X_k \tag{5-4}$$

而偏差的平方和为

$$F(a,b) = \sum_{k=0}^{n} (a \cdot t_k + b - X_k)^2 \tag{5-5}$$

根据最小二乘原理,应取 a 与 b 使 $F(a,b)$ 有极小值,即 a 与 b 应满足如下条件:

$$\begin{cases} \dfrac{\partial F(a,b)}{\partial a} = 2\sum_{k=0}^{n} (a \cdot t_k + b - X_k) \cdot t_k = 0 \\ \dfrac{\partial F(a,b)}{\partial b} = 2\sum_{k=0}^{n} (a \cdot t_k + b - X_k) = 0 \end{cases} \tag{5-6}$$

即

$$\begin{cases} a\sum_{k=0}^{n} t_k^2 + b\sum_{k=0}^{n} t_k = \sum_{k=0}^{n} t_k X_k \\ a\sum_{k=0}^{n} t_k + bn = \sum_{k=0}^{n} X_k \end{cases} \tag{5-7}$$

通过解上述方程组便可获得 a、b 的取值。

5.4　坐　标　变　换

　　由于雷达网信息系统在雷达信息的获取、传递、处理、显示和分发过程中,采用不同的坐标系,所以必须进行不同坐标系之间的坐标转换,即把不同地点的各个雷达送来的数据的坐标原点的位置、坐标轴的方向等进行统一,从而将多个雷达的测量数据纳入一个统一的参考框架中,为雷达情报处理的后期工作做铺垫。

　　单部雷达进行测量时,使用测量坐标系,一般为极坐标系;在进行情报综合处理时,使用计算坐标系,一般为直角坐标系;对地球上的点进行表示时,使用地理(大地)坐标系或方格坐标系;对大范围的情报进行显示时,还需要将地球面上的点投影到平面上。当覆盖范围较小且对处理精度的要求不高时,可以采用简化的坐标变换方法;覆盖范围较大时,必须使用满足精度要求的较复杂的坐标变换方法。

　　本节着重介绍雷达网处理系统中的常用坐标系,以及这些坐标系之间的坐标变换方法。

5.4.1　常用坐标系

1. 极坐标系

　　极坐标系是一种测量坐标系,一般是单部雷达在测量时使用的,又可分为平面极坐标系(两坐标雷达使用)和空间极坐标系(三坐标雷达使用)。

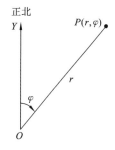

图 5-2　平面极坐标系

　　(1)平面极坐标系

　　平面极坐标系是一种用长度和角度来确定平面内点的位置的坐标系。如图 5-2 所示,在平面内取一固定的 O 点,叫做极点。从 O 点引一条射线 OY,叫做极轴。再确定一个长度单位和计算角度的正方向(通常取顺时针方向作正方向)。这样就构成了一个平面极坐标系。

　　设 P 是平面内一点,连接线段 OP,极点 O 和 P 点的距离 OP 叫做 P 点的极半径,通常用 r 表示;以极轴 OY 为始边,射线 OP 为终边所成的角 YOP,叫做 P 点的极角,通常用 φ 来表示,(r,φ) 叫做 P 点的极坐标。

　　两坐标雷达测定目标位置时,采用的是以雷达为极点的平面极坐标系。设想有一个通过雷达所在位置的平面和地球相切,则雷达(严格地说是雷达天线的中心)所在的位置为极点;目标的斜距是极半径,亦即目标同雷达之间的直线距离;极轴是由雷达指向正北的一条射线;极角就是目标的方位角,即目标同雷达之间的连线在平面上的投影同极轴的夹角,极角由极轴按顺时针方向增大且将平面划分为360°。从上述可以看出,这种极坐标系是一种投影平面极坐标系。

两坐标雷达通常采用平面极坐标系通报目标的位置,如图 5-3 所示,A、B、C 各点的平面极坐标分别是(350 km,30°)、(200 km,120°)、(300 km,240°)。

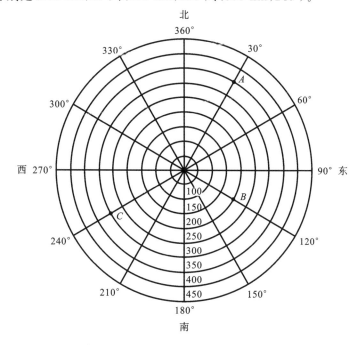

图 5-3　雷达站上报目标位置的极坐标系

（2）空间极坐标系

三坐标雷达测定目标位置采用的是空间极坐标系,也称为球坐标系,是一种站心地平极坐标系,如图 5-4 所示。

设想有一个通过雷达所在位置且和地球椭球面相切的切平面,则雷达所在位置 O(严格地说是雷达天线的中心)为原点;目标点 P 的斜距为 OP,用 r 表示;OP 在切平面的投影 OB 与正北方向的夹角为方位角 φ,一般规定顺时针方向为正;OP 与其在切平面上投影 OB 的夹角,即为俯仰角 θ。由 r、φ、θ 这三个数就可以确定 P 的位置,这样数组(r,φ,θ)叫做点 P 的空间极坐标或球坐标。

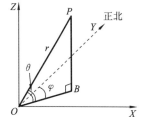

图 5-4　空间极坐标系(球坐标系)

2. 直角坐标系

直角坐标系,是雷达网信息系统中对雷达情报信息进行加工时常用的坐标系,其优点是滤波、内插及外推过程可在线性模型中完成。

在空间内选定三条交于一点而又两两垂直的轴(即规定正向的直线),照一般的习惯,一条是前后轴,叫做横轴,即 OX 轴,简称为 X 轴,它的正向是由后到前;一条是左右轴,叫做纵轴,即 OY 轴,简称为 Y 轴,它的正向是由左到右;一条是上下轴,叫做立(竖)轴,简称为 Z 轴,它的正向是由下到上。X 轴、Y 轴、Z 轴统称为坐标轴,坐标轴的交点称为原点,通常用字母 O 来表示。平面 YOZ、ZOX 与 XOY 统称为坐标面,简称为 YZ 面、ZX 面和 XY 面。

关于坐标轴方向的规定作一个说明:如果以右手握住 Z 轴,当右手的四个手指从正向 X 轴以 90°转向正向 Y 轴时,大拇指的指向是 Z 轴的正方向,则称此坐标系为右手坐标系,如图 5-5 所示。否则,称为左手坐标系,如图 5-6 所示。在实际工程中,通常均采用右手直角坐标系,本书坐标系未特别说明均指右手坐标系。

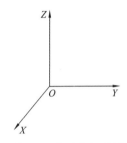

图 5-5 右手坐标系图

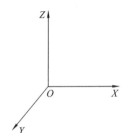

图 5-6 左手坐标系

在雷达网信息系统中一般把直角坐标系分为地心直角坐标系、雷达站直角坐标系和统一直角坐标系。

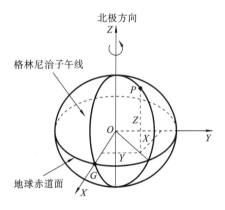

图 5-7 地心直角坐标系示意图

(1)地心直角坐标系

地心直角坐标系的定义是:以坐标原点为地球质心,坐标系 Z 轴由原点指向地球北极(即 Z 轴与地球自转轴一致),X 轴与 Z 轴正交,指向格林尼治子午线与赤道的交点 G,Y 轴与 X、Z 轴正交,构成右手坐标系,计量单位采用米(m),如图 5-7 所示。

空间或地面上任一点 P 的坐标,用直角坐标 (X,Y,Z) 来表示,称为该点的地心直角坐标。

(2)雷达站直角坐标系

雷达站直角坐标系是把坐标原点 O 选取在雷达天线中心所在的当地地理位置,它的 X 轴位于切平面指向正东,Y 轴指向正北,Z 轴与 X 轴、Y 轴构成右手坐标系。它是在进行雷达站极坐标到信息处理中心的统一直角坐标变换时,为了计算方便而使用的过渡坐标系。

(3)统一直角坐标系

统一直角坐标系,是信息处理计算机对雷达情报信息进行综合处理和战术控制计算时所用的一种标准坐标系。可指定某一雷达站的直角坐标系为统一直角坐标系,也可建立以指挥中心或另外一个适当的位置为坐标原点的统一直角坐标系,此时除坐标原点不同外,其坐标轴的定义与雷达站直角坐标系相同。如原点选取在所需信息处理区域西南角,这样使坐标都是正值,便于计算,如图 5-8 所示。

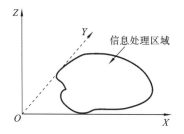

3. (地心)地理坐标系

图 5-8　统一直角坐标系示意图

用地心直角坐标表征地面点和空间点的位置,简单、具有直观的几何意义,且在将来的坐标变换中,具有简单方便的优点。但直角坐标实际使用起来很不方便,通常人们都习惯用经度、纬度和高程来表征点位的地理位置,即所称的(地心)地理坐标。

为建立地心地理坐标,首先需要寻求一个形状和大小与地球非常接近,且与地球有着固定联系的数学体来表征地球,作为建立地理坐标系和计算点位地理坐标的基准,这样的数学体就是地球椭球。

地球椭球的几何特征(形状和大小)通常采用椭球长半径 a 和扁率 f 两个参数来描述。扁率 f 与长半径 a 和短半径 b 的关系为

$$f = \frac{a-b}{a}$$

地球椭球通过大地测量获得,100 多年来其参数在不断精化,目前用得比较多的有美国全球定位系统 GPS 采用的 WGS-84 坐标系、我国采用的 CGCS2000 坐标系和 BJ54 坐标系,以及俄罗斯 GLONASS 采用的 PZ-90 坐标系。表 5-1 列出了几种常用坐标系所使用的椭球参数。

表 5-1　几种常用坐标系所使用的椭球参数

参　　数	WGS-84	CGCS2000	BJ54	PZ-90
a	6378137	6378137	6378245	6378136
f	1/298.257223563	1/298.257222101	1/298.3	1/298.257839303

地理坐标系是人们为了确定地面一点在地球上的地理位置,在地球表面建立的一种以地球北极或南极为极点,以经线和纬线为坐标线的坐标系。在地球表面附近运行的飞行体的位置都与地球面上相应的点相对应,因此,可用地理坐标系来确定飞行体的位置。当雷达将探测到的目标信息上报时,目标的位置信息常用地理坐标来表示。

(1) 经纬线和经纬度

地球除了绕太阳公转外,还绕着自己的轴线旋转,地球自转轴线与地球椭球体的短轴相重合,并与地面相交于两点,这两点就是地球的两极,称为北极和南极。垂直于地轴,通过地心的平面叫赤道平面,赤道平面与地球表面相交的大圆圈(交线)叫赤道。平行于赤道的各个圆圈叫纬线圈(纬线),显然赤道是最大的一个纬线圈。通过地轴垂直于赤道面的平面叫做经面或子午面,它与地球椭球面的交线叫做经线圈或子午线,所有的

子午线长度彼此都相等,如图 5-9 所示。

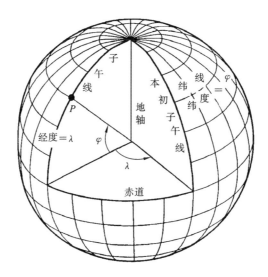

图 5-9　经纬线和经纬度

经线和纬线代表地球表面两组虽然看不见而实际存在的线。纬线表示地球东西方向,其在地面上的实地位置是用纬度表明的,在同一条纬线上纬度是相同的。经线表示地球南北方向,其地面上的实地位置是用经度表明的,在同一条经线上经度是相同的。经线和纬线是地球表面上两组正交的曲线,这两组正交的曲线构成的坐标系,称为地心地理坐标系。

① 纬度

设椭球面上有一点 P(见图 5-9),通过 P 点作椭球面的垂线,称之为过 P 点的法线。法线与赤道面的交角,叫做 P 点的地理纬度(简称纬度),通常以字母 φ(或 B)表示,在同一条纬线上各点的纬度是相同的,不同的纬线,其纬度也不同。纬度从赤道起算,在赤道上纬度为 $0°$,纬线离赤道愈远,纬度愈大,至极点纬度为 $90°$。赤道以北叫北纬,以南叫南纬。我国地处北纬 $4°\sim53°31'$。

② 经度

过 P 点的子午面与通过英国格林尼治天文台的子午面所夹的二面角,叫做 P 点的地理经度(简称经度),通常用字母 λ(或 L)表示,在同一条经线上经度是相同的,不同的经线经度不同。国际规定通过英国格林尼治天文台的子午线为本初子午线(或叫首子午线、格林尼治子午线),作为计算经度的起点,该线的经度为 $0°$,向东 $0°\sim180°$ 叫东经,向西 $0°\sim180°$ 叫西经。我国地处东经 $73°40'\sim135°05'$。

③ 高度

高度一般用 H 表示,它是以黄海(青岛)的多年平均海平面作为统一基面的,目前我国采用的是 1985 年国家高程系,比 1956 年黄海高程系低了 0.029 m,于 1987 年 5 月开始启用。

由图 5-7、图 5-9 可知,地心直角坐标系和(地心)地理坐标系实质上是同一坐标系的两种表示方式。

另外,地球表面某两点经度值之差称为经差,某两点纬度值之差称为纬差。

(2) 纬线圈半径和纬线弧长的计算

① 计算纬线圈半径

如图 5-10 所示,ASC 为纬度为 φ 的纬线圈,纬线圈为一个圆,设其半径为 r。

从图 5-10 中可以看出 $r=AQ\cos\varphi$。而 AQ 是从 A 点所作法线交地轴于 Q 的长。这个长度实际上是卯酉圈在 A 点的曲率半径,常以符号 N 表示。所谓卯酉圈即通过 A 点垂直于该点的子午圈法截面与椭球面的交线,如图 5-10 所示的 FAW 曲线。

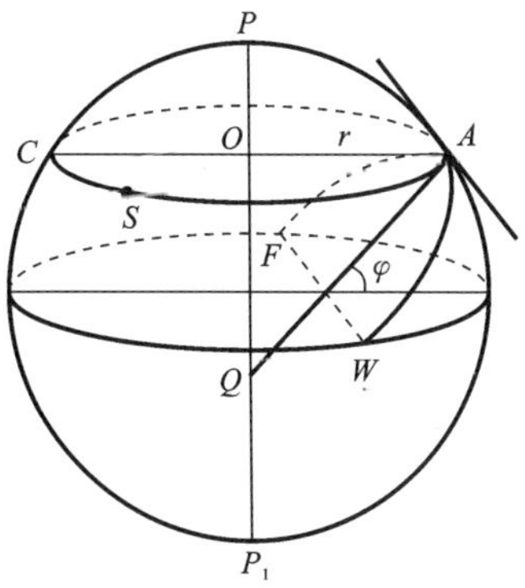

经证明,它的曲率半径计算公式为

$$N=\frac{a}{(1-e^2\sin^2\varphi)^{\frac{1}{2}}} \tag{5-8}$$

式中,$e^2=\dfrac{a^2-b^2}{a^2}$,a 为椭球体的长半径,b 为椭球体的短半径。故

$$r=N\cos\varphi \tag{5-9}$$

或

$$r=\frac{a\cos\varphi}{(1-e^2\sin^2\varphi)^{\frac{1}{2}}} \tag{5-10}$$

图 5-10　纬线圈和卯酉圈

r 和 N 都是纬度 φ 的函数,它们仅随纬度 φ 的变化而变化,在赤道上,因 $\varphi=0°$,故 $r=N=a$。随着纬度 φ 的增大,r 逐渐减小,当 $\varphi=90°$ 时,$r=0$。而 N 则随纬度 φ 的增大而逐渐增大,到了 $\varphi=90°$,N 为最大。r 和 N 的值可在参考文献[43]的附表 3 中查得。

② 计算纬线弧长

如图 5-11 所示,设有与 A 点同纬度的一点 A',其间经度差为 $\Delta\lambda$,求纬线的弧长 AA',设其为 S_n。

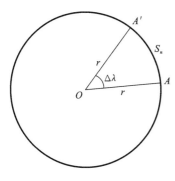

图 5-11　经差为 $\Delta\lambda$、半径为 r 的纬线弧长 S_n

由于纬线圈是以 r 为半径的圆,所以

$$AA'=S_n=r\Delta\lambda=N\cos\varphi\Delta\lambda \tag{5-11}$$

式中,$\Delta\lambda$ 为弧度值。若以角度为单位,可以写成

$$S_n=r\frac{\Delta\lambda}{\rho}=\frac{\Delta\lambda}{\rho}N\cos\varphi$$

式中,$\rho=\dfrac{180°}{\pi}\approx57.2957795°$。

分析式(5-11)可得,同经差的纬线弧长由赤道向两极缩短。例如在赤道上经差 1° 的弧长为 111321 m,在纬度 45° 处其长度为 78848 m,在两极则为 0。

(3) 经线曲率半径和经线弧长的计算

① 计算经线曲率半径

经线圈也就是子午圈,它是一个平面椭圆。在平面椭圆上各点的弯曲程度是不一样的,不像圆那样有一个固定的半径,这种半径随各点而异,在数学中称这种半径为曲线的曲率半径。设经线的曲率半径为 M,经证明其计算公式为

$$M = \frac{a(1-e^2)}{(1-e^2\sin^2\varphi)^{\frac{3}{2}}} \qquad (5\text{-}12)$$

M 也是随纬度 φ 的变化而变化的。在赤道上 $\varphi = 0°$,$M = a(1-e^2)$。在极点上,$\varphi = 90°$,$M = \dfrac{a}{(1-e^2)^{\frac{1}{2}}}$。可见 M 值在赤道上为最小,随着纬度的增大而逐渐增大,在极点处为最大。

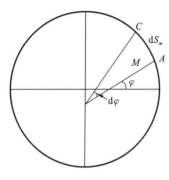

图 5-12　经线弧长

② 计算经线弧长

如图 5-12 所示,设在经线上有一点 A,其纬度为 φ,取与 A 点无限接近的一点 C,其纬度为 $\varphi + d\varphi$,AC 的弧长等于 dS_m。若 A 点的曲率半径为 M,则经线微分弧长为

$$\widehat{AC} = dS_m = Md\varphi \qquad (5\text{-}13)$$

从式中可以看出,由于 $\widehat{AC}$ 甚小,所以把它看作以 M 为半径的圆周,应用弧长等于半径乘圆心角的公式。

将式(5-12)代入式(5-13)得

$$dS_m = \frac{a(1-e^2)}{(1-e^2\sin^2\varphi)^{\frac{3}{2}}}d\varphi$$

在同一经线上,要求由纬度 φ_1 到纬度 φ_2 的一段经线弧长时,需求以 φ_1 和 φ_2 为区间的积分。于是有

$$S_m = \int_{\varphi_1}^{\varphi_2} Md\varphi = \int_{\varphi_1}^{\varphi_2} \frac{a(1-e^2)}{(1-e^2\sin^2\varphi)^{\frac{3}{2}}}d\varphi = a(1-e^2)\int_{\varphi_1}^{\varphi_2}(1-e^2\sin^2\varphi)^{-\frac{3}{2}}d\varphi \quad (5\text{-}14)$$

为了便于积分,将 $(1-e^2\sin^2\varphi)^{-\frac{3}{2}}$ 展成级数,即

$$(1-e^2\sin^2\varphi)^{-\frac{3}{2}} = 1 + \frac{3}{2}e^2\sin^2\varphi + \frac{15}{8}e^4\sin^4\varphi + \frac{35}{16}e^6\sin^6\varphi + \cdots$$

又因

$$\sin^2\varphi = \frac{1}{2} - \frac{1}{2}\cos2\varphi$$

$$\sin^4\varphi = \frac{3}{8} - \frac{1}{2}\cos2\varphi + \frac{1}{8}\cos4\varphi$$

$$\sin^6\varphi = \frac{5}{16} - \frac{15}{32}\cos2\varphi + \frac{3}{16}\cos4\varphi - \frac{1}{32}\cos6\varphi$$

代入上式,经简化后得

$$(1-e^2\sin^2\varphi)^{-\frac{3}{2}} = A - B\cos2\varphi + C\cos4\varphi - D\cos6\varphi$$

式中

$$A = 1 + \frac{3}{4}e^2 + \frac{45}{64}e^4 + \frac{175}{256}e^6 + \cdots$$

$$B = \frac{3}{4}e^2 + \frac{15}{16}e^4 + \frac{525}{512}e^6 + \cdots$$

$$C = \frac{15}{64}e^4 + \frac{105}{256}e^6 + \cdots$$

$$D = \frac{35}{512}e^6 + \cdots$$

在克拉索夫斯基椭球体中,这些数值是

$$A = 1.0050517739$$
$$B = 0.00506237764$$
$$C = 0.00001062451$$
$$D = 0.00000002081$$

经过积分后,得

$$S_m = a(1-e^2)\left\{ \frac{A}{\rho}(\varphi_2 - \varphi_1) - \frac{B}{2}(\sin 2\varphi_2 - \sin 2\varphi_1) \right.$$
$$\left. + \frac{C}{4}(\sin 4\varphi_2 - \sin 4\varphi_1) - \frac{D}{6}(\sin 6\varphi_2 - \sin 6\varphi_1) + \cdots \right\} \tag{5-15}$$

若令 $\varphi_1 = 0$, $\varphi_2 = \varphi$,则可得由赤道至纬度为 φ 的纬线间经线弧长

$$S_m = a(1-e^2)\left\{ \frac{A}{\rho}\varphi - \frac{B}{2}\sin 2\varphi + \frac{C}{4}\sin 4\varphi - \frac{D}{6}\sin 6\varphi + \cdots \right\} \tag{5-16}$$

分析式(5-15)知,同经线弧长由赤道向两极逐渐增长。例如,纬差 1°的经线弧长在赤道为 110576 m,在纬度为 45°为 111143 m,在两极为 111695 m。

说明:关于地球椭球体的大小,采用不同的资料推算,椭球体的元素值是不同的。我国 1953 年以前采用 Hayford 椭球体;1953 年开始采用克拉索夫斯基椭球体,其长半径 a 为 6378245 m,短半径 b 为 6356863.019 m,我国的北斗卫星导航系统所采用的 BJ54 坐标系与其参数相同;1984 年定义的世界大地地理坐标系(WGS-84)使用的椭球体长、短半径分别为 6378137.006 m 和 6356752.314 m;经国务院批准,我国自 2008 年 7 月 1 日启用 2000 国家大地地理坐标系,其长、短半径则分别为 6378137 m 和 6356752.314 m,它是全球地心坐标系,其原点是整个地球的质量中心。本书给出的数值未经特别说明,均采用的是克拉索夫斯基椭球体的参数。

4. 方格坐标系

方格坐标系是一种按地球球面经纬度分区的坐标系。随着按地球球面经纬度分区的方法不同,方格坐标又分为九九九方格和五五四方格等。五五四方格主要用于高炮防空系统中,这里仅介绍雷达网信息系统中常用的九九九方格坐标系。

(1) 方格的划分

方格坐标由大方格、中方格、小方格和小小方格组成。

如图 5-13 所示,一个大方格的范围是东西为经度一度($\Delta\lambda = 1°$),南北为纬度半度($\Delta\varphi = 0.5°$)。每个大方格按"♯"字等分成九个中方格,每个中方格也按"♯"字等分成九个小方格,每个小方格再按"♯"字等分成九个小小方格。一个大方格仅划分成中方

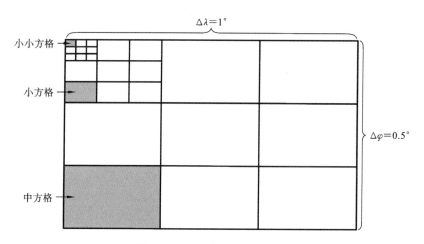

图 5-13 方格的划分示意图

格和小方格,称为"九九方格",一个大方格划分成中方格、小方格和小小方格,称为"九九九方格"。

（2）方格的编码

球面方格坐标考虑九九九方格情形,它以七位十进制数表示,符号取为 $FEmnp$。其中大方格 FE 是按经纬度划分的一个地理范围（经差 $1°$,纬差 $0.5°$）,F、E 分别为纬格、经格的编号。F 称为纵码,E 称为横码,分别用两位十进制数表示。F 和 E 的编号,在 $00\sim 99$ 间循环变化,并且 F 的增长方向与纬度的减少方向相同,E 的增长方向则与经度的增加方向相同。FE 的起始编号可根据需要人为选取。如对某一经纬差各为 $10°$ 的地理范围可划分为 200 个大方格,若起始编号纬格 F 取 85,经格 E 取 66,则这一地理范围大方格编号如图 5-14 所示。

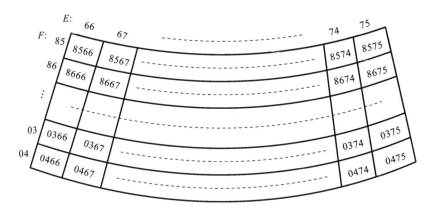

图 5-14 经纬差各 $10°$ 范围内大方格的一种编码方法

中、小、小小方格的编号都是一位十进制数,分别记为 m、n、p。中方格 m 是对大方格的进一步划分,编号方法是从左上角的中方格起,按顺时针旋转方向递增,从 1 顺序编号到 9,如图 5-15 所示。

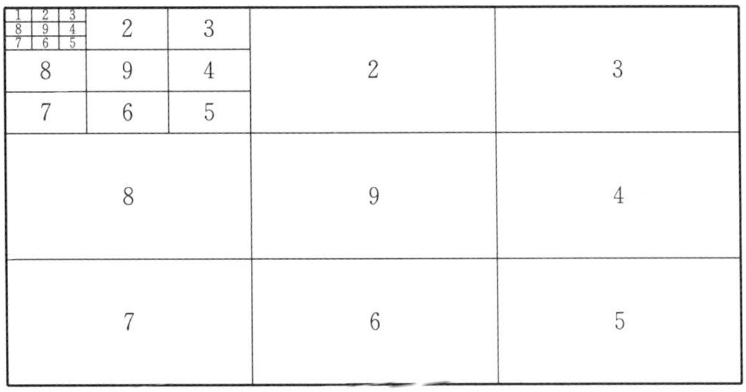

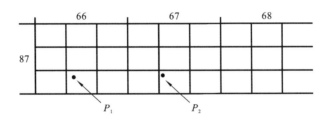	2	3
8	9	4
7	6	5

图 5-15　中、小、小小方格编号示意图

小方格 n（小小方格为 p）是对中（小）方格的进一步划分，其编号方法与中方格相同。

从上可知：方格坐标是以一个区域代表目标点的位置，在九九九方格坐标系中这个区域的单位是一个小小方格的大小。通常方格坐标的位置代表的是其左下角。

（3）方格坐标

由大、中、小方格的编码组成的坐标，称为"九九"方格坐标，记为 $FEmn$；由大、中、小、小小方格编码组成的坐标，称为"九九九"方格坐标，记为 $FEmnp$。

如图 5-16 中，P_1 点的"九九"方格坐标为 876661，P_2 点的"九九九"方格坐标是 8767611。标示和通报目标位置时，通常使用"九九"方格坐标，若需要更准确地标示和通报目标位置时，可使用"九九九"方格坐标。

图 5-16　点的方格坐标

说明：F、E 的值在 00～99 范围内，即 $\Delta\lambda = 100'$，$\Delta\varphi = 50'$，一般情况下，它是满足信息处理区域大小要求的。我们约定 $00 \leqslant F \leqslant 99, 00 \leqslant E \leqslant 99$。

（4）F、E 编码跳变的判别

信息处理区域的左上角大方格编码 F_z、E_z 是任意的，一旦确定，则在信息处理区域中就可能存在 $FE = 0000$ 的大方格。这种情况下，对于 $FE = 0000$ 的大方格，在 F 方向其上一大方格为 99，在 E 方向其左一大方格为 99，产生了一次从 99→00 的循环即跳变。我们定义：如果在某一方向，两个大方格之间有编码为 00 的大方格存在，则称该方向上两大方格之间存在跳变。如果在 F 方向上存在跳变，记作 $tf = 1$，否则 $tf = 0$；如果在 E 方向上存在跳变，记作 $te = 1$，否则 $te = 0$。

那么，如何根据给定的数据来判别跳变呢？

① 信息处理区域确定之后，$F_z E_z$ 是已知的。对于任意两个大方格 $F_1 E_1$、$F_2 E_2$ 和编

码为 0000 的大方格,它们的可能位置关系如图 5-17 所示。图 5-17 中仅列出了 F 方向的位置关系。

根据编码规则和图 5-17,我们不难得出结论:

$$当\begin{cases}F_1 \geqslant F_Z \\ F_2 \leqslant F_Z \\ F_1 \neq F_2\end{cases} 或 \begin{cases}F_1 \leqslant F_Z \\ F_2 \geqslant F_Z \\ F_1 \neq F_2\end{cases} 时,tf=1;否则,tf=0 \tag{5-17}$$

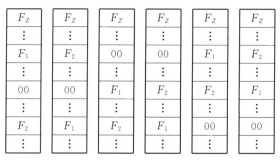

图 5-17　F 方向上的位置关系

同理,列出 E 方向上 E_Z、E_1、E_2 和编码为 00 的大方格之间的可能关系(读者自行完成),可以得到结论:

$$当\begin{cases}E_1 \geqslant E_Z \\ E_2 \leqslant E_Z \\ E_1 \neq E_2\end{cases} 或 \begin{cases}E_1 \leqslant E_Z \\ E_2 \geqslant E_Z \\ E_1 \neq E_2\end{cases} 时,te=1;否则,te=0 \tag{5-18}$$

② 对一个信息处理区域,其大方格编码确定后,$FE=0000$ 大方格的左下角的地理坐标 (λ_s, φ_s) 也是确定的,如果给定两个目标的地理坐标 (λ_1, φ_1)、(λ_2, φ_2),则这两个目标所处的大方格之间是否存在跳变,可通过 (λ_s, φ_s)、(λ_1, φ_1)、(λ_2, φ_2) 三者之间的位置关系求得。

列出 E 方向上即考察经度之间的位置关系如图 5-18 所示。

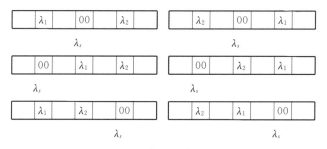

图 5-18　E 方向上的位置关系

由图 5-18 可以得到

$$当\begin{cases}\lambda_1 \geqslant \lambda_s \\ \lambda_2 \leqslant \lambda_s \\ \lambda_1 \neq \lambda_2\end{cases} 或 \begin{cases}\lambda_1 \leqslant \lambda_s \\ \lambda_2 \geqslant \lambda_s \\ \lambda_1 \neq \lambda_2\end{cases} 时,te=1;否则,te=0 \tag{5-19}$$

同理,列出 F 方向上 φ_s、φ_1、φ_2 之间的可能位置关系,可得

$$当\begin{cases}\varphi_1\geqslant\varphi_s\\\varphi_2\leqslant\varphi_2\\\varphi_1\neq\varphi_2\end{cases}或\begin{cases}\varphi_1\leqslant\varphi_s\\\varphi_2\geqslant\varphi_s\\\varphi_1\neq\varphi_2\end{cases}时,tf=1;否则,tf=0 \qquad (5-20)$$

（5）大方格之间的间隔计算

对于任意两个大方格 F_1E_1 和 F_2E_2,其间隔的单位为一个大方格大小。F 方向上 F_2 到 F_1 的间隔记为 $F(F_2,F_1)$,E 方向上 E_2 到 E_1 的间隔记为 $E(E_2,E_1)$,其公式为

$$\begin{cases}F(F_2,F_1)=\begin{cases}(F_2-F_1)+100\times tf, & 当 F_1\geqslant F_2 时\\(F_2-F_1)-100\times tf, & 当 F_1<F_2 时\end{cases}\\E(E_2,E_1)=\begin{cases}(E_2-E_1)+100\times te, & 当 E_1\geqslant E_2 时\\(E_2-E_1)-100\times te, & 当 E_1<E_2 时\end{cases}\end{cases} \qquad (5-21)$$

（6）方格坐标的加解密

系统用方格编码进行信息传递和处理时,为了保密,常常需要对大方格编码进行加密和解密。情报在传递前需加密,接收后进行处理时需解密。如果记标准大方格为 FE,加密大方格为 $F'E'$,密码为 A、B,则加密、解密的运算公式为

$$加密:\begin{cases}F'=F+A & (-99\leqslant A\leqslant 99)\\E'=E+B & (-99\leqslant B\leqslant 99)\end{cases} \qquad (5-22)$$

$$解密:\begin{cases}F=F'-A & (-99\leqslant A\leqslant 99)\\E=E'-B & (-99\leqslant B\leqslant 99)\end{cases} \qquad (5-23)$$

由于 $0\leqslant F\leqslant 99,0\leqslant E\leqslant 99$,所以当 F 和 E 在解密、加密运算中其高位需进位或借位时,均为虚进和虚借。一般的运算过程如图 5-19 所示。

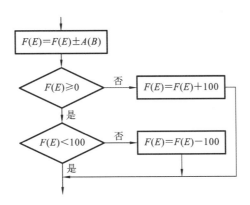

图 5-19　方格坐标加解密运算逻辑

技术的发展一方面为情报保密工作提供了手段,同时也为保密工作增加了难度,需加强保密教育,筑牢保密意识。

例 5.1　已知 P 点所在位置球面加密方格坐标为 $F'E'=1488$,上级指示,本月密码

为 $A=38$、$B=-47$,求球面标准方格坐标。

解 由式(5-23),得

$$\begin{cases} F=F'-A=14-38+100=76 \\ E=E'-B=88-(-47)-100=35 \end{cases}$$

于是 $FE=7635$。

验证:加密过程为 $\begin{cases} F'=F+A=76+38-100=14, \\ E'=E+B=35+(-47)+100=88, \end{cases}$ 正确。

5.4.2 常用坐标系之间的转换

1. 方格坐标与地理坐标的相互转换

方格坐标变换为地理坐标称为正变换,即 $(FEmnp)\rightarrow(\lambda,\varphi)$,由地理坐标变换为方格坐标称为反变换(或称逆变换),即 $(\lambda,\varphi)\rightarrow(FEmnp)$。

(1) 方格坐标→地理坐标

首先,考察图5-20。

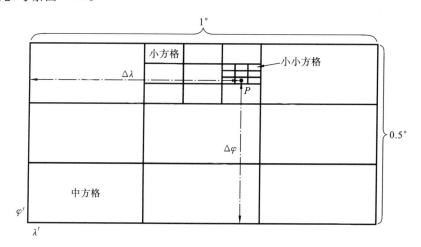

图 5-20   方格坐标变成地理坐标关系图

图中,P 处于某一大方格 FE 中,目标是求出 P 点的地理坐标。如果已知大方格左下角的地理坐标 (λ',φ'),且知道了 P 点与大方格左下角的经纬度差 $\Delta\lambda,\Delta\varphi$,则 P 点的地理坐标为

$$\begin{cases} \lambda=\lambda'+\Delta\lambda \\ \varphi=\varphi'+\Delta\varphi \end{cases} \tag{5-24}$$

问题就变成了 (λ',φ') 和 $(\Delta\lambda,\Delta\varphi)$ 的求取。

① (λ', φ') 的求取

由大方格之间的间隔计算公式(5-21)可知，P 点所处的大方格和统一直角坐标系原点的大方格(其参数为 $F_0 E_0$，左下角地理坐标 (λ_0, φ_0))之间的间隔为

$$\begin{cases} F(F, F_0) = \begin{cases} (F - F_0) + 100 \times tf, & \text{当 } F_0 \geqslant F \text{ 时} \\ (F - F_0) - 100 \times tf, & \text{当 } F_0 < F \text{ 时} \end{cases} \\ E(E, E_0) = \begin{cases} (E - E_0) + 100 \times te, & \text{当 } E_0 \geqslant E \text{ 时} \\ (E - E_0) - 100 \times te, & \text{当 } E_0 < E \text{ 时} \end{cases} \end{cases}$$

从方格坐标系的定义可知

$$\begin{cases} \lambda' = \lambda_0 + E(E, E_0) \times 1° \\ \varphi' = \varphi_0 - F(F, F_0) \times \frac{1}{2}° \end{cases} \tag{5-25}$$

式中的负号表明了 φ' 的增大方向与 F 的增大方向相反。

说明：在方格坐标系中，只要知道任意一个大方格的方格坐标及其左下角的地理坐标就可以求解任一点的地理坐标了，不需要一定是根据统一直角坐标系原点的大方格的方格坐标及其左下角的地理坐标求。这里这样叙述是因为在一般情况下，这一点是给定的。

② $(\Delta\lambda, \Delta\varphi)$ 的求取

为了求取 $\Delta\lambda$ 和 $\Delta\varphi$，就要求取目标点在大方格中的位置(即小小方格左下角)与其大方格(左下角)的经纬向距离，这个距离用小小方格数来表示。经向距离记为 MS，纬向距离记为 NS。

目标 P 点所处的中方格和大方格在经向上差中方格数为中方格系数，中方格和大方格在纬向上差中方格数为纬向上的中方格系数，分别记作 $m(m), n(m)$。它们均为中方格的函数，其值由 m 来决定，m 和 $m(m), n(m)$ 的关系为

$$m(m) = \begin{cases} 0, & \text{当 } m = 1, 8, 7 \text{ 时} \\ 1, & \text{当 } m = 2, 9, 6 \text{ 时} \\ 2, & \text{当 } m = 3, 4, 5 \text{ 时} \end{cases} \tag{5-26}$$

$$n(m) = \begin{cases} 0, & \text{当 } m = 5, 6, 7 \text{ 时} \\ 1, & \text{当 } m = 4, 9, 8 \text{ 时} \\ 2, & \text{当 } m = 1, 2, 3 \text{ 时} \end{cases} \tag{5-27}$$

目标点 P 所处的小方格 n 和所处的中方格之间在经纬上相差有小方格数，这种差称为小方格系数，经向记作 $m(n)$，纬向记作 $n(n)$。由于中方格编码和小方格编码相同，故 $m(n) = m(m), n(n) = n(m)$。

同理，称目标 P 所处的小小方格 p 与所处的小方格所差的小小方格数为小小方格系数，经向记作 $m(p)$，纬向记作 $n(p)$。同样，$m(p) = m(n) = m(m), n(p) = n(n) = n(m)$。

根据方格坐标定义，在经、纬向上，一个小方格有 3 个小小方格，一个中方格有 9 个小小方格，一个大方格有 27 个小小方格。所以

$$\begin{cases} MS = 9m(m) + 3m(n) + m(p) \\ NS = 9n(m) + 3n(n) + n(p) \end{cases} \tag{5-28}$$

如果目标方格坐标系为"九九"方格坐标系,则认为目标处于某小方格 n 的中央,即小小方格为 9,故式(5-28)亦适用于"九九"方格坐标系。

求得了 MS 就不难得到

$$\begin{cases} \Delta\lambda = \dfrac{MS+0.5}{27} \times 1° \\[3mm] \Delta\varphi = \dfrac{NS+0.5}{27} \times \dfrac{1}{2}° \end{cases} \tag{5-29}$$

式(5-29)中,经纬向距离均加上一个修正值 0.5,以使目标位置处于小小方格的中央。

(2) 地理坐标→方格坐标

若已知目标位置的经、纬度 (λ,φ),欲求其目标位置点的方格坐标 $FEmnp$,可根据方格坐标系的定义和已知参数 (λ,φ)、(λ_0,φ_0) 和 (F_0,E_0) 求取。可分三个基本步骤:

① 求大方格编号 FE

根据方格坐标系的定义,方格坐标系中的大方格经向为 $1°$,纬向为 $0.5°$,因此可得

$$\begin{cases} F = \begin{cases} F_0 - [2\Delta\varphi] + 100 \times tf, & \varphi \geqslant \varphi_0 \\ F_0 - [2\Delta\varphi] - 100 \times tf, & \varphi < \varphi_0 \end{cases} \\[5mm] E = \begin{cases} E_0 + [\Delta\lambda] + 100 \times te, & \lambda \leqslant \lambda_0 \\ E_0 + [\Delta\lambda] - 100 \times te, & \lambda > \lambda_0 \end{cases} \end{cases} \tag{5-30}$$

式中,$\Delta\lambda = \lambda - \lambda_0$,$\Delta\varphi = \varphi - \varphi_0$。$[X]$ 表示取变量 X 的整数部分(无论正负,都是取比 X 小的整数)。记 $2\Delta\varphi$ 的小数部分为 $\Delta\varphi m$,$\Delta\lambda$ 的小数部分为 $\Delta\lambda m$,不难得出

$$0° \leqslant \Delta\varphi m < 1°, \quad 0° \leqslant \Delta\lambda m < 1°$$

② 求取目标点经纬向方格系数

首先,讨论中方格系数 $m(m)$ 和 $n(m)$ 求法。$\Delta\varphi m$,$\Delta\lambda m$ 与 $m(m)$,$n(m)$ 的关系由图 5-21 所示,由于 $\Delta\varphi m$ 是 $2\Delta\varphi$ 的小数部分,所以在纬向上可看作一个大方格是以 $1°$ 划分的。从图中可以看出

$$m(m) = \begin{cases} 0, & \text{当 } 0° \leqslant \Delta\lambda m < \dfrac{1}{3}° \text{ 时} \\[3mm] 1, & \text{当 } \dfrac{1}{3}° \leqslant \Delta\lambda m < \dfrac{2}{3}° \text{ 时} \\[3mm] 2, & \text{当 } \dfrac{2}{3}° \leqslant \Delta\lambda m < 1° \text{ 时} \end{cases} \tag{5-31}$$

$$n(m) = \begin{cases} 0, & \text{当 } 0° \leqslant \Delta\varphi m < \dfrac{1}{3}° \text{ 时} \\[3mm] 1, & \text{当 } \dfrac{1}{3}° \leqslant \Delta\varphi m < \dfrac{2}{3}° \text{ 时} \\[3mm] 2, & \text{当 } \dfrac{2}{3}° \leqslant \Delta\varphi m < 1° \text{ 时} \end{cases} \tag{5-32}$$

由式(5-31)式(5-32)可得

$$\begin{cases} m(m) = [3\Delta\lambda m] \\ n(m) = [3\Delta\varphi m] \end{cases} \tag{5-33}$$

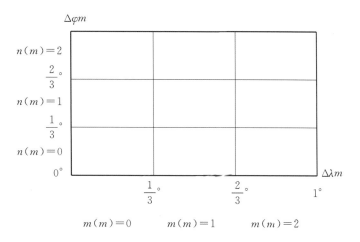

图 5-21　$\Delta\varphi m$，$\Delta\lambda m$ 与 $m(m)$，$n(m)$ 的关系

记 $3\Delta\lambda m$ 的小数部分为 $\Delta\lambda n$，$3\Delta\varphi m$ 的小数部分为 $\Delta\varphi n$，则 $0° \leqslant \Delta\lambda n < 1°$，$0° \leqslant \Delta\varphi n < 1°$。小方格系数 $m(n)$ 和 $n(n)$ 的求法与中方格系数的求法基本相同。可参考图 5-21，得出

$$\begin{cases} m(n) = \lceil 3\Delta\lambda n \rceil \\ n(n) = \lceil 3\Delta\varphi n \rceil \end{cases} \tag{5-34}$$

记 $3\Delta\lambda n$ 的小数部分为 $\Delta\lambda p$，$3\Delta\varphi p$ 的小数部分为 $\Delta\varphi p$，则 $0° \leqslant \Delta\lambda p < 1°$，$0° \leqslant \Delta\varphi p < 1°$。同样，小小方格系数可由下式得出

$$\begin{cases} m(p) = \lceil 3\Delta\lambda p \rceil \\ n(p) = \lceil 3\Delta\varphi p \rceil \end{cases} \tag{5-35}$$

思考：为什么 $3\Delta\lambda n$、$3\Delta\varphi p$ 还余有小数，其物理意义是什么？

③ 求取目标点的中、小、小小方格编码 mnp

为了求取目标点的中、小和小小方格编码，先给出如图 5-22 所示的中、小和小小方格的自然编号，分别记作 M、N 和 P。

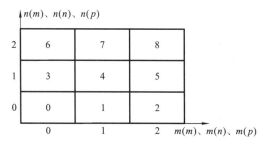

图 5-22　mnp 的自然编号

从图 5-22 可得到

$$\begin{cases} M = 3n(m) + m(m) \\ N = 3n(n) + m(n) \\ P = 3n(p) + m(p) \end{cases} \tag{5-36}$$

通过式(5-36),即可得出 mnp,它们之间的关系如表 5-2 所示。

表 5-2 MNP 与 mnp 的关系

$M(N,P)$	0	1	2	3	4	5	6	7	8
$m(n,p)$	7	6	5	8	9	4	1	2	3

2. 地图投影

（1）地图投影的目的和方法

代表地球形状的地球椭球面（或球面）是不可展曲面,而地图通常是表示在平面上的,在解决地球曲面与地图平面的矛盾中产生了一门学科——"地图投影",它是用数学方法将地球曲面上的经纬线描写到平面或可展曲面上,建立对应的经纬网,以确定地面物体的地理位置。研究这个问题的专门学问叫做地图投影学。我们研究地图投影,是根据雷达数据处理系统中数据运算精度和运算量的要求,以数学为工具,选取或导出适宜的地图投影方法。

地图投影的目的是将地球椭球面上的点表示在平面坐标系内,由于地球椭球面上的点是用地理坐标表示的,故地图投影的目的,是将地球椭球面上的经纬线的交点表示在平面坐标系内,并在平面坐标系内能计算这些点的坐标。点的移动轨迹为线,线的移动轨迹为面,这样将许许多多地球椭球面上经纬线的交点表示在平面上,就可将整个或部分地球椭球面表示在平面上。

那么,如何将地球椭球面上经纬线的交点表示在平面坐标系内呢？其方法为:假定有一个投影面,这个面可以是平面、圆锥面或圆柱面,将投影面与投影原面——地球椭球面相切、相割或多面相切,如图 5-23 所示。

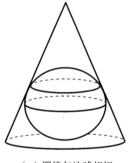
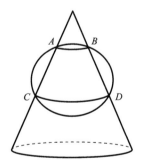

（a）圆锥与地球相切　　　　　　（b）圆锥与地球相割

图 5-23 圆锥投影面与地球切割示意图

这时用某种条件将投影底面（地球表面）上的大地坐标点——投影到圆锥曲面内,就形成某种地图投影,从而把曲面与平面连接起来了。由此可见,地图投影就是研究地球椭球面上的地理坐标 (λ, φ) 和平面上的直角坐标 (X, Y) 或极坐标 (ρ, δ) 之间的关系。由于平面上的点是由地球椭球面上的点而产生的,因此,大地坐标 (λ, φ) 是自变量,平面直角

坐标(X,Y)是因变量,它们之间的函数关系式为

$$\begin{cases} X = f_1(\lambda, \varphi) \\ Y = f_2(\lambda, \varphi) \end{cases}$$

这是地图投影的一般方程式,所有地图投影都可表示为这种形式。

这里所说的某种条件,是指使地图投影具有某种性质的条件和产生任意投影的条件。使地图投影具有某种性质的条件有等角条件、等距离条件和等积条件三种。采用了等角条件进行投影,就可使地图投影具有等角的性质,这种投影称为等角投影。采用了等距离条件进行投影,就可使地图投影在特定方向上具有等距离的性质,这种投影称为等距离投影。采用了等积条件进行投影,就可使地图投影具有等面积的性质,这种投影称为等积投影。

产生任意投影的条件有几何的、半几何的和约定的三种,即有些投影纯粹是从几何透视得来的,有些投影部分是从几何透视得来的,另一些投影完全是任意实施的,没有透视的光线,纯粹是按规定条件用数学方法完成的。

本节将讨论投影面为圆锥,使地图投影具有等距离、等角条件的投影。

（2）地图投影的变形

在上一个问题中,我们叙述了地球椭球面与平面之间的矛盾,通过地图投影的方法可将曲面变成平面。现在要问:地球椭球的表面经过地图投影的方法描绘在平面上,有没有差异或变形呢?我们回答是有的。地图投影一般存在长度变形、面积变形和角度变形。

投影变形问题是地图投影的重要组成部分。如果只研究用什么条件进行投影,而不考虑它的变形大小和分布规律,那么这种投影也就没有多大的实际应用价值。下面我们就来说明投影变形的定义。

① 长度比与长度变形

长度比就是投影面上一微小线段与椭球面上相应的微小线段之比。如图 5-24 所示,A 点沿 α 方向有一微小线段 $AC = \mathrm{d}s$,投影在平面上相应的微小线段 $A'C' = \mathrm{d}s'$,用 u 表示长度比,则

$$u = \frac{\mathrm{d}s'}{\mathrm{d}s} \tag{5-37}$$

长度比是随点的位置和点移动的方向而变化的,故在一点上各方向的长度比和在不同点上各方向的长度比都是不同的,沿经线和纬线方向的长度比分别用符号 m、n 表示。

长度变形就是 $\mathrm{d}s' - \mathrm{d}s$ 与 $\mathrm{d}s$ 之比,用 V_u 来表示,则有

$$V_u = \frac{\mathrm{d}s' - \mathrm{d}s}{\mathrm{d}s} = \frac{\mathrm{d}s'}{\mathrm{d}s} - 1 = u - 1 \tag{5-38}$$

V_u 称为长度相对变形,简称长度变形。由此看来,长度变形就是长度比与 1 之差。如果知道了某点附近某一方向上的长度比,则其长度变形也就知道了。长度比只有小于 1 或大于 1 的数（个别地方等于 1）,没有负数。而长度变形则有正有负,变形为正,表明长度增长,变形为负,表明长度缩短。

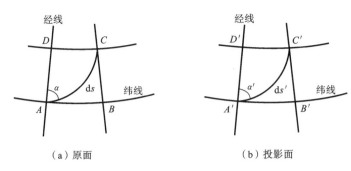

图 5-24　在原面上和投影面上微分线段 ds 和 ds′

② 面积比与面积变形

面积比就是投影面上一微小面积与椭球面上相应的微小面积之比。设前者为 $dF′$，后者为 dF，用 P 表示面积比，则有

$$P=\frac{dF′}{dF} \tag{5-39}$$

面积比是随点位而变化的，在这一点附近的面积比，不等于另一点附近的面积比。面积变形就是 $dF′-dF$ 与 dF 之比，用 V_P 表示，则有

$$V_P=\frac{dF′-dF}{dF}=\frac{dF′}{dF}-1=P-1 \tag{5-40}$$

V_P 称为面积相对变形，简称面积变形。由上式看来，面积变形就是面积比与 1 之差。知道了一点附近的面积比，也就知道了这一点附近的面积变形。面积比也只有小于 1 或大于 1 的数，没有负数。面积变形则有正有负，变形为正，表明面积增大，变形为负，表明面积减小。

③ 角度变形

投影面上任意两方向线所夹之角与球面上相应的两方向线夹角之差，称为角度变形。如前者用 $B′$ 表示，后者用 B 表示，则 $\Delta B=B′-B$ 即为角度变形。

过一点可以作许多方向线，不同方向线所组成的角度产生的变形一般也是不一样的。通常在研究角度变形时，不用一一研究每一个角度的变形数量，而只研究其角度的最大变形，我们也用 ΔB 来表示。若投影后经纬线夹角为 θ，则最大角度变形可表示为

$$\sin\frac{\Delta B}{2}=\sqrt{\frac{m^2+n^2-2mn\sin\theta}{m^2+n^2+2mn\sin\theta}}$$

式中，m、n 分别为经纬线长度比。当 $\theta=90°$ 即投影后经纬网直交时，上式可简化为

$$\sin\frac{\Delta B}{2}=\left|\frac{m-n}{m+n}\right|$$

（3）正轴圆锥投影

圆锥投影是以圆锥面作为投影面，按某种条件，将地球椭球面上的经纬线投影于圆锥面上，并沿圆锥母线切开展成平面的一种投影。我们以直线透视的道理，先建立对这种投影的感性认识，如图 5-25 所示。

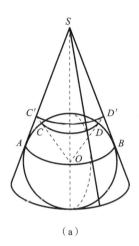
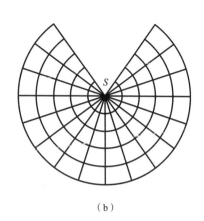

（a）　　　　　　　　　　　（b）

图 5-25　透视圆锥投影及其展开示意图

假定有圆锥与地球某一条纬线相切或某两条纬线相割,视点在地球的中心,如从视点引出视线,显然纬线投影在圆锥面上为一个圆,不同的纬线得到不同的圆。经线投影于圆锥顶点的一束直线,如将圆锥沿其母线切开展成平面,则由于圆锥顶角小于 360°,纬线投影在平面上不是圆,而是以圆锥顶点为中心的同心圆弧,经线投影为放射直线即同心圆弧半径。圆锥投影分为正轴、斜轴和横轴投影,因后两种投影不常用,故在此仅介绍正轴圆锥投影。

① 正轴圆锥投影的一般公式

正轴圆锥投影的定义是:纬线投影为同心圆弧,经线投影为以圆锥顶点为中心的一束放射直线,即同心圆弧的半径,两经线投影间的夹角与相应的经度差成正比。根据这种投影的这些特点,我们来研究正轴圆锥投影的一般公式。

如图 5-26 所示,设地球面上两经线间的夹角为 $\Delta\lambda$,投影在平面上为 δ,根据正轴圆锥投影的定义,$\Delta\lambda$ 与 δ 应成正比,设其比值为 α,则有 $\delta = \alpha\Delta\lambda$。又设纬线投影圆弧的半径为 ρ,它随纬度 φ 的变化而变化,即 ρ 为纬度 φ 的函数,亦即 $\rho = f(\varphi)$,故正轴圆锥投影的极坐标方程式为

$$\begin{cases} \rho = f(\varphi) \\ \delta = \alpha\Delta\lambda \end{cases} \tag{5-41}$$

如以圆锥顶点 S 为原点,某一经线的投影为 Y 轴,于 S 点垂直于这一经线的直线为 X 轴,则 B' 点的平面直角坐标为

$$\begin{cases} X = \rho\sin\delta \\ Y = -\rho\cos\delta \end{cases} \tag{5-42}$$

如果坐标原点放在投影区域最南边的纬线 O 点上,则 B' 点的平面直角坐标为

$$\begin{cases} X = \rho\sin\delta \\ Y = \rho_s - \rho\cos\delta \end{cases} \tag{5-43}$$

式中,ρ_s 为投影区域最南边纬线的投影半径。

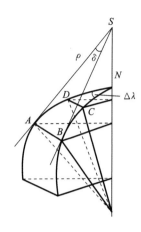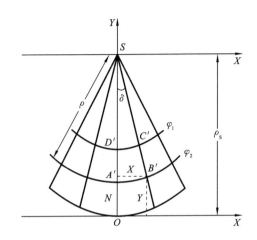

图 5-26   正轴圆锥投影图

② 正轴圆锥投影的变形公式

如图 5-27 所示,设在地球椭球面上有一无穷小梯形 $ABCD$,其投影在平面上为无穷小梯形 $A'B'C'D'$,又设椭球面上 A 点的地理坐标为 (λ,φ),由纬线 AB 到纬线 CD 的纬度改变量为 $\mathrm{d}\varphi$,由经线 AD 到经线 BC 的经度改变量为 $\mathrm{d}\lambda$,相应地在投影平面上 A' 点的极坐标为 (ρ,δ),由纬线 $C'D'$ 到纬线 $A'B'$ 的投影半径改变量为 $\mathrm{d}\rho$,由经线 $A'D'$ 到经线 $B'C'$ 的动径角改变量为 $\mathrm{d}\delta$。由此,便可以分别写出经纬线的微分线段公式。

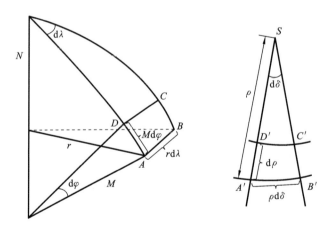

图 5-27   圆锥投影中两个面上的微分线段

在椭球面上,经纬线的微分线段为

$$AD = M\mathrm{d}\varphi, \quad AB = r\mathrm{d}\lambda = N\cos\varphi\mathrm{d}\lambda$$

在投影平面上,经纬线的微分线段为

$$A'D' = -\mathrm{d}\rho, \quad A'B' = \rho\mathrm{d}\delta$$

式中,$\mathrm{d}\rho$ 带负号,是由于改变量 $A'D'$ 与动径 SA' 的方向相反。

根据上面的微分线段公式,即可写出正轴圆锥投影的各种变形公式:

$$\begin{cases} m=\dfrac{A'D'}{AD}=-\dfrac{\mathrm{d}\rho}{M\mathrm{d}\varphi} \\[3mm] n=\dfrac{A'B'}{AB}=\dfrac{\rho\mathrm{d}\delta}{r\mathrm{d}\lambda}=\dfrac{\alpha\rho}{r} \\[3mm] P=mn=-\dfrac{\alpha\rho\mathrm{d}\rho}{Mr\mathrm{d}\varphi} \\[3mm] \Delta B=2\arcsin\left|\dfrac{m-n}{m+n}\right| \end{cases} \tag{5-44}$$

式中,m、n 分别为经纬线长度比。

由上式看出,在正轴圆锥投影中,各种变形均为纬度 φ 的函数,与经度 λ 无关。也就是说,这种投影的各种变形是随纬度的变化而变化的,在同一条纬线上各点的长度比、面积比和角度变形均各自相等,故正轴圆锥投影适用于中等纬度沿东西延伸区域的坐标变换。

(4) 等距离正轴圆锥投影

等距离正轴圆锥投影是以等距离条件决定 $\rho=f(\varphi)$ 函数形式的一种圆锥投影。即以圆锥面作为投影面,用等距离条件作为投影条件,使地球椭球面上的经纬线转化为平面上的经纬线。

在等距离正轴圆锥投影中,经纬线投影是正交的,其等距离条件为 $m=1$,故由式(5-44)的第一式,有

$$m=-\frac{\mathrm{d}\rho}{M\mathrm{d}\varphi}=1 \quad \text{或} \quad \mathrm{d}\rho=-M\mathrm{d}\varphi$$

积分得

$$\rho=C-\int_0^\varphi M\mathrm{d}\varphi=C-S_m \tag{5-45}$$

式中,C 为积分常数,S_m 为赤道至纬度 φ 间的子午线弧长。当 $\varphi=0$ 时,$S_m=0$,则 $C=\rho_{赤道}$,故 C 为赤道投影半径。据此,便可得到等距离正轴圆锥投影的基本公式为

$$\begin{cases} \delta=\alpha\Delta\lambda \\ \rho=C-S_m \end{cases} \tag{5-46}$$

投影变形为

$$\begin{cases} m=1 \\[2mm] P=n=\dfrac{\alpha(C-S_m)}{r} \\[3mm] \Delta B=2\arcsin\left|\dfrac{1-n}{1+n}\right| \end{cases} \tag{5-47}$$

为确定式(5-46)中两个常数 α、C,我们在投影区域内选取两条标准纬线 φ_1,φ_2,在这两条纬线上无长度变形,故由式(5-47)得到

$$\frac{\alpha(C-S_2)}{r_2}=1, \quad \frac{\alpha(C-S_1)}{r_1}=1$$

于是，可得到 $\dfrac{C-S_1}{r_1}=\dfrac{C-S_2}{r_2}$，解之得

$$C=\frac{r_1 S_2 - r_2 S_1}{r_1 - r_2} \tag{5-48}$$

又 $C-S_1=\dfrac{r_1}{\alpha}$，$C-S_2=\dfrac{r_2}{\alpha}$，解之得

$$\alpha=\frac{r_1 - r_2}{S_2 - S_1} \tag{5-49}$$

其中 $r_i=r(\varphi_i)$，$S_i=S(\varphi_i)$，$i=1,2$。

（5）等角正轴圆锥投影

等角正轴圆锥投影是按等角条件决定 $\rho=f(\varphi)$ 函数形式的一种圆锥投影。即以圆锥面作为投影面，用等角条件作为投影条件，使地球椭球面上的经纬线转化为平面上的经纬线。在等角圆锥投影中，微分圆的表象保持为圆形，也就是同一点上各个方向上的长度比均相等，或者说保持角度没有变形。本投影也称为兰勃特（Lambert）正形圆锥投影。

在等角正轴圆锥投影中，经纬线投影是正交的，其等角条件为 $m=n$，故由式（5-44）的前两式有

$$\frac{\mathrm{d}\rho}{M\mathrm{d}\varphi}=-\frac{\alpha\rho}{r}, \quad 即 \quad \frac{\mathrm{d}\rho}{\rho}=-\alpha\frac{M}{r}\mathrm{d}\varphi$$

积分得 $\ln\rho=\ln C-\alpha\ln u$，式中 $u=\tan\left(45°+\dfrac{\varphi}{2}\right)\left(\dfrac{1-e\sin\varphi}{1+e\sin\varphi}\right)^{\frac{e}{2}}$，$\ln C$ 为积分常数。

化简得 $\ln\rho=\ln\dfrac{C}{u^\alpha}$，故

$$\rho=\frac{C}{u^\alpha} \tag{5-50}$$

在上式中，当 $\varphi=0°$ 时，$u=1$，有 $C=\rho_{赤道}$，C 为赤道的投影半径。

根据式（5-41）至式（5-44）和式（5-50），便可写出等角正轴圆锥投影的各种公式：

$$\begin{cases} X=\rho\sin\delta \\[4pt] Y=\rho_{\mathrm{S}}-\rho\cos\delta \\[4pt] \rho=\dfrac{C}{u^\alpha} \\[4pt] \delta=\alpha\Delta\lambda \\[4pt] m=n=-\dfrac{\mathrm{d}\rho}{M\mathrm{d}\varphi}=\dfrac{\alpha\rho}{r}=\dfrac{\alpha C}{ru^\alpha} \\[4pt] P=mn=\left(\dfrac{\alpha C}{ru^\alpha}\right)^2 \\[4pt] \Delta B=0 \end{cases} \tag{5-51}$$

从上式看出，等角正轴圆锥投影尚有两个待确定的常数 α、C，只有确定了 α 和 C，式（5-51）才能进行实际计算。现在讨论确定这两个常数的双标准纬线方法。

双标准纬线等角圆锥投影就是保持两条纬线投影后长度不变形的等角圆锥投影,即圆锥面与地球椭球面上某两条纬线相割的情况。

如图 5-28 所示,设两条长度不变形纬线的纬度为 φ_1、φ_2,则在这两条纬线上的长度比为 l。据此有

$$n_1 = n_2 \quad \text{或} \quad \frac{\alpha C}{r_1 u_1^{\alpha}} = 1, \quad \frac{\alpha C}{r_2 u_2^{\alpha}} = 1$$

即 $r_1 u_1^{\alpha} = r_2 u_2^{\alpha}$,两边取对数,则有

$$\lg r_1 + \alpha \lg u_1 = \lg r_2 + \alpha \lg u_2$$

所以

$$\begin{cases} \alpha = \dfrac{\lg r_1 - \lg r_2}{\lg u_2 - \lg u_1} \\[3mm] C = \dfrac{r_1 u_1^{\alpha}}{\alpha} = \dfrac{r_2 u_2^{\alpha}}{\alpha} \end{cases} \tag{5-52}$$

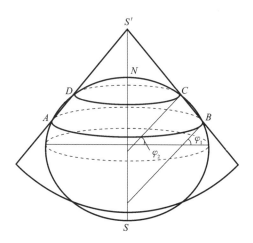

图 5-28　等角割圆锥投影示意图

一般地,可用下式确定 φ_1、φ_2 的纬度:

$$\begin{cases} \varphi_1 = \varphi_S + \dfrac{\varphi_N - \varphi_S}{4} \\[3mm] \varphi_2 = \varphi_N - \dfrac{\varphi_N - \varphi_S}{4} \end{cases} \tag{5-53}$$

式中,φ_S、φ_N 为投影区域最南边和最北边纬线的纬度。若投影区域范围从纬度 $16°$($\varphi_S = 16°$)至 $28°$($\varphi_N = 28°$)应用此投影,则由式(5-53)算出 $\varphi_1 = 19°$,$\varphi_2 = 25°$(如不是整度数,可凑到 $0.5°$)。据此计算出

$$\alpha = 0.374781498, \quad C = 16642783 (\text{m})$$

再按式(5-51)中的长度比公式计算出在各条纬线的长度比,如表 5-3 所示。

表 5-3　双标准纬线等角圆锥投影的变形数据

$\varphi/(°)$	$m=n$
17	1.0024013
18	1.0010519
19	1
20	0.9992463
21	0.9987180
22	0.9986378
23	0.9987862
24	0.9992396
25	1
26	1.0010737
27	1.0024616

由表 5-3 可以看出,在双标准纬线等角圆锥投影中,标准纬线没有长度变形,随着离开标准纬线长度变形逐渐增大。在两条标准纬线之间的长度变形是向负的方向增大,即投影后的纬线长度比原面上相应的纬线长度缩短了。在两条标准纬线之外的长度变形朝正的方向增大,即投影后的纬线长度比原面上相应的纬线长度伸长了,并且变形增长的速度,北边快一些,南边慢一些。

3. 地理坐标与投影平面直角坐标的相互转换

地理坐标转换到投影平面直角坐标可以分两个步骤:

第一步:地理坐标→投影平面极坐标,即$(\lambda,\varphi)\rightarrow(\rho,\delta)$;

第二步:投影平面极坐标→投影平面直角坐标,即$(\rho,\delta)\rightarrow(X,Y)$。

地理坐标与投影平面极坐标的相互转换,是一个地图投影问题。前面已将雷达数据处理系统中常用的正轴圆锥投影作了比较详细的介绍,这为地理坐标与投影平面极坐标的相互转换打下了基础。但需要指出的是,采用什么样的投影方法,需要根据实际系统的数据处理区域的位置、形状和对它的要求通盘考虑。为此,首先说明选择地图投影的一般原则,然后以等角正轴圆锥投影公式为例说明地理坐标与投影平面极坐标间的相互转换方法。

(1)地图投影选择的一般原则

① 由信息处理区域的形状和地理位置选择

信息处理区域的位置和形状基本上决定了投影的种类。在整个区域内各种变形能符合要求和均匀分布的前提下,不同位置和形状的区域可采用不同的投影。对于圆形区域一般多采用方位投影,在两极附近则采用正轴方位投影,在中等纬度采用斜轴方位投影,以赤道为中心的区域采用横轴方位投影,因这种投影变形的变化是以围绕投影中心的等高圈的大小而变化的,故能符合上述要求;在中等纬度东西延伸的区域,一般多采用正轴圆锥投影,我国多数地区适合这种投影,这是由于正轴圆锥投影的变形是随纬度的变化而变化的,不依经度的变化而变化,故能保持上下边纬线长度比基本一致,东西任意延伸,变形不会增大;在沿南北方向延伸的区域,一般可采用正轴多圆锥投影,这是由于在中央子午线两侧变形较小。以上主要是就大面积区域而言,如在小面积区域则可不必严格按这个要求,因为在小面积区域内各种投影的变形都是很小的。

② 由信息处理区域的任务和性质选择

对于不同的任务和性质,其投影的变形要求是不同的。雷达数据处理系统中,一般对各种变形都有同等重要意义,故常采用等距离投影。这是因为在雷达数据处理系统中,既要比较各种物体面积,又要知道准确的国境线、海岸线和研究两点之间的长度,并且还要注意物体的方向等。若对物体方向要求很高时,也可采用等角投影,因为它能正确地表示物体的方向,且在小区域内点与点之间的关系没有角度变形,可保持投影区域与实地相似。另外,在一些特殊情况中,有时为了利用某一投影的特性,虽然这种投影的其他变形很大,但还是常采用这种投影。如等距离方位投影由于自中心点至各方向的方位和距离都正确,故常用以决定某一飞行基地至各地的飞行半径和方向。

总之,根据信息处理区域的任务和性质,基本上可以确定按投影的变形性质采用某一种投影。当然,这不是唯一的标准,必须联系其他要求通盘考虑,才能得到更好的结论。

③ 投影变形

按照上述方法,结合所设计的区域情况及要求进行分析。考虑了几种投影方案后,再对其进行变形估算,选取变形在允许的误差范围内的某种投影。变形估算不要求精度很高,可采用每一种投影的变形近似式进行计算,或从已有的投影变形表中直接查得。已知几种投影方案的变形概值后即可进行比较,从而能确定本区域采用哪一种投影。

④ 计算方法

在雷达数据处理系统中,坐标变换是由计算机实时完成的。因此,要求所选择的地图投影公式必须做到计算方法简单,易于编程。

以上的简短说明,并未能将雷达数据处理系统中影响投影选择的所有问题都谈到,但根据这些原则进行选择,也就基本上有所依据了。总之,投影选择是一项科学研究工作,必须精通地图投影的原理和十分熟悉雷达网数据处理系统使用的要求,才能选择出适合的地图投影。

(2) 地理坐标与投影平面极坐标的相互转换

① 正变换 $(\lambda, \varphi) \rightarrow (\rho, \delta)$

由上述可知,选择的地图投影方法不同,投影公式也不同。所以,下面仅以等角正轴圆锥投影公式为例进行说明。

根据前面的介绍,等角正轴圆锥投影公式为

$$\begin{cases} \rho = \dfrac{C}{u^{\alpha}} \\ \delta = \alpha(\lambda - \lambda_0) \end{cases} \tag{5-54}$$

式中：$\alpha=\dfrac{\lg r_1-\lg r_2}{\lg u_2-\lg u_1}$，$C=\dfrac{r_1 u_1^a}{\alpha}=\dfrac{r_2 u_2^a}{\alpha}$，$r=\dfrac{a\cos\varphi}{(1-e^2\sin^2\varphi)^{\frac{1}{2}}}$，$u=\tan\left(45°+\dfrac{\varphi}{2}\right)\cdot$

$\left(\dfrac{1-e\sin\varphi}{1+e\sin\varphi}\right)^{\frac{e}{2}}$，$e^2=\dfrac{a^2-b^2}{a^2}$，$a$ 为椭球体的长半径，b 为椭球体的短半径。

当数据处理区域确定后，利用式(5-54)进行正变换时，可将求得的 C、α 两个常数代入。例如，设信息处理区域为东经 $109°\sim119°$，北纬 $33°\sim41°$；标准纬线 $\varphi_1=35°$，$\varphi_2=39°$，则可得 $C=12842545.912511$，$\alpha=0.60193940938242$，代入式(5-54)得

$$\begin{cases}\rho=\dfrac{12842545.912511}{u^{0.60193940938242}}\\\delta=0.60193940938242\Delta\lambda\end{cases}\tag{5-55}$$

② 逆变换 $(\rho,\delta)\to(\lambda,\varphi)$

根据式(5-54)容易求得经度，但纬度却不易直接得到，因为该式是一个超越方程，由它直接求解纬度 φ 是很困难的，一种可用的方法是牛顿迭代法[40]，于是可得

$$\begin{cases}\lambda=\dfrac{\delta}{\alpha}+\lambda_0\\\varphi=\varphi_q+B_2\sin2\varphi_q+B_4\sin4\varphi_q+B_6\sin6\varphi_q+B_8\sin8\varphi_q\end{cases}\tag{5-56}$$

式中：

$$\varphi_q=2\arctan e^q-\dfrac{\pi}{2},\quad e=2.718281828459,\quad q=\dfrac{\ln C-\ln\rho}{\alpha}$$

$$B_2=33560.695588\times10^{-7},\quad B_4=65.700353\times10^{-7}$$

$$B_6=0.176121\times10^{-7},\quad B_8=0.608\times10^{-10}$$

（3）投影平面极坐标与投影平面直角坐标的相互转换

① 正变换 $(\rho,\delta)\to(X,Y)$

$$\begin{cases}X=\rho\sin\delta\\Y=\rho_0-\rho\cos\delta\end{cases}\tag{5-57}$$

式中，ρ_0 是直角坐标原点的投影半径。若坐标原点为 (λ_0,φ_0)，则

$$\rho_0=\dfrac{12842545.912511}{u_0^{0.60193940938242}}\tag{5-58}$$

② 逆变换 $(X,Y)\to(\rho,\delta)$

由式(5-57)可得

$$\begin{cases}\rho=\sqrt{X^2+(\rho_0-Y)^2}\\\delta=\arctan\left(\dfrac{X}{\rho_0-Y}\right)\end{cases}\tag{5-59}$$

4. 地理坐标与地心直角坐标的相互转换

（1）地理坐标→地心直角坐标

设任一目标点 P 在地心直角坐标系中的坐标为 $(X_{地},Y_{地},Z_{地})$，其地理坐标的经纬度及高度值表示为 (λ,φ,H)，则这两种坐标的换算关系为

$$\begin{cases} X = (N+H)\cos\varphi\cos\lambda \\ Y = (N+H)\cos\varphi\sin\lambda \\ Z = [N(1-e^2)+H]\sin\varphi \end{cases} \tag{5-60}$$

式中,N 为椭球体的卯酉圈曲率半径,e 为椭球体的第一偏心率,其值应使用相应的地球参数来计算,反过来转换时也一样。

（2）地心直角坐标→地理坐标

① 迭代公式

$$\begin{cases} \lambda = \arctan(Y/X) \\ \varphi_{k+1} = \arctan[(Z+N_k e^2\sin\varphi_k)/\sqrt{X^2+Y^2}], \quad \varphi_0 = \arctan(Z/\sqrt{X^2+Y^2}) \\ H = (\sqrt{X^2+Y^2}/\cos\varphi) - N \quad (|\varphi| \leqslant \pi/4) \\ H = Z/\sin\varphi + N(e^2-1) \quad （其他情况） \end{cases} \tag{5-61}$$

计算大地纬度 φ 时,需用迭代法。由于 e^2 远小于 1,所以收敛很快[13][41]。

② 直接解算公式

为了避免迭代计算,纬度 φ 也可采用下列直接计算公式[13][41][42],即

$$\tan\varphi = \tan\varphi_0 + A_1 e^2 \{1 + 0.5 e^2 [A_2 + 0.25 e^2 (A_3 + 0.5 A_4 e^2)]\} \tag{5-62}$$

式中

$$\begin{cases} \varphi_0 = \arctan(Z/\sqrt{X^2+Y^2}) \\ R' = \sqrt{X^2+Y^2+Z^2} \\ A_1 = (a/R')\tan\varphi_0 \\ A_2 = \sin^2\varphi_0 + 2(a/R')\cos^2\varphi_0 \\ A_3 = 3\sin^4\varphi_0 + 16(a/R')\sin^2\varphi_0\cos^2\varphi_0 + 4(a/R')^2\cos^2\varphi_0(2-5\sin^2\varphi_0) \\ A_4 = 5\sin^6\varphi_0 + 48(a/R')\sin^4\varphi_0\cos^2\varphi_0 \\ \qquad + 20(a/R')^2\sin^2\varphi_0\cos^2\varphi_0(4-7\sin^2\varphi_0) \\ \qquad + 16(a/R')^3\cos^2\varphi_0(1-7\sin^2\varphi_0+8\sin^4\varphi_0) \end{cases} \tag{5-63}$$

其中,a 为椭球体的长半径。

5. 雷达站平面极坐标到统一直角坐标的转换

一般情况下,对于两坐标雷达而言,雷达站送出的目标坐标,是以雷达为极点的平面极坐标数据,即距离 r 和方位 φ;而信息处理中心却采用直角坐标,即以某一点为原点把整个信息处理区域内每一点表示成 (X, Y) 坐标。为此,必须将每个雷达站送来的极坐标（或直角坐标）变换为信息处理中心的直角坐标,即变换为统一直角坐标,信息处理中心才能进行进一步处理。统一直角坐标与雷达站极坐标间的关系如图 5-29 所示。

（1）转换步骤

步骤 1:雷达站极坐标变换为直角坐标。

如图 5-30 所示,以点 O（雷达站基点）为原点,OY 为极轴,并且基点 O 与直角坐标系原点重合。

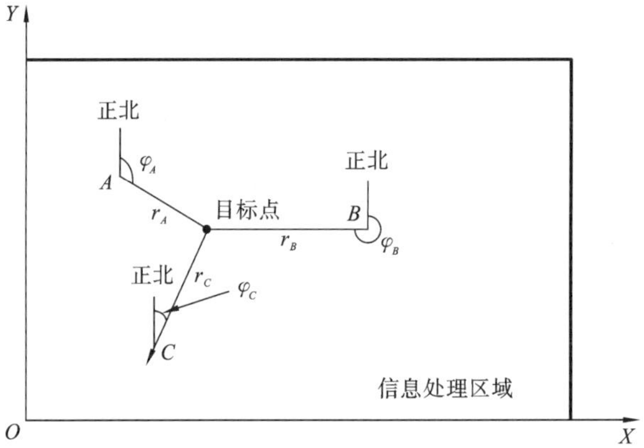

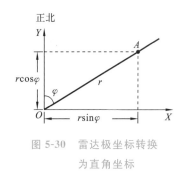

图 5-29　统一直角坐标同雷达站极坐标间的关系

若目标 A 被雷达发现的斜距为 r，以正北基准的方位为 φ，则根据三角关系化成直角坐标为

$$\begin{cases} X = r\sin\varphi \\ Y = r\cos\varphi \end{cases} \tag{5-64}$$

图 5-30　雷达极坐标转换
为直角坐标

步骤 2：目标斜距修正。

从式（5-64）可以看出，由雷达站极坐标直接求得的 X、Y 坐标，是由目标的斜距 r 和方位角 φ 求得的，没有考虑目标的高度 H。因此，X、Y 坐标并不是真正的目标平面坐标。若把目标斜距 r 当成水平距离 D，则会引起 X、Y 偏大的误差。这样，两个雷达站测得的同一架飞机的平面航迹点就不能重合，而是分开 $\Delta_1 + \Delta_2$ 距离，如图 5-31 所示。

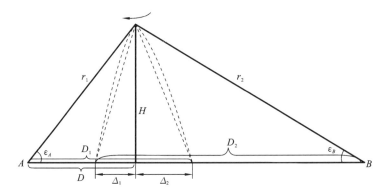

图 5-31　两个雷达站测量同一架飞机需要斜矩修正

若目标高度为 H，水平距离为 D，斜距为 r，根据勾股定理可得

$$\begin{cases} D^2 = r^2 - H^2 \\ \dfrac{D}{r} = \sqrt{1 - \dfrac{H^2}{r^2}} \end{cases} \tag{5-65}$$

式(5-65)是斜距应当缩小的倍数。由于这一斜距修正一般是在信息处理中心进行的,因此直接求得的雷达站直角坐标(X,Y)应按式(5-65)缩小D/r倍,即

$$\begin{cases} X' = X\dfrac{D}{r} = X\sqrt{1 - \dfrac{H^2}{X^2 + Y^2}} \\ Y' = Y\dfrac{D}{r} = Y\sqrt{1 - \dfrac{H^2}{X^2 + Y^2}} \end{cases} \tag{5-66}$$

步骤 3:雷达站直角坐标变换为统一直角坐标。

若直接将斜距修正后的各雷达站的目标点在信息处理中心综合显示器上显示出来,则会产生严重的混乱现象,同一架飞机可能会被显示成几批。这是由于信息处理中心与各雷达站的直角坐标系的原点不在同一点的缘故。为了使一架飞机只显示一条航迹,必须进行各雷达站的直角坐标与统一直角坐标的变换。由于各雷达站的直角坐标系和信息处理中心的统一直角坐标系同在一个平面上,因此这一变换是二维变换。二维坐标变换包括旋转和平移两个基本步骤。

① 旋转

假如把雷达站的直角坐标系$X'O'Y'$与信息处理中心的统一直角坐标系XOY相重叠,其结果如图 5-32 所示。

在雷达站$X'O'Y'$坐标系内平行于OX,OY坐标轴用虚线作一辅助坐标系$X''O'Y''$,使$X'O'Y'$坐标系旋转到$X''O'Y''$坐标系,根据目标的(X',Y')坐标得出目标点(X'',Y'')坐标:

$$\begin{cases} X'' = X'\cos\delta_i - Y'\sin\delta_i \\ Y'' = X'\sin\delta_i + Y'\cos\delta_i \end{cases} \tag{5-67}$$

式中,旋转角δ_i是$X'O'Y'$坐标系相对XOY坐标系的旋转角。

请思考:为什么会有这个旋转角δ_i? 如何运用前面所学知识求解?

实际上,根据雷达站直角坐标和统一直角坐标的定义及投影公式,旋转角δ_i可按式(5-68)计算:

$$\delta_i = \alpha\Delta\lambda_i = \alpha(\lambda_i - \lambda_0) \tag{5-68}$$

式中,α为投影参数,应根据具体投影方式求得;λ_i为该雷达站所在的经度值;λ_0为统一直角坐标原点所在的经度值。

② 平移

平移就是将图 5-32 中的辅助坐标系$X''O'Y''$从该坐标系原点移至XOY坐标系的原点,如图 5-33 所示。

A 点统一坐标是

$$\begin{cases} X_{统一} = X'' + X_i \\ Y_{统一} = Y'' + Y_i \end{cases} \tag{5-69}$$

将式(5-67)代入式(5-69),得

$$\begin{cases} X_{统一} = X'\cos\delta_i - Y'\sin\delta_i + X_i \\ Y_{统一} = X'\sin\delta_i + Y'\cos\delta_i + Y_i \end{cases} \tag{5-70}$$

式中，X_i，Y_i 是雷达站直角坐标系原点相对于统一直角坐标系的平移值。

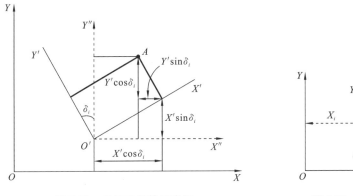

图 5-32　坐标系旋转示意图

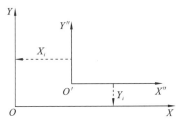

图 5-33　坐标系平移示意图

由于雷达站的基点一般是固定的，相对于统一直角坐标原点的平移值为一常数。该常数可根据雷达站基点的地理坐标 (λ_i, φ_i)，用前面介绍的地理坐标转换为统一直角坐标的计算方法求得。需要注意的是，随各雷达站基点不同，其平移值也各不相同。

（2）举例

例 5.2　已知雷达站 A 的地理坐标为 $\lambda_A = 121°$，$\varphi_A = 30°$，信息处理中心位于 $\lambda_0 = 120°$，$\varphi_0 = 28°$，投影方式采用双标准纬线等角正轴圆锥投影，两条标准纬线分别为 $\varphi_1 = 25°$，$\varphi_2 = 32°$，在这种投影下可求得投影参数 $\alpha = 0.477462168$，雷达站在统一直角坐标系下的坐标为 $(96.340\ \text{km}, 221.685\ \text{km})$。今有 A 站在 t_1 时刻测得目标的平面极坐标 $P_A(120°, 150\ \text{km})$，高度 $H = 5000\ \text{m}$，请将其转换为统一直角坐标。

分析可知，运用式（5-64）、式（5-66）、式（5-68）、式（5-70）即可完成转换。

解　运用式（5-64）可得

$$\begin{cases} X = r\sin\varphi = 120 \times \sin 150° = 60.000\ (\text{km}) \\ Y = r\cos\varphi = 120 \times \cos 150° = -103.923\ (\text{km}) \end{cases}$$

运用式（5-66）可得

$$\begin{cases} X' = X\dfrac{D}{r} = X\sqrt{1 - \dfrac{H^2}{r^2}} = 60 \times \sqrt{1 - \dfrac{5^2}{120^2}} = 59.948\ (\text{km}) \\ Y' = Y\dfrac{D}{r} = Y\sqrt{1 - \dfrac{H^2}{r^2}} = -103.923 \times \sqrt{1 - \dfrac{5^2}{120^2}} = -103.833\ (\text{km}) \end{cases}$$

运用式（5-68）可得

$$\begin{aligned} \delta_i &= \alpha\Delta\lambda_i = \alpha(\lambda_i - \lambda_0) = 0.477462168 \times (121° - 120°) \times \pi/180° \\ &= 0.008333287\ (\text{rad}) \end{aligned}$$

运用式（5-70）可得

$$\begin{cases} X_{\text{统一}} = X'\cos\delta_i - Y'\sin\delta_i + X_i = 157.151\ (\text{km}) \\ Y_{\text{统一}} = X'\sin\delta_i + Y'\cos\delta_i + Y_i = 118.362\ (\text{km}) \end{cases}$$

至此，转换完毕。

▓▌ 6. 雷达站空间极坐标转化为统一直角坐标

（1）从雷达站极坐标到雷达站直角坐标的转换

空间点 P 在两坐标系中存在的几何关系如图 5-34 所示。

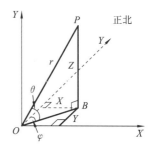

把目标点 P 在空间极坐标系中的位置记为 (r, φ, θ)，若在直角坐标系中的坐标位置为 (X, Y, Z)，则雷达站极坐标系与直角坐标系之间的变换关系为

$$\text{正变换：}\begin{cases} X = r\cos\theta\sin\varphi \\ Y = r\cos\theta\cos\varphi \\ Z = r\sin\theta \end{cases} \qquad (5\text{-}71)$$

图 5-34　极坐标与直角坐标关系示意图

$$\text{逆变换：}\begin{cases} r = \sqrt{X^2 + Y^2 + Z^2} \\ \varphi = \arctan(X/Y) \\ \theta = \arcsin(Z/r) \end{cases} \qquad (5\text{-}72)$$

（2）雷达站直角坐标转换到地心直角坐标

要进行雷达站直角坐标到地心直角坐标的转换，必须知道雷达站所在位置的地理坐标 $(\lambda_{站}, \varphi_{站}, H_{站})$ 及其对应的地心直角坐标 $(X_{站}, Y_{站}, Z_{站})$，其中地理坐标通过大地测量获得，地心直角坐标可以由地理坐标变换得出。

若已知雷达站测量的目标坐标 (X, Y, Z)，则该目标的地心直角坐标 $(X_{地}, Y_{地}, Z_{地})$ 为

$$\begin{bmatrix} X_{地} \\ Y_{地} \\ Z_{地} \end{bmatrix} = \begin{bmatrix} -\sin\lambda_{站} & -\sin\varphi_{站}\cos\lambda_{站} & \cos\varphi_{站}\cos\lambda_{站} \\ \cos\lambda_{站} & -\sin\varphi_{站}\sin\lambda_{站} & \cos\varphi_{站}\sin\lambda_{站} \\ 0 & \cos\varphi_{站} & \sin\varphi_{站} \end{bmatrix} \begin{bmatrix} X \\ Y \\ Z \end{bmatrix} + \begin{bmatrix} X_{站} \\ Y_{站} \\ Z_{站} \end{bmatrix} \qquad (5\text{-}73)$$

上式矩阵为正交阵，其逆矩阵与转置矩阵相同。

（3）地心直角坐标转换到统一直角坐标

若已知目标的地心直角坐标为 $(X_{地}, Y_{地}, Z_{地})$，统一直角坐标系原点所在地理位置的地理坐标 $(\lambda_0, \varphi_0, H_0)$ 及其对应的地心直角坐标 (X_0, Y_0, Z_0)，则目标在统一直角坐标系下的直角坐标 $(X_{统一}, Y_{统一}, Z_{统一})$ 为

$$\begin{bmatrix} X_{统一} \\ Y_{统一} \\ Z_{统一} \end{bmatrix} = \begin{bmatrix} -\sin\lambda_0 & \cos\lambda_0 & 0 \\ -\sin\varphi_0\cos\lambda_0 & -\sin\varphi_0\sin\lambda_0 & \cos\varphi_0 \\ \cos\varphi_0\cos\lambda_0 & \cos\varphi_0\sin\lambda_0 & \sin\varphi_0 \end{bmatrix} \begin{bmatrix} X_{地} - X_0 \\ Y_{地} - Y_0 \\ Z_{地} - Z_0 \end{bmatrix} \qquad (5\text{-}74)$$

前面讲过，统一直角坐标系除坐标原点与雷达站直角坐标不同外，其坐标轴的定义与雷达站直角坐标系相同。这样，有了式（5-73）和式（5-74），就可以实现雷达站极坐标与统一直角坐标之间的相互转换。若再加上地理坐标与地心直角坐标的转换公式，就可以实现各种坐标之间的相互转换。这种利用地心直角坐标系作为中间坐标系的坐标变换体系可适合全球范围，而且精度很高，计算相对复杂，但对现代计算机的运算能力来说，计算速度完全满足实际系统的需要。

5.5 实验：坐标变换

1. 实验内容

已知雷达站所在位置的地理坐标经度、纬度和高度分别为 112.31°、30.12°、2000 m；处理中心（也就是统一直角坐标原点）所在位置的地理坐标经度、纬度和高度分别为 113.58°、30.47° 和 3000 m；地球椭球体参数：长半轴为 6378137.006 m、短半轴为 6356752.314 m。要求通过坐标转换将各雷达站探测的关于目标的极坐标转换为处理中心的统一直角坐标。

2. 程序代码

%RAEtoXYZ 为目标极坐标转化为站直角坐标的函数；

%LBHtoWGS 为地理坐标转化为地心直角坐标的函数；

%zbzh 和 zbzh1 都为主函数，zbzh 直接运行出结果，zbzh1 需要从 command 窗口输入参数才能运行出结果。

%程序最后输出实验过程中的各个变换数据用胞元保存，并通过 disp 函数以工整的格式显示出来。

```
format long
%地球椭圆参数：长半轴、短半轴
a=6378137.006;b=6356752.314;
%雷达站经度、纬度和高度
lz=112.31;bz=30.12;hz=2000;
%处理中心经度、纬度和高度；
lx=113.58;bx=30.47;hx=3000
%从窗口输入目标测量极坐标
R=input('输入雷达测量目标极坐标距离:');
A=input('输入雷达测量目标极坐标方位角:');
E=input('输入雷达测量目标极坐标俯仰角:');
R=30000;A=92.45;E=23.16;

%从窗口输入雷达站的地理坐标
lz=input('输入雷达站经度:');
bz=input('输入雷达站纬度:');
hz=input('输入雷达站高度:');
lz=112.31;bz=30.12;hz=2000;

%从窗口输入处理中心统一直角坐标原点的地理坐标
```

```
%lx=input('输入处理中心经度：');
%bx=input('输入处理中心纬度：');
%hx=input('输入处理中心高度：');
lx=113.58;bx=30.47;hx=3000;
bao{1,1}='坐标名称';
bao{1,2}='距离';
bao{1,3}='方位角        ';
bao{1,4}='俯仰角        ';
bao{2,1}='站心地平极坐标';
bao{2,2}=R;
bao{2,3}=A;
bao{2,4}=E;


%将目标极坐标数据存入胞元
bao1{1,1}='坐标名称';
bao1{1,2}='经度        ';
bao1{1,3}='纬度        ';
bao1{1,4}='高度';
bao1{2,1}='站地理坐标';
bao1{2,2}=lz;
bao1{2,3}=bz;
bao1{2,4}=hz;
bao1{3,1}='中心地理坐标';
bao1{3,2}=lx;
bao1{3,3}=bx;
bao1{3,4}=hx;
%将站和中心地理坐标信息存入胞元
[X,Y,Z]=RAEtoXYZ(R,A,E);
%将目标极坐标变换为目标直角坐标
[X1,Y1,Z1]=LBHtoWGS(lz,bz,hz);
%将雷达站的地理坐标转换为雷达站地心直角坐标
lz=lz/180*pi;
bz=bz/180*pi;
a=[-sin(lz),-sin(bz)*cos(lz),cos(bz)*cos(lz);cos(lz),-sin(bz)*sin(lz),cos(bz)
*sin(lz);0,cos(bz),sin(bz)];
%目标直角坐标到目标地心直角坐标转换矩阵
b=[X;Y;Z];%目标直角坐标
c=[X1;Y1;Z1];%雷达站地心直角坐标
d=a*b+c;%求出目标的地心直角坐标
[X2,Y2,Z2]=LBHtoWGS(lx,bx,hx);


%将统一原点的地理坐标转换为统一原点的地心直角坐标
lx=lx/180*pi;bx=bx/180*pi;
a1=[-sin(lx),cos(lx),0;-sin(bx)*cos(lx),-sin(bx)*sin(lx),cos(bx);cos(bx)*cos
```

```
(lx),cos(bx)*sin(lx),sin(bx)];
%目标地心直角坐标到统一直角坐标转换矩阵
b1=[d(1,1)-X2;d(2,1)-Y2;d(3,1)-Z2];
%目标地心直角坐标和统一原点地心直角坐标差值
d1=a1*b1;
bao2{1,1}='坐标名称';
bao2{1,2}='            X          ';
bao2{1,3}='            Y          ';
bao2{1,4}='            Z          ';
bao2{2,1}='雷达站地心直角坐标';
bao2{2,2}=X1;
bao2{2,3}=Y1;
bao2{2,4}=Z1;
bao2{3,1}='中心地心直角坐标';
bao2{3,2}=X2;
bao2{3,3}=Y2;
bao2{3,4}=Z2;
bao2{4,1}='目标站直角坐标';
bao2{4,2}=X;
bao2{4,3}=Y;
bao2{4,4}=Z;
bao2{5,1}='目标地心直角坐标';
bao2{5,2}=d(1,1);
bao2{5,3}=d(2,1);
bao2{5,4}=d(3,1);
bao2{6,1}='目标统一直角坐标';
bao2{6,2}=d1(1,1);
bao2{6,3}=d1(2,1);
bao2{6,4}=d1(3,1);
%将转换各步骤直角坐标存入胞元
disp(bao)
disp(bao1)
disp(bao2)
%显示各胞元中存储的坐标用于分析
```

5.6　小　结

　　由于各雷达都是在自己的时间和空间系统内进行测量,再加上各种误差,单雷达信息汇集到雷达网信息处理中心后,不能直接使用,需要首先进行预处理。本章首先讨论了雷达网信息预处理中的雷达信息格式及格式排错方法,接着讨论了系统误差产生的原因及主要配准方法、时间统一中的时间基准统一和航迹点时间统一方法,最后重点讨论了预处理中空间统一涉及的常用坐标系,在此基础上,详细讨论了这些常用坐标系之间的转换方法。主要内容及要求如下:

(1) 雷达信息格式是指雷达信息中各项数据的组合和排列格式,是上级为实现各单位信息的传递和交流而制定的一种协议。信息格式排错主要是检查输入信息报文的格式是否正确,若报文格式不符合规定,就将这份报文作为"废报"加以排除。要求了解雷达航迹格式包含的主要信息要素及信息格式的排错方法。

(2) 系统误差也称配准误差,是由测量环境、天线、伺服系统、数据采集过程中的非校准因素等引起的一种确定性的误差,无法通过滤波方法去除,需要事先根据各个雷达站的数据进行估计,再对各自目标航迹进行误差补偿。应了解系统误差的产生原因及雷达天线对准正北方向偏差的校正方法。

(3) 在雷达网信息系统中,首先是单个雷达在各自的时间和空间系统内进行测量,然后将各雷达的测量结果处理到同一时刻和同一坐标系,这样才可能计算出目标的正确状态。实际系统中,由于每部雷达的开机时间、数据传播的延迟和采样周期的不统一等原因,通过数据录取器所录取的目标测量数据通常并不是同一时刻的。时间误差对测量的距离数据和距离变化率数据都会带来大的影响,所以必须把这些观测数据进行时间统一。掌握航迹点时间统一的基本方法。

(4) 由于雷达网在雷达信息的获取、传递、处理、显示和分发过程中,采用不同的坐标系,所以必须进行不同坐标系之间的坐标转换,即把不同地点的各个雷达站送来的数据的坐标原点的位置、坐标轴的方向等进行统一,从而将多个雷达的测量数据纳入一个统一的参考框架中,为雷达网信息处理的后期工作做铺垫。理解需要空间统一的原因。

(5) 在雷达网中,根据坐标系原点的不同,可把坐标系分成地心坐标系和站心坐标系。站心坐标系是以地面上基点(观测站)为原点的一种坐标系,常用的有站心地平极坐标系和站心地平直角坐标系。地心坐标系以地球质心为原点,是全球统一的坐标系,常用的有地心地理坐标系和地心直角坐标系。另外,还有以地心地理坐标系为基础表示一定区域的方格坐标系。站心极坐标系包括平面极坐标系和空间极坐标系,是单部雷达在测量时使用的测量坐标系;站心地平直角坐标系是在进行信息综合处理时使用的计算坐标系;地心地理坐标系是在地球表面建立的一种以地球北极或南极为极点,以经线和纬线为坐标线的坐标系,当雷达将探测到的目标信息上报时,目标的位置信息常用地理坐标表示。要求理解这些坐标系的表示方法,知道其使用场合。

(6) 九九九方格坐标系是一种按地球球面经纬度分区的坐标系,主要用来标示和通报目标位置。方格坐标系与地理坐标系联系最为紧密,可以相互转换,地理坐标系是方格坐标系与统一直角坐标系相互转换的一座桥梁。要求理解方格坐标系的表示方法,知道其使用场合,掌握方格坐标系与地理坐标系的相互转换方法。

(7) 地心地理坐标可以与投影平面直角坐标相互转换,也可以与地心直角坐标相互转换。地心地理坐标与地心直角坐标的相互转换适用于范围较大的区域,而且精度很高,但计算相对复杂。要求掌握它们之间的相互转换方法,能编程实现所学方法。

（8）雷达站极坐标到统一直角坐标的转换有两种，一种是基于投影的雷达站平面极坐标到统一直角坐标的转换，其转换步骤为雷达站极坐标变换为雷达站直角坐标、目标斜距修正、旋转和平移变换为统一直角坐标；另一种是基于地心直角坐标的雷达站空间极坐标到统一直角坐标的转换，其转换步骤为雷达站极坐标转换为雷达站直角坐标、雷达站直角坐标转换到地心直角坐标、地心直角坐标转换到统一直角坐标。应重点掌握转换步骤及应用。

习　题

1. 雷达航迹信息一般都包括哪些要素？

2. 简述信息格式排错的基本方法。

3. 为什么要进行误差配准？系统误差的产生原因主要有哪些？

4. 简述雷达天线对准正北方向的偏差的校正方法。

5. 雷达网信息系统中，为什么要进行时间统一处理？

6. 简述至少一种航迹点时间统一的方法。

7. 雷达网信息系统中，为什么需要空间统一？

8. 在雷达网信息系统中，常用的坐标系有哪几种？各用于什么场合？

9. 雷达站极坐标系是如何定义的？

10. 雷达站直角坐标系是如何定义的？

11. 地心直角坐标系和地心地理坐标系分别是如何定义的？

12. 若纬度为 φ，写出 M、N、r 及赤道至此纬线的经线弧长的计算公式。

13. 方格坐标系是如何定义的？

14. 说明方格坐标的编码规则。

15. 如何判别大方格编码的跳变？大方格之间的间隔如何计算？

16. 方格坐标是如何加、解密的？

17. 设有一目标的方格坐标为 $FEmnp = 1005235$，统一直角坐标原点为 $F_0 = 20$，$E_0 = 98$，$\lambda_0 = 100°$，$\varphi_0 = 30°$。求目标的地理坐标，假定起始编码 $F_z = 85$，$E_z = 86$。

18. 已知雷达网信息系统的统一直角坐标系原点地理坐标 $\lambda_0 = 118°$，$\varphi_0 = 40°$，以 $41° - 41°30'$，$113° - 114°$ 的大方格为 $FE = 0000$，大方格的加密密码 $A = 10$，$B = -15$，区域的最左边 $\lambda_W = 105°$，最右边 $\lambda_E = 130°$，最上边 $\varphi_N = 50°$，最下边 $\varphi_S = 30°$。

（1）试求输入目标点 $F'E'mnp = 1581248$ 对应的地理坐标 (λ, φ)；

（2）试求输入目标点 $F'E'mnp = 3095136$ 对应的地理坐标 (λ, φ)。

19. 前提条件如题 18 所述，试求 $(\lambda, \varphi) = (119, 38)$ 对应的加密方格坐标 $F'E'mnp$？

20. 采用地图投影的目的是什么？

21. 为什么在地图投影的过程中会产生投影变形，投影变形有哪几种？

22. 什么是正轴圆锥投影？

23. 什么是等距离正轴圆锥投影？请写出该投影用到的所有公式。

24. 什么是等角正轴圆锥投影？写出双标准纬线等角正轴圆锥投影用到的所有公式，并说明其变形分布规律。

25. 地图投影选择的原则有哪些？

26. 我国的国土防空中，雷达网信息系统中坐标变换所采用的地图投影，你认什么地图投影适合？请叙述理由。

27. 设雷达网信息系统的统一直角坐标系原点地理坐标 $\lambda_0 = 118°$，$\varphi_0 = 40°$，若投影采用双标准纬线等角正轴圆锥投影，两条标准纬线分别选取 $\varphi_1 = 35°$，$\varphi_2 = 45°$。试求输入目标点 $(\lambda, \varphi) = (109.574, 38.917)$ 对应的直角坐标 (X, Y)。

28. 对第 27 题进行反变换。

29. 画出从雷达站平面极坐标变换到统一平面直角坐标的流程框图，并注明所采用的公式。

30. 写出第 29 题中反变换所采用的公式。

31. 设雷达站 A 的地理坐标为 $\lambda_A = 112°$，$\varphi_A = 30°$，雷达站 B 的地理坐标为 $\lambda_B = 115°$，$\varphi_B = 32°$，信息处理中心位于 $\lambda_0 = 114°$，$\varphi_0 = 33°$，今有 A 站在 t_1 时刻测得目标的平面极坐标 $P_A(120 \text{ km}, 150°)$，$H = 5000 \text{ m}$，B 站在 t_1 时刻测得目标的平面极坐标 $P_B(330 \text{ km}, 200°)$，$H = 5000 \text{ m}$，试问这两个目标点有没有关系？

假定 1：投影方式采用双标准纬线（$\varphi_1 = 28°$，$\varphi_2 = 35°$）等角正轴圆锥投影，在这种投影下，可求得投影参数 $\alpha \approx 0.5228304355$，雷达站 A 的统一直角坐标为 $(-192.67 \text{ km}, -330.30 \text{ km})$，雷达站 B 的统一直角坐标为 $(94.32 \text{ km}, -110.28 \text{ km})$；

假定 2：由于雷达测量引起的误差和计算引起的误差及其他误差，累计不会大于 5 km。

第6章

雷达网集中式信息处理

雷达网集中式信息处理方法,即多雷达目标状态估计融合,其本质就是多雷达目标跟踪技术,这种处理方式能提高对低可观测目标、机动目标等的跟踪性能。本章首先详细介绍雷达网集中式信息处理的流程,其次阐述平均处理周期、多雷达点迹合并等问题,然后重点介绍多雷达目标跟踪滤波,最后讨论处理中涉及的数据编排问题。

6.1 处理流程

雷达网集中式信息处理系统中,各雷达的所有量测数据(点迹)都被直接传送到处理中心,通过融合跟踪处理形成统一的系统航迹,因而可以称为目标跟踪融合系统,工程上也称为点迹融合系统。因此,雷达网集中式信息处理的模式决定了其特有的优点:一是所有数据在同一个地方处理,由来自几个雷达观测点迹组成的目标航迹通常比单部雷达收到的点迹数据建立的航迹更加准确,将产生更精确的跟踪,也就是说,目标跟踪融合应该产生更少的错误互联;二是通过直接处理雷达点迹,可以避免关联和融合分布式中的局部航迹时所遇到的困难;三是所有观测点迹都传送到中心处理器的方法特别易于采用多假设多目标跟踪理论。正是由于这些优点使目标跟踪融合系统在实际应用中成为一种重要的选择。

集中式信息处理系统要处理由不同精度和非均匀数据率的雷达所提供的点迹。接收到的每个点迹与系统航迹进行关联,并外推出点迹的时间。每个目标的系统航迹是由滤波器提供的,它能考虑到不同的点迹精度和非均匀数据率。图 6-1 给出了雷达网集中式信息处理系统的处理流程。它以不同的坐标参考系完成关联、多雷达滤波和航迹起始三大处理功能。具体说来,点迹-航迹关联通常是在提供点迹的雷达的本站参考坐标系中进行;而其他两项功能则在处理中心的公共坐标参考系中进行。因此,需要进行三次坐标转换。

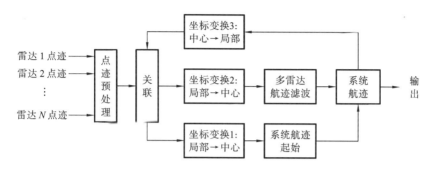

图 6-1　雷达网集中式信息处理系统的处理流程

情报信息综合处理,要遵循情报信息的流转关系,并确保各环节有序、合理、优化、高效地运行,才能实现综合处理的整体最优。

1. 关联

关联的目的是为了去除掉杂波、干扰和飞点等。一部雷达可能在 1 个扫描周期有几十甚至几百个点迹。雷达每次送来的点迹本身是孤立的,它可能是已经被跟踪目标的后续点,也可能是干扰引起,或者是刚刚被发现的目标。所以录取下来的点迹送到融合系统以后,首先要判断它是上述三种情况中的哪一种。如果是属于已经建立航迹的目标新点迹,还要进一步确定它是属于哪一个目标的,即与哪个目标互联;如果是新的目标点迹,确认以后要建立航迹;如果断定是干扰,则应予撤销。这都需要进行数据互联。

这里的关联,也称点迹-航迹相关,是判断来自雷达的点迹(包括杂波和虚警)与现有多雷达系统航迹(即已经确认的目标航迹)是否关联,即是否为现有目标的新点,其目的在于对系统已有航迹进行保持或对状态进行更新。要判断各个雷达送来的点迹,哪些是已有航迹的延续点迹,哪些是新航迹的起始点迹,哪些是由杂波剩余或干扰产生的假点迹。根据给定的准则,把延续点迹与系统已有航迹连起来,使航迹得到延续,并用滤波值取代预测值,实现状态更新。经若干周期之后,那些没有连上的点迹,有一些是由杂波剩余或干扰产生的假点迹,由于没有后续点迹,就变成了孤立点迹,也按一定的准则被剔除。具体关联流程如图 6-2 所示。

由于关联判断是在各雷达坐标系中进行的,因此,要在判断之前将系统航迹变换到各雷达的站坐标系。

点迹-航迹相关判断的方法是采用波门技术,落入波门的点迹才可能被确认为当前多雷达系统航迹的新点迹。但在多目标情况下,有可能出现单个点迹落入多个波门的相交区域内,或者出现多个点迹落入单个目标的相关波门内,此时就会涉及复杂的数据互联问题。单雷达的数据互联(点迹-航迹相关)技术都可以应用到集中式多雷达跟踪系统的数据互联(点迹-航迹相关)步骤中,在第 2 章中有详细的介绍。

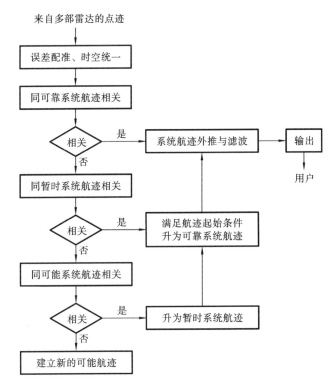

图 6-2 雷达网集中式信息处理关联流程

2. 坐标变换

集中式信息处理系统中,需要三次坐标变换。

(1)坐标变换 1:从局部(雷达站)到中心(处理中心)的坐标变换。主要对未能与现有系统航迹实现关联的局部点迹(包括杂波与虚警)进行坐标变换,将来自不同雷达点迹的坐标从各雷达站坐标系变换到处理中心坐标系,实现坐标统一,以便于航迹起始处理。

(2)坐标变换 2:从局部到中心的坐标变换。主要是将已经与系统航迹实现关联的雷达点迹,变换到处理中心坐标系,以实现对系统航迹的跟踪滤波。

(3)坐标变换 3:从中心到局部的坐标变换。为了判断点迹是否与现有系统航迹关联,需要根据产生点迹的雷达不同位置,将系统航迹坐标从处理中心坐标系变换到对应的雷达站(局部)坐标系,以利于实现局部点迹与系统航迹的关联判断(点-航关联)。

坐标变换的具体实现方法已经在第 5 章中详细介绍,这里不再赘述。

3. 系统航迹起始

在雷达网集中式信息处理系统中,航迹起始(track initiation)是指从目标进入雷达网威力区(并被检测到)到建立该目标航迹的过程。如果航迹起始不正确,则无法实现对目标的跟踪。

对于在数据互联中未能与现有系统航迹关联的点迹,可能是新目标,也可能是杂波或虚警。如果是新目标,则需要起始一条新的多雷达系统航迹;如果是杂波或虚警,则要去除。为此,需要将这些点迹输入到航迹起始模块,通过航迹起始处理(点迹与点迹关联判断),对新目标生成新的系统航迹,并且去除杂波和虚警。

雷达网集中式信息处理系统中,系统航迹起始首先把来自多部雷达的与现有系统航迹没有关联上的那些点迹合并在一起,形成单个点迹文件,即进行多雷达目标点迹合并处理(见本章 6.4 节),然后对这个文件的所有点迹进行航迹起始过程。

航迹起始可由人工处理或数据处理器按航迹起始逻辑自动实现。自动航迹起始的目的是在目标进入雷达网威力区后,能立即建立起目标的航迹文件。另一方面,还要防止由于存在不可避免的虚假点迹而建立起假航迹。所以,航迹起始方法应该在快速起始航迹的能力与防止产生假航迹的能力之间达到最佳的折中。

航迹起始的基本流程是:在每个第一批点迹周围形成起始波门,波门大小由目标可能速度、录取周期和观测精度决定,第二批点迹落入起始波门的认为是同一目标,外推形成预测波门。若起始波门内落入多个点迹,则形成分支,待后续点迹的到来再进行鉴别,错误的航迹会很快被删除。

雷达网集中式信息处理中的系统航迹起始,可以使用单雷达航迹起始技术,单雷达航迹起始技术在第 2 章中有详细的介绍。

▮▮ 4. 多雷达目标跟踪滤波

对于经点迹-航迹相关判定为与现有多雷达系统航迹配对的点迹,经过坐标变换到处理中心坐标系后,将被用来对对应目标系统航迹进行状态更新,以实现对目标的持续跟踪,而系统航迹状态更新采用的具体方法就是航迹滤波。由于在雷达网集中式信息处理系统中,目标系统航迹状态更新时采用了来自多个雷达的点迹,因此也叫目标融合跟踪。

目标融合跟踪中的滤波是指对来自不同雷达关于同一目标的点迹进行处理,以获得较准确的目标航迹,使航迹更加接近目标的真实轨迹,以便保持对目标现时状态的估计,其作用是维持正确的航迹。

在雷达网集中式信息处理系统中,既考虑了多雷达量测值的融合,又考虑了单雷达多次量测点迹的融合,二者皆是通过融合计算(如加权平均的方法),用其融合结果来表示目标的真实位置。由于考虑了多雷达量测和多时刻量测点迹,因而可以大大减少当前的观测误差。

由于多雷达目标跟踪滤波同时考虑多部雷达点迹,其实现方法与单雷达滤波有所不同,具体实现方法见本章 6.4 节。

6.2　平均处理周期

在雷达网系统中,组网雷达的天线转速不尽相同,其开机时间、雷达天线初始指向也各不相同,因而处理中心收到的同一目标点迹数据间隔不等,且每次都不一样。点迹-航迹数据也是无规则地出现在不同的方位扇区里。在数据融合处理中,点迹数据按被检测时间顺序进行处理,而系统航迹的更新涉及相邻的方位扇区,所以为了准确地完成点迹-航迹关联任务,就必须要计算出下次可能与航迹关联上的点迹出现的时刻,以便预测航迹在此时刻的状态,从而确定航迹在此时刻所在的扇区,为点迹-航迹关联做准备。

设一个雷达网系统中共有 N 部雷达,第 i 部雷达的探测周期为 T_i,则系统平均探测周期为

$$T = \left(\sum_{i=1}^{N} \frac{1}{T_i} \right)^{-1} \tag{6-1}$$

通过对式(6-1)的简单推理可以知道:在雷达网系统中,为提高雷达网的数据率,应尽量避免数据率高的雷达与数据率低的雷达组网,下面的仿真结果说明了这一点。

表 6-1 所示为三部相同数据率雷达组网仿真试验的结果,它说明三部天线转速相等的雷达共同探测交叠区域目标的仿真试验情况,通过控制三部雷达的天线初始位置使交叠区域获得近似均匀的照射,点迹数近似等于航迹更新数,资源得到较为合理的应用。航迹更新时间近似等于系统平均处理周期。

表 6-1　三部相同数据率雷达组网仿真试验结果

	雷达 1	雷达 2	雷达 3	点迹融合中心
雷达位置(经纬度)	(116.336°,31.902°)	(117.736°,32.684°)	(117.717°,31.103°)	(118.387°,31.308°)
天线转速	6 转/分钟	6 转/分钟	6 转/分钟	
首点发现时间	00:00:00(点迹)	00:00:06(点迹)	00:00:09(点迹)	00:00:06(点迹)
最后一次状态更新时间	00:11:52(点迹)	00:11:44(点迹)	00:11:50(点迹)	00:11:53(点迹)
探测次数	72(点迹)	71(点迹)	71(点迹)	209(点迹)
平均更新时间	10 s(点迹)	10 s(点迹)	10 s(点迹)	3.33 s(点迹)

表 6-2 所示为三部不同数据率雷达组网仿真试验的结果,它说明三部天线转速不相等的雷达共同探测交叠区域目标的仿真情况。此时探测点迹数与航迹更新数差距较大,点迹数据用做航迹更新的概率在下降。系统平均处理周期反映了雷达网系统航迹状态平均的更新周期,与雷达布站、雷达天线的扫描周期及初始位置和融合系统设计等都有密切关系。

表 6-2　三部不同数据率雷达组网仿真试验结果

	雷达 1	雷达 2	雷达 3	点迹融合中心
雷达位置(经纬度)	(116.336°,31.902°)	(117.736°,32.684°)	(117.717°,31.103°)	(118.387°,31.308°)
天线转速	6 转/分钟	4 转/分钟	3 转/分钟	
首点发现时间	00:00:00(点迹)	00:00:11(点迹)	00:00:17(点迹)	00:00:11(点迹)
最后一次状态更新时间	00:12:22(点迹)	00:12:21(点迹)	00:12:25(点迹)	00:12:26(点迹)
探测次数	74(点迹)	50(点迹)	37(点迹)	138(点迹)
平均更新时间	10 s(点迹)	15 s(点迹)	20 s(点迹)	5.26 s(点迹)

6.3　多雷达目标点迹串行合并

在雷达网集中式信息处理系统中,为了进行多雷达航迹起始,需要把来自多部雷达的,且与系统航迹没有关联上的那些点迹合并在一起,即点迹串行合并,从而形成单个点迹文件。

这里的点迹合并即是对目标点迹数据串行处理,是将多雷达目标点迹数据组合成类似单雷达目标点迹数据用于航迹起始。目标点迹数据串行处理方法在实际中有着广泛的应用,也比较符合一般雷达网系统中的实际工作情况。假设两部雷达的天线转速相等,周期为 T,且天线初始位置又正好错开 $180°$,则探测交叠区域目标的点迹和点迹数据流的串行合并原理如图 6-3(以单目标为例)所示。该图中横轴代表时间,圆圈和方框表示不同雷达探测的目标点迹。

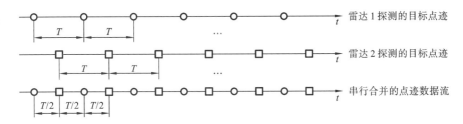

图 6-3　多雷达目标点迹串行合并示意图

从图 6-3 不难看出,目标点迹数据串行处理方法的一个显著特点是合成后的数据率加大,这意味着跟踪精度得以提高,连续性更好,尤其是在目标发生机动的情况下。另外,由于数据率提高,使航迹起始速度加快,并易于跟踪。

令 Z_{1i} 和 Z_{2i} 分别表示与多雷达系统航迹没有关联上的在第 i 个扫描周期由雷达 1 和雷达 2 送来的点迹,然后将式(6-2)的两个点迹文件

$$\{Z_{11}, Z_{12}, \cdots, Z_{1n}\} \text{和} \{Z_{21}, Z_{22}, \cdots, Z_{2n}\} \tag{6-2}$$

合并得到式(6-3)所示的点迹文件

$$\{Z_{11}, Z_{21}, Z_{12}, Z_{22}, \cdots, Z_{1n}, Z_{2n}\} \tag{6-3}$$

并用这个合并的点迹文件进行航迹起始,如图 6-4 所示。

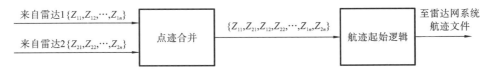

图 6-4　雷达网集中式信息处理系统的航迹起始

169

6.4 多雷达目标跟踪滤波

当来自各雷达的点迹与处理中心的系统航迹关联后，接着就需要使用这些关联上的点迹对配对的系统航迹进行状态更新，实际上就是在处理中心进行多雷达目标航迹滤波，或者说状态估计。

假设由 N 部雷达组成雷达网，雷达网中所有的量测数据都被直接传送到融合中心来形成统一的系统航迹。由 4.5 节可知，这种集中式雷达网的结构决定了其特有的优点：所有的数据在处理中心统一处理，由来自几个雷达量测组成的目标航迹应该比基于单个雷达收到的部分数据建立的航迹更准确。

根据第 3 章的知识，我们知道，在离散化状态方程的基础上，目标运动规律可表示为

$$X(k+1)=F(k)X(k)+V(k) \tag{6-4}$$

式中，$X(k)\in\mathbf{R}^n$，是 k 时刻目标的状态向量；$V(k)\in\mathbf{R}^n$，是零均值白色高斯过程噪声向量；$F(k)\in\mathbf{R}^{n\cdot n}$，是状态转移矩阵。初始状态 $X(0)$ 是均值为 μ 和协方差矩阵为 P_0 的高斯随机向量，且 $\mathrm{Cov}\{X(0),V(k)\}=\mathbf{0}$。

单部雷达 i 的测量方程可表示为

$$Z_i(k+1)=H_i(k+1)X(k+1)+W_i(k+1) \tag{6-5}$$

式中，$Z_i(k+1)\in\mathbf{R}^m$，$H_i(k+1)$ 是测量矩阵，$W_i(k+1)$ 是均值为零的高斯序列，且

$$E\left\{\begin{bmatrix}V(k)\\W_i(k)\end{bmatrix}\begin{bmatrix}V(k)&W_i(k)\end{bmatrix}\right\}=\begin{bmatrix}Q(k)&0\\0&R_i(k)\end{bmatrix} \tag{6-6}$$

则 N 部雷达的伪测量矢量为

$$Z(k+1)=[Z_1(k+1),Z_2(k+1),\cdots,Z_N(k+1)]^{\mathrm{T}} \tag{6-7}$$

于是测量方程可表示为

$$Z(k+1)=H(k+1)X(k+1)+W(k+1) \tag{6-8}$$

式中

$$\begin{cases}H(k+1)=[H_1(k+1),H_2(k+1),\cdots,H_N(k+1)]^{\mathrm{T}}\\W(k+1)=[W_1(k+1),W_2(k+1),\cdots,W_N(k+1)]^{\mathrm{T}}\end{cases} \tag{6-9}$$

且

$$E\left\{\begin{bmatrix}W(k)\\V(k)\\X(0)\end{bmatrix}\begin{bmatrix}W(k)&V(k)&X(0)\end{bmatrix}\right\}=\begin{bmatrix}R(k)&0&0\\0&Q(k)&0\\0&0&P_0\end{bmatrix} \tag{6-10}$$

对于式(6-4)给出的目标状态方程和式(6-8)给出的多雷达量测方程，常见的多雷达状态融合估计算法有三种：并行滤波、序贯滤波和数据压缩滤波。

6.4.1　并行滤波

并行滤波(也叫扩维滤波法)通过增大 Kalman 滤波器量测矢量的维数,然后进行更高维的滤波处理,从而综合估计目标的状态。

根据离散 Kalman 滤波理论,则集中式雷达网融合中心状态估计方程可以写为

$$\hat{\boldsymbol{X}}(k+1|k) = \boldsymbol{F}(k)\hat{\boldsymbol{X}}(k|k) \tag{6-11}$$

$$\boldsymbol{P}(k+1|k) = \boldsymbol{F}(k)\boldsymbol{P}(k|k)\boldsymbol{F}^{\mathrm{T}}(k) + \boldsymbol{Q}(k) \tag{6-12}$$

$$
\begin{aligned}
\boldsymbol{P}(k+1|k+1)^{-1} &= \boldsymbol{P}(k+1|k)^{-1} + \boldsymbol{H}^{\mathrm{T}}(k+1)\boldsymbol{R}(k+1)^{-1}\boldsymbol{H}(k+1) \\
&= \boldsymbol{P}(k+1|k)^{-1} + \sum_{i=1}^{N}\boldsymbol{H}_i^{\mathrm{T}}(k+1)\boldsymbol{R}_i(k+1)^{-1}\boldsymbol{H}_i(k+1) \\
&= \boldsymbol{P}(k+1|k)^{-1} + \sum_{i=1}^{N}\left[\boldsymbol{P}_i(k+1|k+1)^{-1} - \boldsymbol{P}_i(k+1|k)^{-1}\right]
\end{aligned}
$$

$$\tag{6-13}$$

式中,$\boldsymbol{P}_i(k+1|k)$ 和 $\boldsymbol{P}_i(k+1|k+1)$ 为单部雷达的协方差的一步预测值和更新值,可由第 3 章讨论的方法获得。由于

$$\boldsymbol{K}(k+1) = \boldsymbol{P}(k+1|k+1)\boldsymbol{H}^{\mathrm{T}}(k+1)\boldsymbol{R}^{-1}(k+1) \tag{6-14}$$

且

$$\boldsymbol{R}^{-1}(k+1) = \mathrm{diag}\left[\boldsymbol{R}_1^{-1}(k+1), \boldsymbol{R}_2^{-1}(k+1), \cdots, \boldsymbol{R}_N^{-1}(k+1)\right] \tag{6-15}$$

所以

$$
\begin{aligned}
\boldsymbol{K}(k+1) &= \boldsymbol{P}(k+1|k+1)\left[\boldsymbol{H}_1^{\mathrm{T}}(k+1)\boldsymbol{R}_1^{-1}(k+1), \boldsymbol{H}_2^{\mathrm{T}}(k+1)\boldsymbol{R}_2^{-1}(k+1), \cdots,\right. \\
&\quad \left.\boldsymbol{H}_N^{\mathrm{T}}(k+1)\boldsymbol{R}_N^{-1}(k+1)\right]^{\mathrm{T}} \\
&= \left[\boldsymbol{K}_1(k+1), \boldsymbol{K}_2(k+1), \cdots, \boldsymbol{K}_N(k+1)\right]^{\mathrm{T}}
\end{aligned}
\tag{6-16}
$$

$$
\begin{aligned}
\hat{\boldsymbol{X}}(k+1|k+1) &= \hat{\boldsymbol{X}}(k+1|k) + \boldsymbol{K}(k+1)\left[\boldsymbol{Z}(k+1) - \boldsymbol{H}(k+1)\hat{\boldsymbol{X}}(k+1|k)\right] \\
&= \hat{\boldsymbol{X}}(k+1|k) + \sum_{i=1}^{N}\boldsymbol{K}_i(k+1)\left\{\boldsymbol{Z}_i(k+1) - \boldsymbol{H}_i(k+1)\hat{\boldsymbol{X}}(k+1|k)\right\}
\end{aligned}
$$

$$\tag{6-17}$$

由此可见,并行滤波方法对各雷达的量测方程形式没有任何要求,甚至当各雷达的量测误差相关时也能直接处理,因此在使用上最为灵活;但由于该方法引入了高维矩阵的乘法和求逆运算,因此其计算量较大。

6.4.2　序贯滤波

序贯滤波首先对其中一个雷达量测进行正常的 Kalman 滤波,再把其他雷达量测滤

波的外推时间设置为零,然后进行当前时刻目标状态的重复更新。对于 N 个不同雷达的量测集,该方法要经过 N 次递推滤波,在每次滤波过程中,滤波方程中对应的量测矩阵和量测误差协方差随着雷达的不同而自适应变化。

对于式(6-4)和式(6-8)所描述的雷达网集中式处理系统,假设已知处理中心在 k 时刻对于目标运动状态的融合估计为 $\hat{\boldsymbol{X}}(k|k)$,相应的误差协方差阵为 $\hat{\boldsymbol{P}}(k|k)$,则融合中心对于目标运动状态的一步预测为

$$\begin{cases} \hat{\boldsymbol{X}}(k+1|k) = \boldsymbol{F}(k)\hat{\boldsymbol{X}}(k|k) \\ \boldsymbol{P}(k+1|k) = \boldsymbol{F}(k)\boldsymbol{P}(k|k)\boldsymbol{F}^{\mathrm{T}}(k) + \boldsymbol{Q}(k) \end{cases} \tag{6-18}$$

由于各雷达在同一时刻的量测噪声之间互不相关,所以在融合中心可以按照雷达的序号 $1 \to N$ 对融合中心的目标运动状态估计值进行序贯更新,其中雷达 1 的量测对于融合中心状态估计值的更新为

$$\begin{cases} \hat{\boldsymbol{X}}_1(k+1|k+1) = \hat{\boldsymbol{X}}_1(k+1|k) + \boldsymbol{K}_1(k+1)[\boldsymbol{Z}_1(k+1) - \boldsymbol{H}_1(k+1)\hat{\boldsymbol{X}}_1(k+1|k)] \\ \boldsymbol{K}_1(k+1) = \boldsymbol{P}_1(k+1|k+1)\boldsymbol{H}_1^{\mathrm{T}}(k+1)\boldsymbol{R}_1^{-1}(k+1) \\ \boldsymbol{P}_1^{-1}(k+1|k+1) = \boldsymbol{P}^{-1}(k+1|k) + \boldsymbol{H}_1^{\mathrm{T}}(k+1)\boldsymbol{R}_1^{-1}(k+1)\boldsymbol{H}_1(k+1) \end{cases}$$

$$\tag{6-19}$$

传感器 $i(1 < i \leqslant N)$ 的量测对于融合中心状态估计值的更新为

$$\begin{cases} \hat{\boldsymbol{X}}_i(k+1|k+1) = \hat{\boldsymbol{X}}_{i-1}(k+1|k+1) + \boldsymbol{K}_i(k+1)[\boldsymbol{Z}_i(k+1) - \boldsymbol{H}_i(k+1)\hat{\boldsymbol{X}}_{i-1}(k+1|k+1)] \\ \boldsymbol{K}_i(k+1) = \boldsymbol{P}_i(k+1|k+1)\boldsymbol{H}_i^{\mathrm{T}}(k+1)\boldsymbol{R}_i^{-1}(k+1) \\ \boldsymbol{P}_i^{-1}(k+1|k+1) = \boldsymbol{P}_{i-1}^{-1}(k+1|k+1) + \boldsymbol{H}_i^{\mathrm{T}}(k+1)\boldsymbol{R}_i^{-1}(k+1)\boldsymbol{H}_i(k+1) \end{cases}$$

$$\tag{6-20}$$

融合中心最终的状态估计是

$$\begin{cases} \hat{\boldsymbol{X}}(k+1|k+1) = \hat{\boldsymbol{X}}_N(k+1|k+1) \\ \boldsymbol{P}(k+1|k+1) = \boldsymbol{P}_N(k+1|k+1) \end{cases} \tag{6-21}$$

序贯滤波法对各雷达的量测方程在形式上没有任何限制,但由于处理中心对每一批雷达点迹都进行一次滤波处理,当单位时间内处理中心接收的雷达量测较多时,滤波器消耗的计算资源将很大。已有文献证明,集中式序贯滤波的融合结果与集中式并行滤波的融合结果具有相同的估计精度。

6.4.3　压缩滤波

对于雷达网集中式处理系统,在雷达探测的重叠区,在一个处理周期内会有多部雷达的点迹进入处理中心,由于各部雷达扫描的不同步和存在的误差,在完成点迹-航迹关联后,会出现一条目标航迹关联多个点迹的情况。在这种情况下,一般需对数据进行数据压缩处理,即点迹合并处理,以此来提高系统的实时处理速度。然后,对处理后的数据进行滤波和更新、预测等处理。

1. 数据压缩处理

在集中式结构中，每当新的点迹同多雷达航迹相关时，滤波器都应该工作。为了减少每单位时间所需的计算量，可以对数据进行压缩。一种准最佳方法就是把来自各类雷达的点迹（在一定时间间隔内）组成一个等效的点迹 Z_e，其方差为 σ_e^2，如图 6-5 所示。如果这些点迹的时间不相同，则在进行组合之前应把它们调准到同一瞬时时间，一种可用的方法是，先将这些点迹在时间上与某一多项式拟合，然后再计算 te 时的多项式而获得等效点迹。这也叫做雷达点迹的求精合并。用这种方法，等效点迹的数据率大体保持恒定，因此可以用一般的跟踪滤波器，如 $\alpha\beta$ 滤波器或 Kalman 滤波器。

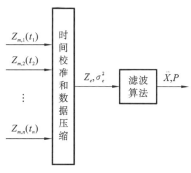

图 6-5　压缩滤波结构

目标点迹数据求精合并很适合天线一体的同步扫描雷达，如一、二次雷达的目标点迹处理；而对于非同步扫描的多雷达系统则需要在进行时间统一、雷达位置校准、探测数据的距离和方位校准之后，对目标点迹数据进行内插或外推，将异步数据转换成同步数据后进行点迹合并求精处理。

目标点迹数据求精合并可以用例子说明。假设甲、乙两部雷达对交叠区域内的某一批目标进行共同探测，恰好能够同时照射，形成的点迹数据如图 6-6 所示。

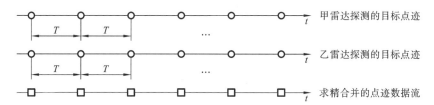

图 6-6　目标点迹数据求精合并示意图

图 6-6 中，横轴代表时间，圆圈表示雷达探测点迹，方框表示求精合并后的点迹。假设甲、乙两部雷达同时观测到目标，若测量值分别为 (r_1,θ_1) 和 (r_2,θ_2)，则求精合并后的点迹数据可按下式计算：

$$\begin{cases} \hat{r}=\dfrac{1}{\sigma_{r_1}^2+\sigma_{r_2}^2}(\sigma_{r_2}^2\,r_1+\sigma_{r_1}^2\,r_2) \\[2mm] \sigma_r^2=\left(\dfrac{1}{\sigma_{r_1}^2}+\dfrac{1}{\sigma_{r_2}^2}\right)^{-1} \end{cases} \tag{6-22}$$

$$\begin{cases} \hat{\theta}=\dfrac{1}{\sigma_{\theta_1}^2+\sigma_{\theta_2}^2}(\sigma_{\theta_2}^2\,\theta_1+\sigma_{\theta_1}^2\,\theta_2) \\[2mm] \sigma_\theta^2=\left(\dfrac{1}{\sigma_{\theta_1}^2}+\dfrac{1}{\sigma_{\theta_2}^2}\right)^{-1} \end{cases} \tag{6-23}$$

式中，$\sigma_{r_i}^2$ 和 $\sigma_{\theta_i}^2$ 分别为两部雷达的测距和测角方差，σ_r^2 和 σ_θ^2 分别为求精合并后的点迹距离和角度方差。实际工程应用中，点迹求精合并的方法可根据目标相对于照射雷达的空间分布情况进行选取，以获取更准确的求精合并后的点迹数据。从式（6-22）和式（6-23）可以看出：数据压缩的本质是各雷达的量测按精度加权，压缩后的等效量测提高了精度，即

$$\begin{cases} \sigma_r^2 \leqslant \min\{\sigma_{r_1}^2, \sigma_{r_2}^2\} \\ \sigma_\theta^2 \leqslant \min\{\sigma_{\theta_1}^2, \sigma_{\theta_2}^2\} \end{cases} \tag{6-24}$$

这里举例说明的是用两部雷达同时观测到目标，但实际上这种情况较少，一般时间上都会有错开，需要采用内插和外推方法，使目标点迹处于同一时间之后再进行求精合并，内插和外推的具体方法可参考 5.3.2 节。

推广到三部以上雷达组成的多雷达系统，假设不同雷达在同一时刻对应同一目标的量测向量分别为 $Z_1, Z_2, \cdots, Z_N$，相对应的量测误差协方差矩阵分别为 $R_1, R_2, \cdots, R_N$，则可采用如下的公式进行数据压缩：

$$Z = R\sum_{i=1}^N R_i^{-1} Z_i \tag{6-25}$$

$$R = \left[\sum_{i=1}^N R_i^{-1}\right]^{-1} \tag{6-26}$$

从式（6-25）和式（6-26）两式容易看出：估计的结果是各雷达的测量按精度加权；合并后点迹不仅提高了精度，而且也减少了运算量。

2. 压缩滤波算法

在点迹数据合并压缩后，就可以针对获得的有效点迹（伪量测）进行滤波处理。数据压缩滤波结构下，融合中心的伪量测方程一般可以表示为

$$Z(k+1) = H(k+1)X(k+1) + W(k+1) \tag{6-27}$$

式中，$Z(k+1)$ 为融合中心经过数据压缩后的式（6-25）的伪量测，$W(k+1)$ 为相应的量测误差，是一均值为零且协方差矩阵为 $R(k+1)$ 的白噪声序列（见式（6-26）），$H(k+1)$ 为相应的量测矩阵

$$H(k+1) = R\sum_{i=1}^N R_i^{-1} H_i(k+1) \tag{6-28}$$

以式（6-4）为目标运动的状态方程，以式（6-27）为多传感器的伪量测方程，则处理中心的集中式融合估计可表示为

$$\begin{cases} \hat{X}(k+1|k) = F(k)\hat{X}(k|k) \\ P(k+1|k) = H(k)P(k|k)H^T(k) + Q(k) \\ K(k+1) = P(k+1|k+1)H^T(k+1)R^{-1}(k+1) \\ \hat{X}(k+1|k+1) = \hat{X}(k+1|k) + K(k+1)[Z(k+1) - H(k+1)\hat{X}(k+1|k)] \\ P^{-1}(k+1|k+1) = P^{-1}(k+1|k) + H^T(k+1)R^{-1}(k+1)H(k+1) \end{cases} \tag{6-29}$$

6.5　数据编排

雷达数据编排实际上就是处理过程中点迹、航迹等雷达数据的存储和检索方式。在雷达网集中式融合系统中,处理模块可分为雷达数据预处理、航迹起始、关联及航迹更新滤波等四大功能模块。雷达数据的编排作为联系各大功能模块的纽带,起着至关重要的作用,它是使各个模块发挥作用的有机组织者。

在雷达网集中式处理系统中,有全区模式、扇区模式、时间模式及栅格模式等多种数据编排技术可以使用。

1. 全区模式

将整个系统视为一个整体,当雷达数据到达时,进行全局搜索,然后进行关联、更新、起始等操作,其数据编排过程见图 6-7。此模式的特点是逻辑清晰、数据结构简单,但是全局搜索计算量大、耗时,对于实时性要求高、空情复杂的融合系统不能胜任。而对于一些小型组网系统,特别是目标数量不是很多的航迹融合系统,其优势还是比较明显的。

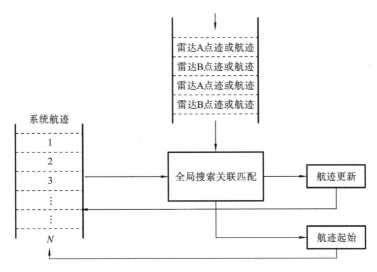

图 6-7　全区模式

2. 扇区模式

扇区模式是一种常用的数据编排方式,主要针对目前以机械扫描方式为主的警戒雷达组网。整个过程以各自雷达扇区报的推进为节拍,将雷达数据存入事先准备好的扇区结构中,假设有 A、B 两个雷达,当雷达 A 来数据时,取出雷达 A 相应扇区的融合航迹及相邻扇区的雷达数据进行关联更新或者起始,当雷达 B 来数据时,同理取出雷达 B 相应扇区的融合航迹及相邻扇区的雷达数据进行关联更新或者起始,如此循环更新即可,具体数据编排过程见图 6-8。需要注意的是,系统融合航迹需要计算不同雷达所在的扇区,这样才能保证系统航迹能关联不同雷达扇区内的雷达数据。此模式的缺点是:如果雷达数据缺少扇区报,或者不是以机械扫描方式进行的,则无法进行融合处理。

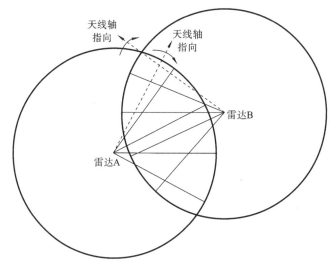

图 6-8　扇区模式

3. 时间模式

时间模式是一种按时序进行数据融合处理的数据编排方式。它根据雷达点迹到达融合中心的先后顺序进行数据编排融合处理,此方式无需了解雷达工作方式,无需雷达扇区报,适合各种体制的雷达进行组网融合。整个数据编排处理方式以时间顺序为节拍,当融合中心接收到各种雷达点迹后,建立一个以时间为顺序的点迹、航迹数据有序链表及系统融合航迹链表,随着时间的推进,从点航迹链表中取出某个时间块内的系统融合航迹及相应时间块(为保证关联的完整性,通常这个时间块比单站时间块要大一点)内的单站雷达点航迹进行航迹关联、更新或者起始,其数据编排过程见图 6-9。整个过程逻辑结构清晰,能够适应多种体制的雷达数据。特别是运用在相控阵雷达、无源雷达等体制的雷达组网系统中,其数据编排方式能够发挥出其优越性,融合系统结构清晰,维护简单。而对于普通的机械扫描雷达组网系统来说,它仍然具有很强的适应性。

4. 栅格模式

栅格模式是一种按空域划分来进行数据融合处理的数据编排方式。雷达部署后,根据威力覆盖范围将其组网空域将空间的划分,一般按照地理坐标将网格划分成 $M \times N$ 个小网格,将划分好的网格进行行列编号。整个数据编排方式以空间的覆盖为节拍来进行处理,对每个网格根据其雷达数据所在的位置进行点迹、航迹、系统融合航迹的填充,即每个网格中都存储有不同体制雷达的点迹、航迹及系统融合航迹。当融合系统开始工作时,按照顺序从网格的编号(0,0)开始遍历处理,分别进行航迹关联、更新及起始,一直到

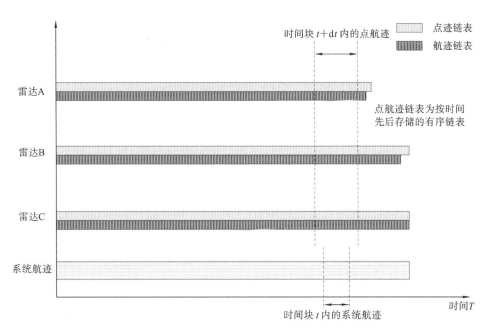

图 6-9　时间模式

编号(M,N)网格,然后再从编号$(0,0)$开始如此周而复始地进行循环处理。特别需要注意的是,在对单个网格进行处理时,考虑到多目标问题,对网格的大小划分需要仔细研究。另外在进行目标关联时,通常解决多目标问题时采用取一个格子的系统航迹与周围9 个格子的点航迹数据来同时进行处理。这一点与采用扇区融合方式的关联方式类似,其数据编排过程如图 6-10 所示。栅格模式是一种空间融合数据处理编排方式,其与时

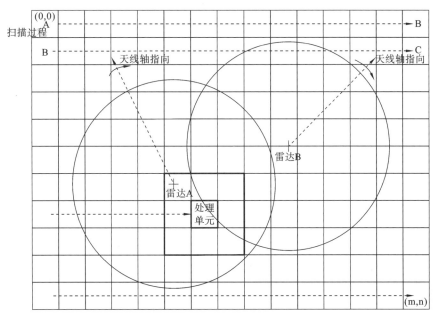

图 6-10　栅格模式

间模式类似的地方是都抛弃了扇区的概念,对雷达体制要求不高,组网适应性很强。它的优点是对于某些特定的雷达组网系统,可以按照空域的划分进行分块、分区域融合,特别是对于一些计算量比较大的融合系统,该数据编排方式能够很方便地应用于并行系统中,最大程度地利用计算机资源,大大减少了计算机系统的负担。

6.6 实验:多雷达集中式融合跟踪

1. 实验内容

假设在二维平面直角坐标系中,两部雷达均位于坐标原点(0,0),其测角、测距误差皆为1°和170 m,量测误差皆为零均值高斯分布。为了简化处理,假设目标都在雷达探测范围内。仿真1批匀速飞行目标,其初始位置随机产生,过程噪声为零均值高斯分布,方差为1。两部雷达各自对目标进行探测,输出点迹到融合中心,融合中心根据收到的两部雷达的点迹,进行点迹融合处理,生成系统航迹,融合采用基于卡尔曼的压缩滤波。

注:若采用并行滤波或序贯滤波,可以使两部雷达部署在不同位置。

2. 参考程序

```
function main()
    clear all
    close all
    clc
    targetNum=1;%假设目标数量
    radarNum=2;%假设的雷达数量
    %全局变量和结构
    global RADAR;
    RADAR=struct('location',[0 0],'disErr',0,'dirErr',0);%分别为位置、测距误差、测
                                                          角误差
    %c=235000;d=130000;a=125000;b=125000;%雷达坐标,用于并行或串行滤波
    c=0;d=0;a=0;b=0;%雷达坐标,用于压缩滤波

    %设置雷达模型参数
    U1=[a,b];U2=[c,d];%雷达位置
    %U1=[0,0];U2=[0,0];%雷达位置 为了简单起见,设雷达位于同一处,省去坐标变换
    radar1=RADAR;
    radar2=RADAR;
    radar1.location=U1;
    radar1.disErr=170;
    radar1.dirErr=pi/180;
    radar2.location=U2;
```

```matlab
radar2.disErr=170;
radar2.dirErr=pi/180;
radar=radar1;
radar=[radar,radar2];
global dot;
dot=struct('X',[0 0 0 0],'P',zeros(4,4));

%生成真实轨迹、量测点迹和滤波航迹,其中真实轨迹和滤波航迹用于后面对比显示
[localTracks,realTracks,detectedTrack]=createTracks(targetNum,radarNum);

%显示原始航迹、量测航迹、滤波航迹
figure
hold
len=length(localTracks);
%显示目标真实航迹
for j=1:targetNum
        plot(realTracks(1,:,j),realTracks(2,:,j),'r.-');%红色
        plot(realTracks(1,1,j),realTracks(2,1,j),'ro');%航迹头红色
end

%显示各雷达滤波航迹
for i=1:radarNum
    %来自第一个雷达的航迹显示为红色;来自第二个雷达的航迹显示为蓝色
    if i==1
        color='y.-';
    else
        color='k.-';
    end
    for j=1:targetNum
        dotsNum=length(localTracks(:,j,i))
        filteredTrack_x=[];
        filteredTrack_y=[];
        for k=1:dotsNum
            filteredTrack_x(k)=localTracks(k,j,i).X(1);
            filteredTrack_y(k)=localTracks(k,j,i).X(3);
        end
        plot(filteredTrack_x,filteredTrack_y,color);
    end
end
%显示雷达位置
plot(radar(1).location(1),radar(1).location(2),'b+');
plot(radar(2).location(1),radar(2).location(2),'c*');


%%%%%%%%%%%%%%%%%%%%%%%%%%%%%%%%%%%%%%%%%%%%%%%%%%%%%%
```

```
%以下代码为多雷达航迹滤波跟踪
%为简化,假设融合中心来了两个雷达的点迹,雷达假设能看见所有目标,目标起始在同一时
  刻,并假设两雷达是同步探测,已经经过点迹-航迹关联,现在仅仅解决点迹融合的问题,分
  别采用并行融合、序贯融合、压缩融合三种策略,多雷达跟踪采用标准 Kalman 滤波器
%%%%%%%%%%%%%%%%%%%%%%%%%%%%%%%%%%%%%%%%%%%


%%%%%%%%%%%%%%%%%%%%%%%%%%%%%%%%%%%%%%%%%%%
%点迹融合处理
%%%%%%%%%%%%%%%%%%%%%%%%%%%%%%%%%%%%%%%%%%%

systemTracks=dot;%用于存放系统航迹
systemDots=dot;
systemTrackNum=1;%根据题设,目前仅一个目标,故只有一条系统航迹%length(I);
for i=1:systemTrackNum
    [filteredSysTrack,filteredSysTrackErr]=multiRadarFilter(detectedTrack,radar);
end


%显示系统航迹
for j=1:systemTrackNum
    dotsNum=len(filteredSysTrack);
    for k=1:dotsNum
        systemTrack_x(k)=filteredSysTrack(1,k);
        systemTrack_y(k)=filteredSysTrack(3,k);
    end
    plot(systemTrack_x,systemTrack_y,'m');
    plot(systemTrack_x(1),systemTrack_y(1),'mo');
end
end %end main()


function [localTracks,realTracks,detectedTracks]=createTracks(targetNum,radarNum)
    %create n tracks in a rectangle
    %area 根据目标数量、雷达数量在一个矩形区域中创建 n 条航迹,并进行量测,获得量测点
      迹,输出
    n=targetNum;
    m=radarNum;

    x1=380000;y1=270000;%信息处理区域
    r1=110;r2=120;%雷达观测半径
    %r11=2;r21=2.5;%雷达盲区
    c=235000;d=130000;a=125000;b=125000;%雷达坐标

    %设置雷达模型参数
    %U1=[a,b];U2=[c,d];%雷达位置
    %global RADAR;
```

```matlab
% radar=RADAR;
% radar(1).location=U1;
% radar(1).disErr=170;
% radar(1).dirErr=pi/180;
%
% radar=[radar,radar];
% U1=[a,b];U2=[c,d];%雷达位置
U1=[0,0];U2=[0,0];%雷达位置
global RADAR;
radar1=RADAR;
radar2=RADAR;
radar1.location=U1;
radar1.disErr=170;
radar1.dirErr=pi/180;
radar2.location=U2;
radar2.disErr=170;
radar2.dirErr=pi/180;
radar=radar1;
radar=[radar,radar2];
% radarstruct('loaction',U1,'disErr',0.17,'dirErr',1/2*pi);
% radar=[radar,struct('loaction',U2,'disErr',0.17,'dirErr',1/2*pi);

% targetStartPos=rand(2,n)*[x1,y1]';%目标初始位置,在 x1,y1 空间上均匀分布
for i1=1:n
    targetStartPos(:,i1)=rand(2,1).*[x1,y1]';
end

%产生的 n 个目标真实航迹
realTrack=[];
for i=1:n
    realTrack(:,:,i)=createOneObject(targetStartPos(:,i));
end
realTracks=realTrack;
%产生两个雷达对 n 个目标进行探测,各产生 n 条量测航迹,存放在 detectedTrack 中
detectedTrack=[];
for j=1:m
    for i=1:n
        detectedTrack(:,:,i,j)=createDetectedTrack(realTrack(:,:,i),radar(j));
    end
end
detectedTracks=detectedTrack;
%各雷达对探测到目标航迹航迹进行滤波,用于比较
filteredTrack=[];
filteredTrackErr=[];
```

```
        for j=1:m
            for i=1:n
                [filteredTrack(:,:,i,j),filteredTrackErr(:,:,:,i,j)]=KalmanFilter
                (detectedTrack(:,:,i,j),radar(j));

            end
        end
    %将滤波航迹按点重新组装成报文形式
    dot=struct('X',[0 0 0 0],'P',zeros(4,4));
    radarTracks=dot;
    len=size(filteredTrack,2);
    for j=1:m
        for i=1:n
            for k=1:len
                radarTracks(k,i,j).X=filteredTrack(:,k,i,j);
                radarTracks(k,i,j).P=filteredTrackErr(:,:,k,i,j);
            end
        end
    end
    localTracks=radarTracks;


end % end createTracks()


function realTrack=createOneObject(startLocation)
    %根据状态方程,构建一个目标运动的真实轨迹
    T=4;
    F=[1 T 0 0;0 1 0 0;0 0 1 T;0 0 0 1];%状态转移矩阵
    G=[T/2 0;1 0; 0 T/2;0 1];%过程噪声分布矩阵
    q11=sqrt(15*10^-2);
    q22=sqrt(15*10^-2);
    Q=[q11 0;0 q22];
    startSpeed=rand(1)*(1200-4)+4;%随机产生的初始速度
    startDir=rand(1)*pi/2;% 随机产生的初始航向
    startSpeed_x=startSpeed*cos(startDir);
    startSpeed_y=startSpeed*sin(startDir);
    startLocation=[startLocation(1),startSpeed_x,startLocation(2),startSpeed_y]';
    location=startLocation;
    location_old=startLocation;
    trackLength=20;
    for i=1:trackLength-1
        location_new=F*location_old;% +G*(Q.*randn(2,2));
        location=[location,location_new];
        location_old=location_new;
    end
```

```
    realTrack=[location(1,:);location(3,:)];

end % end createOneObject()

function detectedTrack=createDetectedTrack(realTrack,radar)% radarLocation,sigmaRou,
sigmaSita)
    %生成量测点迹(方向、距离)
    %sigmaRou=170;sigmaSita=1;%量测误差
    trackLength=length(realTrack);
    detectedTrack=[];
    for i=1:trackLength
        rou=distance(realTrack(:,i),radar.location)+ randn(1)*radar.disErr;
        sita=getDirection(realTrack(:,i),radar.location)+ randn(1)*radar.dirErr;
        detectedTrack=[detectedTrack,[rou,sita]'];
    end
end   % end detectedTrack()

function sita=getDirection(point1,point2)
    %计算平面上两个点连线与正北之间的夹角(弧度值)
    sita=atan((point1(2)-point2(2))/(point1(1)-point2(1)));
end % end getDirection ()
function [filteredSysTrack,filteredSysTrackErr]=multiRadarFilter(detectedTrack,
radar)
    %采用压缩法进行 kalman 多雷达航迹滤波
    T=4;
    F=[1 T 0 0;0 1 0 0;0 0 1 T;0 0 0 1];       %状态转移矩阵
    G=[T/2 0;1 0; 0 T/2;0 1];                  %过程噪声分布矩阵
    H=[1 0 0 0;0 0 1 0];                       %量测矩阵

    q11=15*10^-2;
    q22=15*10^-2;
    q=[q11 0;0 q22];
    Q=G*q*G';
    sigma_rou2_1=radar.disErr^2;
    sigma_sita2_1=radar.dirErr^2;
    sigma_rou2_2=sigma_rou2_1;
    sigma_sita2_2=sigma_sita2_1;
    len=length(detectedTrack(:,:,1,1));%取点数为仿真长度

    %压缩
    comRou=(detectedTrack(1,:,1,1)*sigma_rou2_2+ detectedTrack(1,:,1,2)*sigma_
rou2_1)/(sigma_rou2_1+ sigma_rou2_2);
    comSita=(detectedTrack(2,:,1,1)*sigma_sita2_2+ detectedTrack(2,:,1,2)*sigma
_sitau2_1)/(sigma_sita2_1+ sigma_sita2_2);
```

```
%将极坐标转换为直角坐标
Z=[comRou.*cos(comSita);comRou.*sin(comSita)];

rouSita=detectedTrack;%存放原来的距离和方位值放入,用于计算矩阵A
%初始化
z1=Z(:,1);
z2=Z(:,2);
X=[z2(1) (z2(1)-z1(1))/T z2(2) (z2(2)-z1(2))/T ]';
A=[cos(rouSita(2,2)),-rouSita(1,2)*sin(rouSita(2,2));sin(rouSita(2,2)) rou-
Sita(1,2)*cos(rouSita(2,2))];
R=A*[sigma_rou2_1 0;0 sigma_sita2_1]*A';
r11=R(1,1);r12=R(1,2);r21=R(2,1);r22=R(2,2);
P=[r11 r11/T r12 r12/T;r11/T 2*r11/T^2 r12/T 2*r12/T^2;r12 r12/T r22 r22/T;r12/T
2*r12/T^2 r22/T 2*r22/T^2];%滤波协方差初始化
filteredSysTrack=X;
filteredSysTrackErr=P;
for i=3:len
    X1=F*X;
    P1=F*P*F'+Q;
    Z1=H*X1;
    A=[cos(rouSita(2,i)),-rouSita(1,i)*sin(rouSita(2,i));sin(rouSita(2,i))
rouSita(1,i)*cos(rouSita(2,i))];
    R=A*[sigma_rou2 0;0 sigma_sita2]*A';
    S=H*P1*H'+R;
    K=P1*H'/S;
    X=X1+K*((Z(:,i)-Z1));
    P=P1-K*S*K';
    filteredSysTrackErr(:,:,i-1)=P;
    filteredSysTrack(:,i-1)=X;
end
end %end multiRadarFilter()
```

6.7 小　结

　　雷达网集中式信息处理方式利用多雷达的量测点迹信息进行目标跟踪,这种处理方式能提高对低可观测目标、机动目标等的跟踪性能。本章首先讨论了雷达网集中式信息处理的目的和意义,给出了处理结构与流程,其次研究了这种处理所涉及的系统平均处理周期、多雷达点迹合并等问题,然后重点研究了集中式多雷达目标跟踪滤波技术,最后讨论雷达网集中式信息处理涉及的数据编排问题。其主要内容及要求如下:

（1）雷达网集中式信息处理也就是点迹融合处理，其处理结构中包括了点迹预处理、坐标变换、点迹-航迹关联、航迹起始与终止，以及核心的航迹融合滤波等过程模块，该处理方式比较适合于单站雷达网和规模较小的分布式雷达网。这种处理方式的优点：一是能提高目标的跟踪精度；二是能提高目标航迹起始速度；三是能提高对机动目标的跟踪能力；四是能提高对低可观测目标（小目标、隐身目标等）的探测与跟踪能力；五是能提高雷达网系统的抗干扰、抗摧毁能力等。要求掌握这种处理方式的结构及优点。

（2）在雷达网集中式信息处理系统中，涉及 3 次坐标变换，一是将系统航迹数据从处理中心坐标系变换到雷达局部坐标系，使得点迹-航迹关联能在雷达局部坐标系中进行；二是将经过确认与系统航迹关联的雷达点迹从雷达局部坐标变换到处理中心坐标系，使得多雷达目标跟踪滤波能在处理中心坐标系中进行；三是将未能与系统航迹关联的多雷达点迹从雷达局部坐标系变换到处理中心坐标系，使得多雷达航迹起始中各雷达点迹能统一到同一个坐标系下。要求理解 3 次坐标变换各自的意义。

（3）多雷达点迹数据串行合并处理主要是针对未能与系统航迹关联上的雷达点迹数据，通过该处理将多部雷达的点迹数据文件合并为单个的点迹数据文件，用于航迹起始。通过这样的合并，一是能提高目标数据率；二是能提高目标航迹起始速度，有利于对小目标、隐身目标的跟踪。要求理解串行合并的原理及意义。

（4）与系统航迹关联上的雷达点迹，要用来对系统航迹进行滤波与更新。常用的方法有三种：一是并行滤波，首先将同一个处理周期中关于同一目标的雷达点迹通过插值同步到同一时刻，再利用卡尔曼滤波方程，同时分别计算各点迹对该目标的状态估计值，最后将各个状态估计值按各自增益进行线性组合，作为最后的融合状态输出；二是序贯滤波，按顺序对关联上的每部雷达的点迹进行处理，前一部雷达点迹处理获得的目标状态估计，作为后一部雷达点迹处理的输入状态值，以此类推，最后一部雷达点迹处理状态估计值作为整个系统融合输出；三是压缩滤波，先将关联上的各雷达点迹进行求精合并，形成更加精确的有效点迹（伪量测），然后使用有效点迹目标系统航迹进行滤波处理，这种方法能缩短处理时间。要求掌握三种滤波方法的原理。

（5）数据编排是雷达网集中式处理系统雷达数据的管理问题，它是联接各个处理模块的纽带，不同的编排方式对系统的效率有较大的影响。一般有四种编排方式：全区模式，将整个系统视为一个整体，当雷达数据到达时，进行全局搜索，然后进行其他操作，此模式的优点是逻辑清晰、数据结构简单，缺点是计算量大，适合于小型组网系统；扇区模式，根据雷达扇区报文，决定搜索的区域（扇区），是常用的数据编排方式，适用以机械扫描方式为主的雷达组网系统；时间模式，根据雷达点迹到达融合中心的先后顺序，按时序进行融合处理的数据编排方式，能够适应多种体制的雷达数据；栅格模式，按空域划分来进行数据融合处理的数据编排方式，按雷达威力覆盖范围将其组网空域进行空间划分，对雷达体制要求不高，组网适应性很强，且便于并行处理。要求理解各种编排方式的基本原理和优缺点。

习　题

1. 画出雷达网集中式信息处理流程图。

2. 为什么雷达网集中式信息处理中需要进行 3 次坐标变换？

3. 雷达网集中式信息处理的航迹处理周期是如何考虑的？

4. 简述多雷达目标点迹合并的方法，有什么好处？

5. 请说出多雷达航迹并行滤波的基本思想。

6. 请说出多雷达航迹序贯滤波的基本思想。

7. 请说出多雷达航迹压缩滤波的基本原理与流程。

8. 雷达网集中式信息处理有哪几种数据编排方式？各有什么优缺点？

第7章

雷达网分布式信息处理

在雷达网分布式信息处理方式中,每部雷达独立观测目标,由于探测区域存在重叠,同一目标可能被若干部位置不同的雷达观测到,形成局部航迹。处理中心经过时空配准预处理后,需要进行进一步加工处理,以形成目标态势。本章重点介绍雷达网分布式信息处理过程中的航迹相关、航迹融合处理的方法和技术,简单介绍航迹跨区处理和航迹定时整理等其他处理。

7.1 处理流程

根据作战需要,为增加对目标的发现概率,可通过合理部署,使雷达网内各雷达的探测区域有一定的重叠,即重复覆盖。在重叠区内,同一目标可能被若干部位置不同的雷达观测到。

在集中式处理方式下,采用点迹融合跟踪处理方法,融合中心根据各雷达上报的量测数据形成航迹。这种处理模式所得到的航迹是最优的,但要求的条件很高,如雷达开关机或扫描周期必须严格同步,通信带宽很宽,处理中心处理机配置很高等。

在分布式处理方式下,各雷达的所有局部航迹(Local Track,LT)都被直接传送到处理中心,通过融合处理形成统一的系统航迹,这样的处理系统工程上也称为航迹融合系统。相对于点迹融合系统来说,它虽然有一定的信息损失,但对系统通信容量要求较小,处理中心的计算量较小,系统的可靠性较高。

雷达网分布式信息处理系统要处理由不同精度和非均匀数据率的雷达所提供的航迹。接收到的每个局部航迹完成预处理后,进行航迹的相关融合等处理。

图 7-1 给出了雷达网分布式信息处理系统的处理流程。由于各雷达都是在自己的时间和空间系统内进行测量,再加上测量误差、通信误差、计算误差等各种误差的存在,首先必须通过预处理进行时空配准,第 5 章已详细介绍了雷达网信息预处理中的格式排错、误差配准、时间和空间统一。

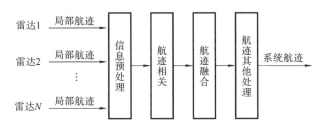

图 7-1　雷达网分布式信息处理系统的处理流程

在分布式多雷达环境下,每部雷达独立观测目标,由于探测区域存在重叠,同一目标可能被若干部位置不同的雷达观测到。在这种处理方式下,各雷达送到处理中心的局部航迹,在信息的组成中会有重复的信息,它是来自几部雷达关于同一目标的信息。因此,需要判断来自于不同雷达的多条航迹是否代表同一目标,这就是航迹与航迹关联(互联)问题,简称航迹关联或航迹相关,实际上就是解决雷达网空间覆盖区域中的重复跟踪问题,因此航迹相关也称为"判重复"。若确定得出多站上报的目标航迹来自同一目标,则称这些航迹为"重复的航迹"或"重复批航迹"。在判重复的基础上,再进行航迹的归并(融合)处理。航迹融合就是处理中心把来自不同局部航迹的状态或把局部航迹的状态与系统航迹状态关联之后,把已配对的局部航迹状态分配给对应的系统航迹,形成新的系统航迹,并计算新的系统航迹的状态估计和协方差,实现系统航迹的更新,以便得到更加精确的目标运动特性和属性信息。为了充分利用各雷达信息,避免航迹交接过程中的跳变,解决雷达网交接区的航迹平滑和连接问题,提高信息质量,还要进行航迹的跨区处理和定时整理。雷达网分布式信息处理的目的就是为了提高信息质量,并实现航迹跨责任空域的自动接替。

7.2　航迹相关处理

在一个给定的监视空域里,通常会部署多部雷达,同时发现和监视相同的目标。探测区重叠的雷达网可改善探测目标的条件,这样关于同一目标的信息可能同时来自几部雷达。在理想情况下,这些目标航迹应该相互重合。但由于存在各种误差,如雷达的探测误差、天线转动误差、通信误差、计算机处理误差等,对同一目标的观测,在处理中心的空情显示器上便会显示出相邻而又不重合的多条航迹,这容易引起空情判断的混乱。由于责任空域中的目标数是未知的,要实现数据自动融合,一个重要的问题是如何解决目标航迹的自动相关,识别出哪些雷达航迹来自相同的目标。因此在多目标的环境中,对航迹的相关(关联或分类)是雷达网分布式信息处理的重要问题之一,是基本的也是最繁重的任务。

航迹相关是解决航迹归并问题的前提,相关正确与否直接影响到归并正确与否。

在多目标、干扰、杂波、噪声和交叉、分岔航迹较多的场合下,航迹相关问题变得非常复杂。再加上雷达之间的距离或方位上的组合失配、雷达位置误差、目标高度误差和坐标转换误差等因素的影响,使航迹相关问题变得十分困难。

在人工系统中,航迹相关(判重复)是通过观察,根据航迹的相似(近)性和人的经验来判断的。在自动化处理系统中,航迹相关的方法可以分为三大类:一是基于统计理论的假设检验方法;二是基于模糊数学的模糊关联方法;三是基于欧几里得距离的判断方法。这些算法都有一个共同的假设,即:假设送至融合中心的所有状态估计都在相同的坐标系里,并且有关联的雷达是同步扫描和没有通信迟延的。但在实际应用中,雷达的工作开始时间受各自的任务、监视的区域等多种因素的控制,不可能做到所有雷达同步扫描,只能是异步工作,而且存在通信迟延。这样基于时间同步的航迹相关算法就不能直接得到应用。

对于特殊应用,为满足上面的假设,可以定义需要的坐标变换和恰当的时间校正。统一的坐标变换是容易实现的工作,时间延迟可以通过延迟修正和外推补偿,而采样与更新的不同步可通过平滑、插值及外推完成目标状态估计点的时间校准。

为了建立最佳处理运算,在工程上一般把多雷达航迹相关过程划分为粗相关、精相关和相关验证三个阶段。

7.2.1　航迹的粗相关

粗相关可以归结为估算目标航迹同一时刻的同名坐标及参数的差值,如果同名坐标及参数的差值不超过允许值(窗口宽度),那么两条航迹属于同一目标。这里所说的"同名坐标"包括目标的位置、速度、航向和高度等。

工程上一般把新来的多雷达的局部航迹与处理中心已有的系统航迹进行相关判断,即把新来的局部航迹与系统航迹进行最佳相关分组,系统航迹在这里被当成基准,并且对某部雷达来说,一条系统航迹至多只能与该雷达的一条局部航迹相关,一条局部航迹也至多只能与一条系统航迹相关。

在粗相关过程中,不仅对两批航迹的当前点坐标进行位置相关,还对它们的各项参数(速度、航向、高度等)也分别相关。如果经这些相关处理后,能满足各个相关准则的要求,就可初步判定它们是重复批,否则不是重复批。

一般情况下,通常以下列五个航迹的坐标及参数作为判定的依据:

X_i:航迹 i 的 X 坐标;

Y_i:航迹 i 的 Y 坐标；

H_i:航迹 i 的海拔高度；

V_i:航迹 i 的速度；

K_i:航迹 i 的航向。

在相关的过程中,用这五个航迹的坐标及参数的不同组合,可构成不同的相关方法。例如:用 X_i、Y_i 构成位置相关方法;用 X_i、Y_i、H_i 构成位置高度相关方法;用 X_i、Y_i、V_i 构成位置速度相关方法等。不同的相关方法,其相关的性能也各不相同。

▓ 1. 位置相关

位置相关是常用的一种相关方法。因为一般搜索雷达都可以得到目标的位置量 X、Y。若雷达站局部航迹落入某一系统航迹 X 轴上相关波门对应的范围内,又落入该系统航迹 Y 轴上相关波门对应的范围内,那么这些目标航迹就被判为同一目标,即相关目标,这种判别相关的方法称之为位置相关。位置相关示意如图 7-2 所示。

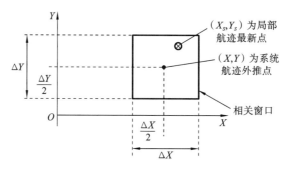

图 7-2　位置相关示意图

图中坐标点 (X,Y) 是系统航迹的外推点,(X_s,Y_s) 是雷达站局部航迹的最新点。由于系统航迹和雷达站局部航迹的最新点在时间上不同步,因此,在进行位置相关比较之前,首先将要相关比较的系统航迹坐标点 (X_L,Y_L) 外推至要进行比较的局部航迹最新坐标的检测时刻,其外推公式

$$\begin{cases} X = X_L + V_{XL}(t_S - t_L) \\ Y = Y_L + V_{YL}(t_S - t_L) \end{cases} \tag{7-1}$$

式中,(X_L,Y_L) 为系统航迹最新时刻 t_L 时的位置坐标,(V_{XL},V_{YL}) 是该时刻系统航迹速度分量。

如果目标确实是按匀速直线运动,雷达量测没有任何误差,那么 t_S 时刻,X、Y 应分别与 X_s、Y_s 完全吻合。事实上,目标严格的做匀速运动及雷达的量测无任何误差都是不可能的。因此,$X = X_s$,$Y = Y_s$ 也是不可能的。为了完成相关比较,需确定一个误差范围 ΔX 和 ΔY,若不等式

$$\begin{cases} |X - X_s| \leqslant \dfrac{\Delta X}{2} \\ |Y - Y_s| \leqslant \dfrac{\Delta Y}{2} \end{cases} \tag{7-2}$$

均得到满足,即认为相关;若不满足,则认为是不相关。ΔX 和 ΔY 称为"相关波门",也称为相关范围或窗口。$\dfrac{\Delta X}{2}$ 和 $\dfrac{\Delta Y}{2}$ 称为相关波门门限值,一般情况下,取 $\dfrac{\Delta X}{2} = \dfrac{\Delta Y}{2}$。

2. 位置高度相关

一般情况下,目标是在三维空间中运动的,所以相关波门的设置也可以是立体的,如图 7-3 所示。由系统航迹外推坐标 X、Y、Z(即 H)确定相关波门中心,当局部航迹最新量测点坐标 X_s、Y_s、Z_s 满足式(7-3)时,即为位置高度相关。若不满足,则认为不相关。

$$\begin{cases} |X - X_s| \leqslant \dfrac{\Delta X}{2} \\[2mm] |Y - Y_s| \leqslant \dfrac{\Delta Y}{2} \\[2mm] |Z - Z_s| \leqslant \dfrac{\Delta Z}{2} \end{cases} \quad (7\text{-}3)$$

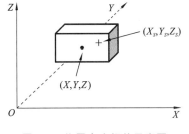

图 7-3　位置高度相关示意图

3. 位置速度相关

位置速度相关,就是在位置相关的基础上增加了速度分量的相关,若局部航迹落入某系统航迹的 X、Y、V_X、V_Y 各轴的波门范围内,就宣布实现相关。也就是说,由该系统航迹的外推点 X、Y、V_X、V_Y 确定相关波门中心,当局部航迹最新检测点坐标 X_s、Y_s、V_{XS}、V_{YS} 满足式(7-4)时,即认为相关。若不满足,则认为不相关。

$$\begin{cases} |X - X_s| \leqslant \dfrac{\Delta X}{2} \\[2mm] |Y - Y_s| \leqslant \dfrac{\Delta Y}{2} \\[2mm] |V_X - V_{XS}| \leqslant \dfrac{\Delta V_X}{2} \\[2mm] |V_Y - V_{YS}| \leqslant \dfrac{\Delta V_Y}{2} \end{cases} \quad (7\text{-}4)$$

4. 多质量因子相关

多质量因子相关,就是估算目标航迹同一时刻的若干同名坐标及参数的差值,如果某一个同名坐标或参数的差值不超过允许值,那么就给它一个相关质量因子(或相关可靠因子,用 FC 表示)值,当若干相关质量因子值的和达到一定值时,那么就认为这些目标航迹属于同一目标。下面举例介绍用这种方法进行相关的过程。

设两条航迹同一时刻的同名坐标及参数分别是:

局部航迹:X_s、Y_s、H_s、V_{XS}、V_{YS}、K_s;

系统航迹:X、Y、H、V_{XL}、V_{YL}、K。

其相关过程如下:

（1）位置速度相关

首先，用式（7-2）对两条航迹同一时刻的同名坐标(X_s,Y_s)与(X,Y)进行位置相关，若均得到满足，即为位置相关，若不满足，则为不相关。

位置相关之后，再进行速度相关，其方法可以采用式（7-4）中的后两式进行。若位置、速度相关均满足，相关质量因子 FC 为 2，否则，FC 为 0。

（2）高度相关

用不等式$|H-H_s|\leqslant\dfrac{\Delta H}{2}$对两航迹同一时刻的高度$H_s$和$H$进行相关，若不等式被满足，即为高度相关。若 FC＞0，则 FC 加 1，否则，FC 为 0。

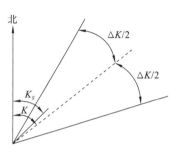

图 7-4　两条航迹航向相关波门

（3）航向相关

目标在某时刻的航向，是以该时刻目标飞行方向的方位角（正北方向为 0°）来表示的。两条航迹的航向相关，是在系统航迹掌握的一条航迹的当前航向（方位角为K）的两侧设置一个航向相关波门，波门方位宽度为ΔK，如图 7-4 所示。

只要局部航迹的当前航向（方位角为K_S）在此波门内，就认为两条航迹的航向相同，或者说是航向相关的。于是判断两条航向相关的条件为

$$|K-K_S|\leqslant\frac{\Delta K}{2} \tag{7-5}$$

任意一批目标航迹的当前航向（方位角为K）可用下式求得

$$K=\arctan\frac{X_n-X_{n-1}}{Y_n-Y_{n-1}} \tag{7-6}$$

式中，X_n、Y_n为目标当前点坐标；X_{n-1}、Y_{n-1}为前一点坐标。

在航向相关过程中，若式（7-5）被满足，即为航向相关。若 FC＞0，则 FC 加 1，否则，FC 为 0。

（4）计算相关质量因子 FC

对上述计算的 FC 值列表显示，见表 7-1。

表 7-1　新航迹相关质量因子 FC 表

相关类	相关质量因子 FC			
位置、速度	相关 FC＝2			不相关 FC＝0
高度	相关 FC＝3（＋1）		不相关 FC＝0	
航向	相关 FC＝4（＋1）	不相关 FC＝0		

从表 7-1 中可以看出，对于新航迹的相关 FC 不取负值，只要有一个条件不满足，FC 皆取 0 值，认为航迹不相关。仅当 FC＝4 时，才认为航迹相关。这也不难理解，假若两架飞机的平面位置、速度、航向均相同，但高度不同，可以认为是两个高度层上飞行的飞机。

上述例子介绍的多质量因子相关方法,并不是唯一的。因此,在采用多质量因子相关方法时要根据雷达提供的同名坐标及参数的多少,以及这些坐标和参数的准确率,确定适宜的相关类及相关质量因子和计算相关质量因子的方法。

■ 5. 相关波门宽度的选择

无论用什么方法实现目标航迹相关,都必须确定相关波门的宽度。相关波门尺寸的确定是一个有普遍意义的问题,与所用的具体相关方法无关。由上述可知,波门宽度显然跟两条航迹同一时刻的测量值之间的偏差大小有关,该偏差与目标坐标的测量误差有关。因此,要正确确定相关波门宽度,首先必须要清楚目标坐标的测量误差,具体可参考文献[3]。

在前面介绍的几种粗相关的方法中,位置相关是最基本的方法。下面以位置相关为例,介绍波门宽度的选择。

从式(7-2)可以看出,位置相关波门宽度在两个坐标轴上的大小与两条航迹在该坐标轴方向上的估计误差有关。根据误差分析可知,当波门宽度设置为两条航迹在两个坐标轴上互协方差均方根的三倍时,那么关于同一目标的两条航迹估计值差值就会以 99.7% 的概率落入波门,从而实现对目标航迹的相关判断。

波门大小不仅与目标的测量误差有关,而且还与外推计算的方法、目标机动情况、目标密度等因素有关。因此在确定波门宽度时,要综合考虑到这些因素。

从前述各相关方法的判定条件可知,相关波门开的大则容易判为相关;相关波门开的小则不易判为相关。因此,要适当选择相关波门的宽度,既要避免把不同目标的航迹判为相关,又要防止把同一目标的各条航迹判为不相关。相关波门宽度数据是可变参数,可在实践中修改。

考虑雷达的测量误差、时空统一的变换误差、目标机动造成的动态误差,以及在几个周期内可能有丢点,选取相关波门宽度一般为 10~20 km,才能保证属于同一目标的多雷达同一时刻测量同一目标的测量值几乎不会越出波门,即实现所有非错误信息正确相关。

实际上,在雷达站处只有距离误差存在,相反,当目标距离无限大时,方位误差占主要地位。因此,在两个坐标轴向上的测量误差都随目标距离增大而增大,波门宽度也必须随目标距雷达站的远近而变:当距离增大时,波门宽度增大;当距离减小时,波门宽度减小。在实际应用中,为了减少计算量,把雷达的最大探测距离分成几段,每个距离段确定一个波门宽度。在进行航迹相关时,根据目标的距离,选择对应距离段的波门宽度。例如,当雷达最大探测距离为 400 km 时,为了简便起见,把距离分成两个距离段,设 0~200 km 距离段内波门宽度为 10 km,200~400 km 距离段内波门宽度为 20 km。当雷达测得目标距离小于 200 km 时,波门宽度选用 10 km;否则,波门宽度选用 20 km。此外,当采用一种波门宽度时,可用平均波门宽度,上例中平均波门宽度为 15 km。

在稀疏目标环境下,对同一目标的两条航迹进行相关时,在相关波门内可能仅有一条系统航迹和一条单雷达航迹,相关是很简单的。但是,在稠密目标的环境条件下,即使距离、方位和高度的测量精度较高,且不考虑目标机动,相关波门宽度也高出雷达分辨力的好几倍。因此,粗相关的航迹中可能包括几个目标的航迹,可能产生模糊相关,即一条系统航迹的相关波门内可能出现多条单雷达航迹,到底该系统航迹与哪一条单雷达航迹是同一目标航迹呢? 或者一条单雷达航迹出现在多条系统航迹的波门中。那么,该单雷达航迹到底与哪一条系统航迹相关呢? 可以通过"精相关"过程来解决。

7.2.2 航迹的精相关

精相关是在对多源目标信息进行粗相关的基础上进行的。因为,当一批目标信息和系统中多批目标信息进行同名坐标的比较时,可能有若干个目标信息均满足粗相关的要求(我们称它们为一个信息组),那么该批目标信息到底属于系统中的哪一批目标信息,还必须进行进一步的处理,即精相关。对目标航迹的精相关是根据信息空间度量特征的分析实现的,不同的系统可能有不同的处理准则,但基本上是类似的。下面介绍几种可用的处理方法。

最合适的最佳相关法是最大似然法[12]。为此给出点迹的所有可能分组方案,然后用最大似然法选择分组方案。这样虽然可以得到最佳结果,但是实现起来很复杂。实际中常使用一些比较简单的方法,如最小距离法、最近邻域法和线性加权法等。最近邻域法可参考本书第 2 章。下面介绍最小距离法和线性加权法。

1. 最小距离法

最小距离法是识别模糊相关的一种较简单的方法,用于解决多个局部航迹落入同一个系统航迹波门所造成的模糊相关情况(这种情况也称为多义性问题)。

具体算法如下:

设系统航迹 i 的波门中落入雷达 j 的 $n_j(n_j \geqslant 1)$ 条局部航迹,若

$$k = \underset{1 \leqslant j_k \leqslant n_j}{\operatorname{argmin}} \| \boldsymbol{P}_{j_k} - \boldsymbol{P}_i \|^2 = \underset{1 \leqslant j_k \leqslant n_j}{\operatorname{argmin}} \sqrt{(X_{j_k} - X_i)^2 + (Y_{j_k} - Y_i)^2 + (Z_{j_k} - Z_i)^2}$$

则雷达 j 的第 k 条航迹与系统航迹 i 相关。其中,$\boldsymbol{P}_i = (X_i, Y_i, Z_i)$ 为系统航迹 i 的外推点,而 $\boldsymbol{P}_{j_k} = (X_{j_k}, Y_{j_k}, Z_{j_k})$ 为雷达 j 落入系统航迹 i 波门的第 j_k 条航迹的状态值($j_k = 1, 2, \cdots, n_j$)。

如图 7-5 所示,经过粗相关阶段,在时刻 t,系统航迹 i 的波门中落入了雷达 j 的多条局部航迹,这里假设是雷达 j 的局部航迹 $j_1 \sim j_3$,根据最小距离原理,计算 t 时刻系统航迹到这几条局部航迹之间的欧式距离,选择距离最小的局部航迹为最后相关航迹。从图中可以看出,应选择局部航迹 j_1 与系统航迹 i 相关。

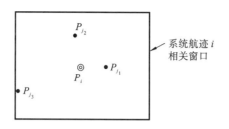

图 7-5　最小距离法示意图

▌ 2. 线性加权法

线性加权法不仅考虑目标的三维位置坐标,而且根据目标的运动特性,综合利用目标的其他运动特性参数及机型、架数等特征参数识别模糊相关。可利用的运动特性参数有目标的位置、航向、速度、高度等信息。

航迹的粗相关,利用目标的平面位置坐标、海拔高度、速度、航向等特征作为判断依据。因此,通常把目标的这些坐标及参数作为空间度量特征向量。空间目标除具有上述特征外,还具有机型、架数等特征。要判断一条局部航迹与多条系统航迹中的哪一条是同一目标,可以综合利用目标的这些特征来判断。

假设目标可由 n 个特征来描述。为了分析及识别方便,可用该 n 个特征所组成的向量 $\mathbf{Z}$ 来描述:

$$\mathbf{Z} = [Z_1, Z_2, \cdots, Z_n]^{\mathrm{T}} \tag{7-7}$$

设在相关窗口内有两条系统航迹 $\mathbf{P}_1$ 及 $\mathbf{P}_2$,其航迹的特征向量可分别表示为

$$\mathbf{Z}_i = [Z_{i1}, Z_{i2}, \cdots, Z_{in}]^{\mathrm{T}} \tag{7-8}$$

$$\mathbf{Z}_j = [Z_{j1}, Z_{j2}, \cdots, Z_{jn}]^{\mathrm{T}} \tag{7-9}$$

相关窗内待识别的局部航迹为 $\mathbf{P}$,其特征向量表示为

$$\mathbf{Z} = [Z_1, Z_2, \cdots, Z_n]^{\mathrm{T}} \tag{7-10}$$

$\mathbf{V}_i$ 和 $\mathbf{V}_j$ 分别定义为局部航迹 $\mathbf{P}$ 的特征向量 $\mathbf{Z}$ 与系统航迹 $\mathbf{P}_i$ 及 $\mathbf{P}_j$ 的特征向量 $\mathbf{Z}_i$ 和 $\mathbf{Z}_j$ 之间的差值,即

$$\mathbf{V}_i = |\mathbf{Z} - \mathbf{Z}_i| = [V_{i1}, V_{i2}, \cdots, V_{in}]^{\mathrm{T}} \tag{7-11}$$

$$\mathbf{V}_j = |\mathbf{Z} - \mathbf{Z}_j| = [V_{j1}, V_{j2}, \cdots, V_{jn}]^{\mathrm{T}} \tag{7-12}$$

为了识别局部航迹 $\mathbf{P}$ 和哪一条系统航迹是属于同一目标,给出判断函数:

$$G_i(V) = \frac{V_{i1}}{w_1} + \frac{V_{i2}}{w_2} + \cdots + \frac{V_{in}}{w_n} = \sum_{k=1}^{n} \frac{V_{ik}}{w_k} \tag{7-13}$$

式中,w_k 为权系数,权系数的取值与目标当时的运动特性有关,需根据目标机动情况、雷达探测精度等因素确定。由于在模糊相关处理过程中,使用的是"最靠近准则",因此加权因子用 w_k 的倒数表示,对于识别航迹有不同影响的特征向量,可以有不同的加权因子。最终选择最小的 $G_i(V)$ 对应的系统航迹与局部航迹 $\mathbf{P}$ 相关。对于利用线性加权法进行多条系统航迹的识别,可按照此基本方法去推理。

7.2.3 航迹的相关验证

多站目标数据处理中最复杂的问题,也就是多站目标航迹的跟踪问题。当目标航线交叉或目标编队飞行时,由于目标之间距离很近,除了会发生模糊相关外,还会发生如图7-6所示的情况。

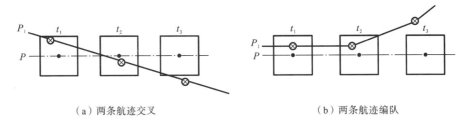

（a）两条航迹交叉　　　　　　　　　　　（b）两条航迹编队

图7-6　两条航迹不是同一目标的情况

图中 P 是掌握的系统航迹, P_1 是雷达站在 t_1 时刻发现的新航迹。从图中可以看出,若仅仅依据两条航迹在某一时刻的一个当前点（或某几个时刻的几个当前点）能满足各条相关准则的要求就确认为同一目标的航迹,就会发生航迹组合的错误,即把不是同一目标的两条航迹确认为同一目标航迹。因此,在航迹的相关过程中,除必须进行航迹的相关处理外,还必须进行航迹的相关验证。

航迹的相关验证,是指对满足相关准则要求的多条航迹继续进行相关处理,验证系统航迹是否由这条或这几条航迹创建。若在验证过程中出现后续点不能满足一定准则要求的情况,则取消相关（即不再认为两条航迹是同一目标的航迹）。航迹的相关验证,对于不同的系统可能有不同的处理准则和处理方法。下面介绍几种常用的处理方法。

1. 相关质量计数法

相关质量计数法是航迹相关验证最简单的一种方法。为了进行相关验证,为每条航迹设置一个能指示航迹点相关情况的标志,称相关质量标志。这些标志随同目标航迹的其他数据一起,构成目标数据块存入计算机中,并不断对其更新。最简单的相关质量标志是在该数据块中指定若干位作为相关质量计数器。

计数时可规定,当两条航迹经粗、精相关处理后确认为同一目标时,就给计数器加2;以后每判定两条航迹的同一时刻当前点相关时,就给计数器加1,分数累计到4时,为航迹相关质量的最高分数,以后两条航迹相关时计数器的分数保持4不变;如果两条航迹不相关,要在计数器的分数中减去1,当计数器分数减至0时,则不再认为该两条航迹是同一目标。

按照上述积分规则,在两条航迹粗、精相关的条件下,若以后接着两次航迹不相关,则将撤销两条航迹相关;当以后接着一次航迹相关,相关质量积分增加到 3 时,若接着三次航迹不相关,则将撤销相关;当以后接着两次航迹相关,相关质量积分增加到 4 时,若接着四次航迹不相关,也将撤销相关。

综上可知,这种航迹相关验证方法是非常简单的,在计算机中很容易实现。可根据雷达信息质量的不同,制定出不同的计数规则。

2. 滑窗计数法

滑窗计数法是在每　条多雷达航迹数据块中设置一个滑窗检测器和一个航迹延伸的相关计数器,如图 7-7 所示。

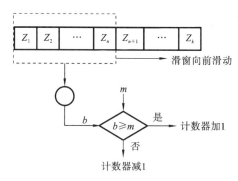

图 7-7　滑窗计数法相关验证

这个窗口中的 n 次相关信息按照这样的规则更新:每当两条航迹相关一次,它就抛掉一位最老的相关信息,以便接纳本次新的相关信息,当本次航迹相关时,相应的新的相关信息位为"1",否则为"0"。这样,窗口中实际上保留着前 $n-1$ 个航迹点的相关信息,并且当两条航迹 n 次不相关时,窗口中基本是"0",当 n 次连续相关时,窗口中基本上是"1"。可以想象,这个滑动窗随雷达航迹点的移动而同步滑动,每来一个新航迹点,滑窗就滑动一步。航迹延伸的相关计数器用来对滑窗相关情况进行计数,计数规则与相关质量计数法基本相同,其不同点是,每当滑窗中两条航迹的相关信息满足 m/n 准则时,计数器加 1,否则减 1。

在使用这种方法时,要周密确定滑窗的相关准则和计数准则,如果确定得不合适,那么会影响两条不是同一目标航迹的撤销速度。

3. 相关状态转移法

相关状态转移法是一种比较复杂的航迹相关验证的处理方法,它不但考虑了正常相关情况和不相关情况,而且还考虑了模糊相关的情况,并把航迹相关质量分成若干个等级,再按不同的相关情况进行转移。具体可参考文献[3]或[13]。

4. 动态多因子航迹相关验证法

前面介绍的几种航迹相关验证方法,是以两条航迹各个当前点相关情况是否满足相关的准则为条件进行的,并未考虑在每一次具体的相关过程中,两条航迹的各相关因素的相关情况。这样容易造成因一些偶然因素，使本是同一目标的两条航迹，在相关验证过程中被撤销相关。动态多因子航迹相关验证法可以克服上述几种方法在这方面的不足，它既考虑到每次相关的情况，又考虑到各次相关过程中各相关分量的相关情况。具体可参考文献[3]或[13]。

7.3　航迹融合处理

在完成航迹相关以后，为了获得更加精确、更加连续和更加平滑的目标航迹，处理中心要进行航迹融合，即将属于同一目标的航迹进行归并。对重复批航迹有两种归并处理方法：一是选主站综合方法；二是多雷达数据融合方法。这两种方法都是在判重复的基础上进行的。

选主站综合方法是在重复批中，选取最精确、最连续的航迹作为主批航迹（上报该批的雷达站即为"主站"），将主批航迹作为系统航迹予以保留，其余的重复批作为"辅批"，并将其显示的航迹消隐（但其航迹数据仍保留在计算机内存中）。使用此种方法时，应充分考虑雷达的性能特点和雷达站作战人员的水平，选择最优航迹，并根据情况的变化及时进行补替。

选主站综合方法是一种传统的方法，前一时期装备的雷达网信息系统普遍使用这种方法，它的缺点是在系统航迹中只用了主批航迹的信息，其他重复批（辅批）航迹的航迹信息只在判重复时使用，而在系统航迹中却没有利用。主批航迹代表的系统航迹并不一定最精确地接近真实目标轨迹。

多雷达数据融合方法是将所有重复批航迹在某一时刻的点迹数据，用一种数学运算的方法得到一个融合处理后的航迹点，用这个"算出"的航迹点作为系统航迹的航迹点，从而获得系统航迹。它充分利用了各重复批航迹的信息，从理论上说，更加接近目标的真实轨迹。当前，这种方法在雷达网分布式信息处理系统中普遍应用，而选主站综合方法一般是当各雷达站目标航迹的质量有较大误差时，作为一种备份手段使用的。其实，选主站是多雷达数据融合的特例，即认为主站上报的航迹的权值为1，其余的为0。

多雷达数据融合是以雷达航迹为基础的。只有各雷达的跟踪器对目标形成稳定的跟踪之后，才能够把它们的状态送给数据融合中心，以便对各雷达送来的航迹进行航迹融合。航迹融合就是处理中心把来自不同局部航迹的状态或把局部航迹的状态与系统航迹状态关联之后，把已配对的局部航迹状态分配给对应的系统航迹，形成新的系统航迹，并计算新的系统航迹的状态估计和协方差，实现系统航迹的更新。即把这些航迹中具有相关性的不同雷达的航迹进行融合，以便得到更加精确的目标运动特性和属性信息。多雷达数据融合充分利用多部雷达的探测信息，而不只利用一部雷达的信息。

根据雷达网信息处理流程，目标航迹融合是在航迹相关之后进行的。在分布式雷达网系统中，各雷达根据对目标的测量数据，形成雷达目标航迹（称为局部航迹），多部雷达形成的雷达航迹送到融合中心。由于可能产生属于相同目标的雷达航迹,融合中心在航迹更新时,必须对所有的雷达航迹进行分组,将源于相同目标的雷达航迹相关在一个组中,即每一组雷达航迹对应一个真实的目标。为了充分利用各雷达的信息,得到更加精确、准确和连续的高质量目标航迹,避免航迹交接过程中的跳变,需将多部雷达的目标航迹在某种准则下进行融合,得到更加精确和连续的航迹。

7.3.1　航迹融合结构

航迹融合有两种结构:一种是局部航迹与系统航迹融合的结构;另一种是局部航迹与局部航迹融合的结构,或称传感器航迹与传感器航迹融合的结构。

1. 局部航迹与系统航迹的融合

局部航迹与系统航迹融合的信息流程见图 7-8。

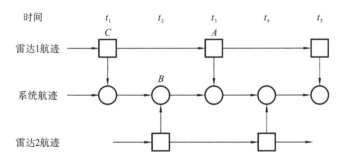

图 7-8　局部航迹与系统航迹的融合

不管什么时候,只要融合中心节点收到一组局部航迹,融合算法就把前一时刻的系统航迹的状态外推到接收局部航迹的时刻,并与新收到的局部航迹进行融合,得到当前的系统航迹的状态估计,形成系统航迹。当收到另一组局部航迹时,重复以上过程。然而,在对局部航迹与系统航迹进行融合时,必须面对相关估计误差的问题。由图 7-8 可以看出,在 A 点的局部航迹与在 B 点的系统航迹存在相关误差,因为它们都与 C 点的信息有关。实际上,在系统航迹中的任何误差,由于过去的关联或融合处理误差,都会影响未来的融合性能。这时必须采用去相关算法,将相关误差消除。

2. 局部航迹与局部航迹的融合

局部航迹与局部航迹融合的信息流程见图 7-9。

图中虚线方框表示雷达局部航迹外推点,由左到右表示时间前进的方向,与系统航迹相关的不同雷达的局部航迹在公共时间上在融合节点融合形成系统航迹的新点。由

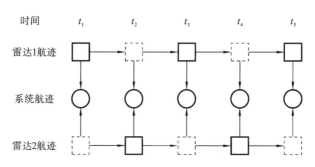

图 7-9　局部航迹与局部航迹的融合

图 7-9 可以看出,这种融合结构在航迹融合的过程中并没有利用前一时刻的系统航迹的状态估计。这种结构不涉及相关估计误差的问题,因为它基本上是一个无存储运算,航迹估计误差并不由一个时刻传送到下一个时刻。这种方法运算简单,不考虑信息去相关的问题,但由于没有利用系统航迹融合结果的先验信息,其性能可能不如局部航迹与系统航迹融合的结构。

7.3.2　航迹融合算法

1. 简单平均法

航迹相关的结果可得每个目标的一组信息,它们由同一目标的重复批构成,最终的综合航迹点应当是由这组信息的当前点形成,通常是一个用统计平均分量表示的综合点。有不少求平均的方法,下面说明几个。

（1）加权平均法

加权平均法考虑每个信息源的加权系数,公式为

$$\bar{x} = \sum_{i=1}^{m} \frac{\delta_{x_i}}{\sum\limits_{i=1}^{m}\delta_{x_i}} x_i, \quad \bar{y} = \sum_{i}^{m} \frac{\delta_{y_i}}{\sum\limits_{i=1}^{m}\delta_{y_i}} y_i, \quad \bar{z} = \sum_{i=1}^{m} \frac{\delta_{z_i}}{\sum\limits_{i=1}^{m}\delta_{z_i}} z_i \tag{7-14}$$

式中:所选的权系数 δ_i 与第 i 部雷达站的坐标测量方差成反比,即 $\delta_{x_i}=1/\sigma_{x_i}^2$, $\delta_{y_i}=1/\sigma_{y_i}^2$, $\delta_{z_i}=1/\sigma_{z_i}^2$; $\bar{x}$、$\bar{y}$、$\bar{z}$ 为坐标平均值;m 为雷达数量。

加权平均法使算法复杂化,因此,只有当信息源的精度不相等时才使用。如果各信息源的精度特性一样,则它们的权近似相等,式(7-14)变成了数学平均形式:

$$\bar{x} = \frac{1}{m}\sum_{i=1}^{m} x_i \tag{7-15}$$

这时综合坐标的均方误差是单个点误差的 $\dfrac{1}{\sqrt{m}}$ 倍,即

$$\delta_x = \frac{\delta_{x_i}}{\sqrt{m}} \tag{7-16}$$

（2）根据权系数选最好点

有时为简化算法，放弃详细的计算，而使用选择最好点的方法，即从组中选择一个点，而放弃其他点。当然，这种方法给出的是粗略的结果，因为没有平均的过程，所以误差值也没减小。但当信息源中有一个的精度比其他好时，就选这个信息源为主站，其测量的点就认为是最好的点，这种方法还是合适的。当一个信息源的权系数比其他的大得多时，对应式（7-14），有

$$\bar{x} = \frac{\sum_{i=1}^{m} x_i \delta_i}{\sum_{i=1}^{m} \delta_i} \approx x_1, \quad \delta_1 \gg \delta_i \tag{7-17}$$

（3）根据信息到来时间选最好点

用这种方法假设的条件是：到得最晚的消息是最可靠的。平均坐标取为

$$\bar{x} = x_{ie} \quad （当\ t_{ie} = t_{ie\min}） \tag{7-18}$$

此法适合于机动目标的信息处理，因为此时它与其他方法相比获得的平均精度最高。输出坐标的随机误差由单个雷达确定，而系统误差取决于信息到来的速度、雷达数量和跟踪的目标数。

2. 估计融合法

航迹关联只说明两条航迹以较大的概率来自同一目标，然后对已关联上的航迹按照一定的准则进行合并，以形成系统航迹，并对融合以后的航迹状态和协方差进行计算，以便对航迹更新。

假定现在有两条航迹 i 和 j，它们分别有状态估计 $\hat{x}_i$、$\hat{x}_j$，误差协方差 P_i、P_j 和互协方差矩阵 $P_{ij} = P_{ji}^{\mathrm{T}}$。估计融合问题就是寻找最好的估计 $\hat{x}$ 和误差协方差矩阵 P。在局部航迹到局部航迹的融合结构中，被融合的两条航迹均应来自两部不同的雷达；在局部航迹到系统航迹的融合结构中，两条航迹中一条是系统航迹，另一条是局部航迹。我们这里只介绍几种在分布式融合结构中与协方差有关的方法和模糊融合方法。

（1）简单航迹融合（SF）

当两条航迹状态估计的互协方差可以忽略时，即 $P_{ij} = P_{ji} \approx 0$ 时，可以证明，航迹的融合算法可以由下式给出。

系统状态估计：

$$\hat{x} = P_j(P_i + P_j)^{-1}\hat{x}_i + P_i(P_i + P_j)^{-1}\hat{x}_j = P(P_i^{-1}\hat{x}_i + P_j^{-1}\hat{x}_j) \tag{7-19}$$

系统误差协方差矩阵：

$$P = P_i(P_i + P_j)^{-1}P_j = (P_i^{-1} + P_j^{-1})^{-1} \tag{7-20}$$

假设

$$P_1 = \begin{bmatrix} 10 & 0 \\ 0 & 2 \end{bmatrix}, \quad P_2 = \begin{bmatrix} 2 & 0 \\ 0 & 10 \end{bmatrix}$$

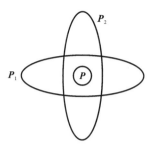

图 7-10　互协方差为 0 时 P 与 P_1 和 P_2 的关系

则有

$$P = \begin{bmatrix} 5/3 & 0 \\ 0 & 5/3 \end{bmatrix}$$

其相互关系见图 7-10。

这种方法之所以被广泛采用,是因为它实现简单。当估计误差相关时,它是准最佳的。当两个航迹都是雷达的局部航迹,并且不存在过程噪声时,则融合算法是最佳的,它与利用雷达观测直接融合有同样的结果。从式(7-19)和式(7-20)可以看出,如果该融合系统是由 n 部雷达组成,很容易将其推广到一般形式。

状态估计

$$\hat{x} = P(P_1^{-1}\hat{x}_1 + P_2^{-1}\hat{x}_2 + \cdots + P_n^{-1}\hat{x}_n) = P\sum_{i=1}^{n} P_i^{-1}\hat{x}_i \qquad (7\text{-}21)$$

每部雷达估计的权值

$$W_k^i = PP_i^{-1}$$

误差协方差

$$P = (P_1^{-1} + P_2^{-1} + \cdots + P_n^{-1})^{-1} = \Big(\sum_{i=1}^{n} P_i^{-1}\Big)^{-1} \qquad (7\text{-}22)$$

这里需要说明的是,有些文献中认为这是两种方法,前者用于时序融合,后者用于并行融合,但有相同的精度。从前面的推导可以看出,它们实际上是一种方法,当然要有相同的精度。由于表达式结构不同,其计算机开销是不一样的。在传感器数目相同的情况下,时序算法要比并行算法运算速度快,因为时序算法只需要 $n-1$ 次协方差矩阵求逆运算,而并行算法则需要 $2n-1$ 次协方差矩阵求逆运算。当然,从这个意义上说它们是两种方法也未尝不可。

(2) 协方差加权航迹融合(WCF)

当两条航迹估计的互协方差不能忽略时,即 $P_{ij} = P_{ji} \neq 0$ 时,假定雷达 i 和 j 的两个估计之差用下式表示:

$$d_{ij} = \hat{x}_i - \hat{x}_j \qquad (7\text{-}23)$$

则 d_{ij} 的协方差矩阵

$$E\{d_{ij}d_{ij}^{\mathrm{T}}\} = E\{(\hat{x}_i - \hat{x}_j)(\hat{x}_i - \hat{x}_j)^{\mathrm{T}}\} = P_i + P_j - P_{ij} - P_{ji} \qquad (7\text{-}24)$$

式中,$P_{ij} = P_{ji}^{\mathrm{T}}$ 为两个估计的互协方差矩阵。

系统状态估计

$$\hat{x} = \hat{x}_i + (P_i - P_{ij})(P_i + P_j - P_{ij} - P_{ji})^{-1}(\hat{x}_j - \hat{x}_i) \qquad (7\text{-}25)$$

系统误差协方差矩阵

$$P = P_j - (P_i - P_{ij})(P_i + P_j - P_{ij} - P_{ji})^{-1}(P_i - P_{ji}) \qquad (7\text{-}26)$$

当采用卡尔曼滤波器作为估计器时,其中的互协方差 P_{ij} 和 P_{ji} 可以由下式求出:

$$P_{ij}(k) = (I - KH)(FP_{ij}(k-1)F^{\mathrm{T}} + Q)(I - KH)^{\mathrm{T}} \qquad (7\text{-}27)$$

其中,$\boldsymbol{K}$ 是卡尔曼滤波器增益,$\boldsymbol{F}$ 是状态转移矩阵,$\boldsymbol{Q}$ 是噪声协方差矩阵,$\boldsymbol{H}$ 是观测矩阵。这种方法只是在最大似然(ML)意义下是最佳的,而不是在最小均方误差(MMSE)意义下是最佳的。感兴趣的可以自行推导证明。

当忽略互协方差时,协方差加权融合就退化为简单融合。这种方法的优点是能够控制公共过程噪声,缺点是要计算互协方差矩阵。另外,这种方法需要卡尔曼滤波器增益和观测矩阵的全部历史,必须把它们送往融合中心。

(3) 自适应航迹融合

在雷达网信息处理系统设计时,不仅要考虑系统的性能,采用好的算法,同时还要考虑运算量、计算机承受能力和系统的通信能力等很多因素,特别是系统特性和要求的变化。而好的算法通常都比较复杂。有时采用简单的融合方法,也可能会得到与采用复杂算法一样的结果。这也是我们考虑自适应算法的原因。自适应航迹融合模型结构见图 7-11。

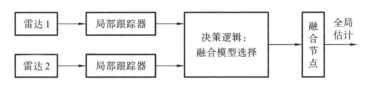

图 7-11 自适应航迹融合模型结构

这种航迹融合的原理如下:雷达 1 和雷达 2 向两个局部跟踪器送出观测的点迹,与局部跟踪器一起构成两个局部融合节点,形成局部航迹估计,然后将它们送往融合中心节点。融合中心节点分两部分:一部分是决策逻辑,它根据某些规则选择融合算法;另一部分是根据选定的算法对局部节点送来的局部航迹进行融合计算,最后给出全局估计。决策逻辑是根据两个决策统计距离 D_1、D_2 和一个决策树来进行算法选择的。决策树见图 7-12。

由图 7-12 可以看到,这里进行了两次决策。首先,根据局部节点送来的局部航迹计算统计距离 D_1,如果 D_1 小于预先给定的门限 T_1,全局估计就等于局部估计中的一个;否则就计算统计距离 D_2,将 D_2 与预先给定的门限 T_2 进行比较。如果 D_2 小于 T_2,将简单航迹融合 SF 的结果作为全局估计,否则利用协方差加权航迹融合 WCF 结果作为全局估计。实际上,这种自适应方法是以简单航迹融合和协方差加权航迹融合算法为基础的。

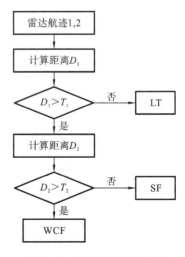

图 7-12 多模型融合决策树

统计距离 D_1 定义为局部航迹和采用 SF 算法所得到的系统航迹估计之间的距离:

$$D_1 = (\hat{\boldsymbol{x}}_1 - \hat{\boldsymbol{x}}_{\mathrm{SF}})^{\mathrm{T}}(\boldsymbol{P}_1 + \boldsymbol{P}_{\mathrm{SF}})^{-1}(\hat{\boldsymbol{x}}_1 - \hat{\boldsymbol{x}}_{\mathrm{SF}}) \quad (7\text{-}28)$$

由于融合估计 $\hat{\boldsymbol{x}}_{\mathrm{SF}}$ 是两个局部估计和它们的误差协方差的函数,统计距离 D_1 最后演化为只与两个局部估计和它们的误差协方差有关。可见,统计距离 D_1 实际上是度量局部航迹 1 和局部航迹 2 接近程度的一个量。如果两条局部航迹(LT)是源于同一个目标,则统计距离 D_1 小于某个门限,这就意味着来自两部雷达的局部航迹非常接近,不需要再进行航迹融合运算,用其中之一作为全局估计已经足够了;如果两部雷达的分辨率不同,则选择分辨率高的雷达给出的航迹作为全局航迹。门限 T_1 是人们根据两条局部航迹相距的最大允许程度确定的,如果统计距离大于它,就需要进行融合运算。

统计距离定义为局部航迹和采用 WCF 算法所得到的系统航迹估计之间的距离,即

$$D_2 = (\hat{\boldsymbol{x}}_1 - \hat{\boldsymbol{x}}_{\mathrm{WCF}})^{\mathrm{T}} (\boldsymbol{P}_1 + \boldsymbol{P}_{\mathrm{WCF}})^{-1} (\hat{\boldsymbol{x}}_1 - \hat{\boldsymbol{x}}_{\mathrm{WCF}}) \tag{7-29}$$

从上述公式可以看出,不仅统计距离与两个局部航迹的估计和其误差协方差矩阵有关,而且与其互协方差有关。决策树中的第二个判决,即如果小于门限 T_2,就采用 SF 算法对两个局部航迹进行融合。这意味着,两条航迹的互协方差很小,甚至等于 0。如果大于门限 T_2,则采用 WCF 算法对两个局部航迹进行融合。这意味着,两条航迹之间存在着互协方差,这正是应用 WCF 算法的条件。因此,统计距离是一种对两个局部航迹之间是否存在互协方差的一种度量。

这样,就可以把这种自适应方法所完成的任务概括为:在两个局部航迹之间的统计距离小于 D_1 时,没有必要再对两条局部航迹进行融合。可选择其一局部航迹作为全局航迹,或从两条航迹中选择一条优质航迹作为全局航迹。在两个局部航迹之间的统计距离小于 D_2 时,说明两个局部航迹之间的互协方差很小,甚至等于 0,便可采用 SF 算法对两个局部航迹进行融合。在两个局部航迹之间的统计距离大于 D_2 时,说明两个局部航迹之间存在着互协方差,便可采用 WCF 算法对两个局部航迹进行融合。这样,就达到了系统对环境的自适应。

> 基于线性加权的航迹关联,综合利用目标运动特征和身份特征,大大地提高了关联的准确性。为提高情报质量,处理过程既要综合考虑各种因素,又要区分主次。

7.4　航迹其他处理

7.4.1　航迹跨区处理

航迹跨区处理是解决雷达网交接区的航迹平滑和连接问题。如图 7-13 所示,当某批目标在 A 雷达网的责任区内时,由 A 雷达网负责掌握,生成一条航迹;当目标飞行至 B 雷达网的责任区内,由 B 雷达网负责掌握,也生成一条航迹。由于 A、B 两个雷达网分别处理所属的空情,它们的原始信息源不一样,产生的误差也就不一样,导致了在交接处形

成了一个锯齿状的航迹。

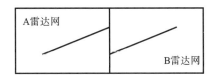

图 7-13　目标跨区域飞行航迹不连续

采取分布式协同处理可实现目标在交接处的航迹平滑连接。如图 7-14 所示,图中左边实线区域表示 A 雷达网的责任区,左边虚线区域表示 A 雷达网的处理区;右边实线区域表示 B 雷达网的责任区,右边虚线区域表示 B 雷达网的处理区;在交界处二者的处理区相互重叠,形成一个交接区。其协同处理的过程如下。

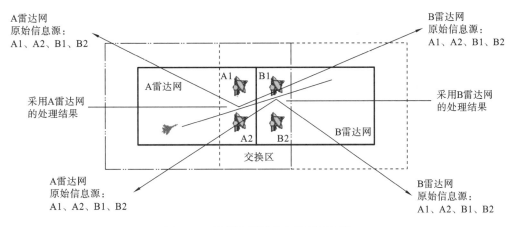

图 7-14　目标跨区域飞行处理示意图

当某批目标在 A 雷达网的责任区内时,由 A 雷达网负责掌握。

当目标飞行至交接区但仍在 A 雷达网的责任区时,我们假设有 A 雷达网的 A1、A2 站和 B 雷达网的 B1、B2 站掌握该目标,此时,因为该批目标同时在 A 雷达网和 B 雷达网的处理区,所以两个雷达网都对这批目标进行了处理。A 雷达网的原始信息有本雷达网 A1、A2 站报来的信息和战役(战区)雷达网处理中心分配的 B1、B2 站的信息,同样,B 雷达网的原始信息有本雷达网 B1、B2 站报来的信息和战役(战区)雷达网处理中心分配过来的 A1、A2 站的信息,这两个雷达网的信息源一样,产生的误差一样,同时它们的融合算法一样,所以计算出的目标的航迹也是一样的。然而,由于目标处在 A 雷达网的责任区,所以战役(战区)雷达网处理中心采用 A 雷达网的处理结果作为综合航迹。

当目标飞行至 B 雷达网的责任区但仍在交接区时,我们假设仍是 A1、A2、B1、B2 站掌握此批目标,同样的原理,A、B 两个雷达网的原始信息源还是一样的,融合后的航迹也是一样的,因目标处在 B 雷达网的责任区,所以战役(战区)雷达网处理中心采用 B 雷达网的处理结果作为综合航迹。

当目标飞出交接区时,由 B 雷达网独自负责掌握,交接完成。

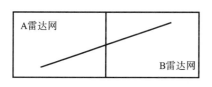

图 7-15　目标跨区域飞行航迹连续

目标在交接区飞行时,因为两个雷达网计算的航迹是同样的,所以在交接过程中,航迹就显得更加的平滑,如图 7-15 所示。

可以看出,目标跨区域飞行,航迹采用分布式协同处理,需要进行协同任务的划分、原始信息的配制及信息的同步处理。在两个雷达网的交接区,A 雷达网与 B 雷达网根据协同任务的需要,不仅有本雷达网报来的信息,而且有战役(战区)雷达网处理中心调度的相邻雷达网的雷达信息,两个雷达网对相同的信息源做相同的处理,最终得到更加平滑的航迹。

● 7.4.2　航迹定时整理

对目标航迹的定时整理,是为了定期检查各条航迹在规定的时间间隔内是否有新的点迹更新。若某条航迹在规定的时间内有新的点迹更新,就认为此条航迹正常;否则,就认为不正常。当检查到某条航迹不正常时,需要根据该条航迹最后一个点迹的测定时间与当前时间差的大小,对该条航迹进行暂时消失或消失处理。

▓ 1. 定时整理的意义

雷达网信息系统对信息的质量有着严格的要求。其中,有一条要求就是,若某条航迹在规定的时间间隔内没有收到新上报的情报,便需要对其做消失或暂消处理。为了完成这项工作,在雷达网信息系统中必须专门设置目标航迹的定时整理任务。

设置了定时整理任务,可以大大提高情报的质量。例如,当某一下级站在上报某一目标情报的过程中,如果该批早已暂消且没有上报该批暂消密语报,或者该批早已消失但仍没有上报该批消失密语报,这样将影响情报的连续性、显示器屏幕显示的清晰性及指挥员的指挥与作战。如果在系统中设置了目标航迹的定时整理任务,就可以及时发现暂消或消失的目标批,做出相应处理。因此,目标航迹的定时整理,不但能保证目标情报的连续性和屏幕显示的清晰性,又能保证向指挥员和情报使用单位提供连续情报。

▓ 2. 定时整理的实现方法

在人工系统中,目标航迹的定时整理用人工的方法实现,即由人工定期检查每一条航迹,看它们在规定的时间间隔内是否有新点更新。

在自动化、半自动化系统中,定时整理可以全部由计算机来完成,只需编制一个定时整理程序,并控制这个程序每隔一定时间执行一次就可以了。定时整理程序示意图如图 7-16 所示。

图 7-16 中,T_X 是当前时间,T_M 是目标航迹中最后一个点迹的测定时间,Δt_1 和 Δt_2

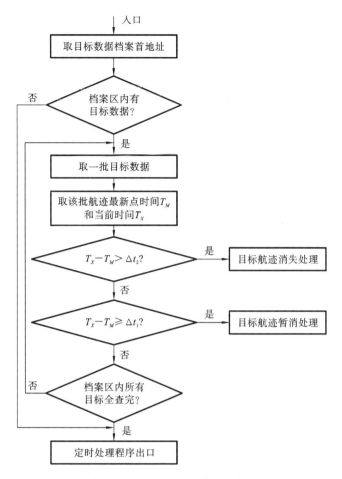

图 7-16　定时整理程序示意图

是两个规定的时间间隔(称为时限参数),其中 Δt_1 是确定目标航迹是否暂时消失的时限参数,Δt_2 是确定目标航迹是否消失的时限参数,$\Delta t_1 < \Delta t_2$。

若令 $T_X - T_M = \Delta t$,则

当 $\Delta t_2 > \Delta t \geqslant \Delta t_1$ 时,目标航迹作暂时消失处理;

当 $\Delta t \geqslant \Delta t_2$ 时,目标航迹作消失处理。

时限参数大小的选择,除应考虑情报质量规定的要求外,还应适当考虑航迹补点和主辅航迹更替的需要。在多数系统中,Δt_1 常取 1 min,Δt_2 常取 3 min。也就是说,若某一条航迹在 1 min 内无新情报(指目标点迹),对该条航迹作暂消处理;若在 3 min 内无新情报,则对该条航迹作消失处理。

为了让定时整理程序能每隔一定时间(设为 Δt_3)都重新执行一遍,还必须设置一个定时器来控制其执行。利用以往已经学过的程序设计知识,这个定时器是比较容易设置的,在这里就不再进行讨论。下面讨论一下 Δt_3 的大小应如何选择。

Δt_3 称为定时控制参数,对此参数的选择,从原则上讲,Δt_3 的大小要比暂消时限参数 Δt_1 越小越好,因为这样有利于目标航迹的补点和目标航迹的更换。但是,Δt_3 太小了也

不好,因为 Δt_3 太小,定时整理很频繁,要占用计算机大量时间,会影响系统中其他任务的执行,所以 Δt_3 要根据系统的实际情况来选择,一般要保证 $\Delta t_3 \leqslant \frac{1}{3}\Delta t_1$。

7.5 实验:航迹融合

1. 实验内容

已知二维平面直角坐标系中,两部雷达分别位于(235 km,130 km)和(125 km,125 km),其测角、测距误差皆为 1°和 170 m,量测误差均服从零均值高斯分布。仿真 10 批匀速运动目标,其初始位置随机产生,过程噪声为零均值高斯分布,方差为 1。两部雷达按 CV 模型对探测目标航迹进行滤波,雷达输出的局部航迹在融合中心进行关联,采用独立序贯法,然后对关联局部航迹进行融合,采用简单航迹融合算法。

注:本实验主要研究航迹的关联和融合问题,为了简化处理,不考虑雷达探测范围,假设雷达对所有目标都能看见,雷达目标跟踪过程中,也不考虑杂波情况和点迹-航迹关联过程。

2. 程序代码

```
function main()
clear all
close all
clc
targetNum=20;
radarNum=2;
%全局变量和结构
global RADAR;
RADAR=struct('location',[0 0],'disErr',0,'dirErr',0);
c=235000;d=130000;a=125000;b=125000;%雷达坐标

%设置雷达模型参数
%U1=[a,b];U2=[c,d];%雷达位置
U1=[0,0];U2=[0,0];%雷达位置
radar1=RADAR;
radar2=RADAR;
radar1.location=U1;
radar1.disErr=170;
radar1.dirErr=pi/180;
radar2.location=U2;
radar2.disErr=170;
```

```
radar2.dirErr=pi/180;
radar=radar1;
radar=[radar,radar2];
global dot;
dot=struct('X',[0 0 0 0],'P',zeros(4,4));


[localTracks,realTracks,detectedDots]=createTracks(targetNum,radarNum);
%显示原始航迹、量测航迹、滤波航迹
figure
hold
len=length(localTracks);
%显示目标真实航迹
for j=1:targetNum
    plot(realTracks(1,:,j),realTracks(2,:,j),'r.-');%红色
    plot(realTracks(1,1,j),realTracks(2,1,j),'ro');%航迹头红色
end
%显示雷达量测数据
  for i=1:radarNum
%来自第一个雷达的航迹显示为红色;来自第二个雷达的航迹显示为蓝色
  if i==1
      color='c.-';
  else
      color='b.-';
   end
  for j=1:targetNum
      detectedDots_x=detectedDots(1,:,j,i).*cos(detectedDots(2,:,j,i))+radar
      (i).location(1);
      detectedDots_y=detectedDots(1,:,j,i).*sin(detectedDots(2,:,j,i))+radar
      (i).location(2);
      plot(detectedDots_x,detectedDots_y,color);
  end
end
%显示各雷达滤波航迹
for i=1:radarNum
  %来自第一个雷达的航迹显示为红色;来自第二个雷达的航迹显示为蓝色
  if i==1
      color='y.-';
  else
      color='k.-';
  end
  for j=1:targetNum
    dotsNum=length(localTracks(:,j,i))
    filteredTrack_x=[];
    filteredTrack_y=[];
```

```
    for k=1:dotsNum
      filteredTrack_x(k)=localTracks(k,j,i).X(1);
      filteredTrack_y(k)=localTracks(k,j,i).X(3);
    end
    plot(filteredTrack_x,filteredTrack_y,color);
  end
end
%显示雷达位置
plot(radar(1).location(1),radar(1).location(2),'b+');
plot(radar(2).location(1),radar(2).location(2),'c*');


%以下代码为航迹关联
%为简化,假设融合中心来了两个雷达的航迹,雷达假设能看见所有目标,目标起始在同一时刻
%请采用独立序贯法,对两个雷达航迹进行关联,然后,采用简单融合算法,对关联后的航迹进行
融合

[dotsNum,trackNum,radarNum]=size(localTracks);
n1=trackNum;%雷达 1 的航迹数
n2=n1;%雷达 2 的航迹数
associationTag=zeros(n1,n2);%关联矩阵,用以表示传感器第 i 个航迹与传感器 2 第 j 个航
迹匹配的情况,满足假设检验
Dij=zeros(n1,n2);%航迹距离矩阵,用以存放传感器第 i 个航迹与传感器 2 第 j 个航迹统计
距离
Mij=zeros(n1,n2);%关联质量,用于表示传感器第 i 个航迹与传感器 2 第 j 个航迹之间的关联
质量
m=5;%用于进行关联判断的航迹点数
m1=3;%为了避免航迹起始时的误差问题,用于关联航迹从第 3 点开始,注意,m1+m 应该小于航迹
点数 dotsNum
T=31.410;%26.509;%43.77;
for i=1:n1
  for j=1:n2;
    dij=0;
    for k=m1:m1+m-1
      dij=dij+0;%计算 m 个时刻的统计距离
    end
    %统计距离放入距离矩阵 Dij 保存
    %假设检验判断是否关联,并置关联指示矩阵 associationTag
    %根据管理结果置航迹质量矩阵 Mij
  end
end
%多义性处理
for i=1:n1
  tmp=find(associationTag(i,:),2);
  noneZeroNum=length(tmp);
```

```
  if noneZeroNum> = 2
    [tmp1,tmp3]=min(Dij(i,tmp));
    associationTag(i,tmp)=0;
    associationTag(i,tmp(tmp3))=1;
  end
end
```

```
%航迹融合处理,这里采用局部—局部航迹融合结构,采用简单融合方法
[I,J]=find(associationTag);%在关联标志矩阵中查找相互关联的航迹,传感器 1 的航迹序号
存放于 I 中,传感器 2 的航迹号存放于 J 中
systemTracks=dot;%用于存放系统航迹
systemDot=dot;
systemTrackNum=length(I);
for i=1:systemTrackNum
  for j=1:dotsNum
    % 逐点融合雷达 1 航迹 I(i)和雷达 2 航迹 J(i),存入系统航迹 systemDot 中

  end
end
% 显示系统航迹
for j=1:systemTrackNum

  filteredTrack_x=[];
  filteredTrack_y=[];
  for k=1:dotsNum
    systemTrack_x(k)=systemTracks(j,k).X(1);
    systemTrack_y(k)=systemTracks(j,k).X(3);
  end
  plot(systemTrack_x,systemTrack_y,'m');
  plot(systemTrack_x(1),systemTrack_y(1),'mo');
  end

end % end main()

function dij=m_distance(localTrackDot1,localTrackDot2)
%在直角坐标系中计算两个点之间的马氏距离
%输入:localTrackDot1、localTrackDot2 为两个点的坐标
%输出:dij 为上述两个点之间的马氏距离
  X1=localTrackDot1.X;
  X2=localTrackDot2.X;
  P1=localTrackDot1.P;
  P2=localTrackDot2.P;
  dij=(X1-X2)'*(P1+P2)^(-1)*(X1-X2);
end % end m_distance()
```

```
function [localTracks,realTracks,detectedTracks]=createTracks(targetNum,radarNum)
  %create n tracks in a rectagle area
  n=targetNum;
  m=radarNum;

  x1=380000;y1=270000;%信息处理区域
  r1=110;r2=120;%雷达观测半径
  % r11=2;r21=2.5;%雷达盲区
  c=235000;d=130000;a=125000;b=125000;%雷达坐标

  %设置雷达模型参数
  %U1=[a,b];U2=[c,d];%雷达位置
  %global RADAR;
  % radar=RADAR;
  % radar(1).location=U1;
  % radar(1).disErr=170;
  % radar(1).dirErr=pi/180;

  % radar=[radar,radar];
  %U1=[a,b];U2=[c,d];%雷达位置
  U1=[0,0];U2=[0,0];%雷达位置
  global RADAR;
  radar1=RADAR;
  radar2=RADAR;
  radar1.location=U1;
  radar1.disErr=170;
  radar1.dirErr=pi/180;
  radar2.location=U2;
  radar2.disErr=170;
  radar2.dirErr=pi/180;
  radar=radar1;
  radar=[radar,radar2];
  % radarstruct('loaction',U1,'disErr',0.17,'dirErr',1/2*pi);
  % radar=[radar,struct('loaction',U2,'disErr',0.17,'dirErr',1/2*pi);
  % targetStartPos=rand(2,n)*[x1,y1]';%目标初始位置,在x1,y1空间上均匀分布
  for i1=1:n
    targetStartPos(:,i1)=rand(2,1).*[x1,y1]';
  end

  %产生的n个目标真实航迹
  realTrack=[];
  for i=1:n
    realTrack(:,:,i)=createOneObject(targetStartPos(:,i));
  end
```

```
realTracks=realTrack;
%产生两个雷达对 n 个目标进行探测,各产生 n 条量测航迹,存放在 detectedTrack 中
detectedTrack=[];
for j=1:m
  for i=1:n
    detectedTrack(:,:,i,j)=createDetectedTrack(realTrack(:,:,i),radar(j));
  end
end
detectedTracks=detectedTrack;
%各雷达对探测到目标航迹进行滤波
filteredTrack=[];
filteredTrackErr=[];

for j=1:m
  for i=1:n
    [ filteredTrack(:,:,i,j),filteredTrackErr(:,:,:,i,j)]=KalmanFilter(de-
    tectedTrack(:,:,i,j),radar(j));

  end
end
%将滤波航迹按点重新组装成报文形式
dot=struct('X',[0 0 0 0],'P',zeros(4,4));
radarTracks=dot;
len=size(filteredTrack,2);
for j=1:m
  for i=1:n
    for k=1:len
      radarTracks(k,i,j).X=filteredTrack(:,k,i,j);
      radarTracks(k,i,j).P=filteredTrackErr(:,:,k,i,j);
    end
  end
end
localTracks=radarTracks;

end % end createTracks()

function realTrack=createOneObject(startLocation)
  %根据状态方程,构建一个目标运动的真实轨迹
  T=4;
  F=[1 T 0 0;0 1 0 0;0 0 1 T;0 0 0 1];%状态转移矩阵
  G=[T/2 0;1 0; 0 T/2;0 1];%过程噪声分布矩阵
  q11=sqrt(15*10^-2);
  q22=sqrt(15*10^-2);
  Q=[q11 0;0 q22];
```

```
        startSpeed=rand(1)*(1200-4)+4;%随机产生的初始速度
        startDir=rand(1)*pi/2;%随机产生的初始航向
        startSpeed_x=startSpeed*cos(startDir);
        startSpeed_y=startSpeed*sin(startDir);
        startLocation=[startLocation(1),startSpeed_x,startLocation(2),startSpeed_y]';
        location=startLocation;
        location_old=startLocation;
        trackLength=20;
        for i=1:trackLength-1
          location_new=F*location_old;% +G*(Q.*randn(2,2));
          location=[location,location_new];
          location_old=location_new;
        end
        realTrack=[location(1,:);location(3,:)];

end %createOneObject()

function detectedTrack=createDetectedTrack(realTrack,radar)% radarLocation,sigmaRou,
sigmaSita)
    %sigmaRou=170;sigmaSita=1;%量测误差
    trackLength=length(realTrack);
    detectedTrack=[];
    for i=1:trackLength
      rou=distance(realTrack(:,i),radar.location)+randn(1)*radar.disErr;
      sita-getDirection(realTrack(:,i),radar.location)+randn(1)*radar.dirErr;
      detectedTrack=[detectedTrack,[rou,sita]'];
    end
end%createDetectedTrack()

function dis=distance(point1,point2)
    %计算平面上两个点之间的距离
    dis=sqrt((point2(1)-point1(1))^2+(point2(2)-point1(2))^2);
end%distance()

function sita=getDirection(point1,point2)
    %计算平面上两个点连线与正北之间的夹角(弧度值)
    sita=atan((point1(2)-point2(2))/(point1(1)-point2(1)));
end  %getDirection()

function [filteredTrack,filteredTrackErr]=KalmanFilter(detectedLocation,radar)
    %对量测航迹采用kalman滤波器进行滤波
    T=4;
    F=[ 1 T 0 0;
        0 1 0 0;
```

```
        0 0 1 T;
        0 0 0 1];%状态转移矩阵
    G=[T/2 0;1 0; 0 T/2;0 1];%过程噪声分布矩阵
    H=[1 0 0 0;0 0 1 0];%量测矩阵

      q11=15*10^-2;
      q22=15*10^-2;
      q=[q11 0;0 q22];
      Q=G*q*G';
    sigma_rou2=radar.disErr^2;
    sigma_sita2=radar.dirErr^2;
    len=length(detectedLocation);
    %将极坐标转换为直角坐标
    Z=[detectedLocation(1,:).*cos(detectedLocation(2,:));detectedLocation(1,:).*
    sin(detectedLocation(2,:))];
    rouSita=detectedLocation;%存放原来的距离和方位值放入,用于计算矩阵 A
    %初始化
    z1=Z(:,1);
    z2=Z(:,2);
    X=[z2(1) (z2(1)-z1(1))/T z2(2) (z2(2)-z1(2))/T]';
    A=[cos(rouSita(2,2)),-rouSita(1,2)*sin(rouSita(2,2));sin(rouSita(2,2)) rouS-
      ita(1,2)*cos(rouSita(2,2))];
    R=A*[sigma_rou2 0;0 sigma_sita2]*A';
    r11=R(1,1);r12=R(1,2);r21=R(2,1);r22=R(2,2);
    P=[ r11 r11/T r12 r12/T;
        r11/T 2*r11/T^2 r12/T 2*r12/T^2;
        r12 r12/T r22 r22/T;
        r12/T 2*r12/T^2 r22/T 2*r22/T^2];
    filteredTrack=X;
    filteredTrackErr=P;
    for i=3:len
      X1=F*X;
      P1=F*P*F'+Q;
      Z1=H*X1;
      A=[cos(rouSita(2,i)),-rouSita(1,i)*sin(rouSita(2,i));sin(rouSita(2,i)) rou-
        Sita(1,i)*cos(rouSita(2,i))];
      R=A*[sigma_rou2 0;0 sigma_sita2]*A';
      S=H*P1*H'+R;
      K=P1*H'/S;
      X=X1+K*((Z(:,i)-Z1));
      P=P1-K*S*K';
      filteredTrackErr(:,:,i-1)=P;
      filteredTrack(:,i-1)=X;
    end
end %KalmanFilter()
```

7.6 小 结

由于雷达网内各雷达的探测区域有一定的重叠,在重叠区内,同一目标可能被若干部位置不同的雷达观察到,形成局部航迹,通过通信网络送往处理中心。为形成统一态势,处理中心经过时空配准预处理后,需要进行进一步加工处理。本章重点讨论了雷达网分布式信息处理流程中的航迹相关、航迹融合处理的方法和技术,简单讨论了分布式处理中的航迹跨区处理、航迹定时整理等其他处理。主要内容及要求如下:

(1) 航迹相关就是判重复,即判断来自于不同雷达站的多条航迹是否属于同一目标,解决雷达网空间覆盖区域中的重复跟踪问题,在工程上其过程一般可划分为粗相关、精相关和相关验证三个阶段。

(2) 粗相关可以归结为估算目标航迹的同一时刻的同名坐标及参数的差值,如果同名坐标及参数的差值不超过允许值,就初步判断属于同一目标,主要有位置相关、位置高度相关、位置速度相关和多质量因子相关等方法。精相关在粗相关基础上进行,是根据信息空间度量特征的分析实现的,主要有最小距离法和线性加权法。航迹的相关验证解决航迹组合错误问题,是指对满足相关准则要求的多雷达航迹继续进行相关处理,验证系统航迹是否由这条或这几条航迹创建。若在验证过程中出现后续点不能满足一定准则要求的情况,则取消相关,主要方法有相关质量计数法、滑窗计数法、相关状态转移法和动态多因子航迹相关验证法等。要求理解航迹相关的概念及过程,掌握航迹粗相关的方法,掌握航迹相关的最小距离法和线性加权法,掌握航迹相关验证的相关质量计数法和滑窗计数法。

(3) 航迹融合就是去重复,即将属于同一目标的航迹进行归并,使之成为一条系统航迹。对重复批航迹有选主站综合和多雷达数据融合两种方法。航迹融合有两种结构:一种是局部航迹与系统航迹融合结构,另一种是局部航迹与局部航迹融合结构。航迹融合最终的系统航迹点是由所有重复批航迹的当前点用航迹融合算法合并形成的。要求理解选主站航迹归并方法,知道航迹融合的两种结构,掌握航迹融合算法。

(4) 航迹跨区处理是解决雷达网交接区的航迹平滑和连接问题。通过上一级雷达网信息处理中心统一调度及各雷达网分布协同,实现航迹跨责任空域的自动接替,实现雷达信息的资源共享,由于融合的是相同的雷达站的情报信息,航迹跨责任空域不但不会突变,而且连续平滑。要求理解航迹跨区处理的基本思想和实现方法。

(5) 对目标航迹的定时整理,是为了定期检查各条航迹在规定的时间间隔内是否有新的点迹更新,根据该条航迹最后一个点迹的测定时间与当前时间差的大小,对该条航迹进行暂时消失处理或消失处理,不但能保证目标情报的连续性和屏幕显示的清晰性,而且能保证向指挥员和情报使用单位提供连续情报。要求理解定时整理的意义及实现方法。

习　题

1. 什么是航迹相关？为什么需要航迹相关？

2. 画图说明航迹粗相关的位置相关方法。

3. 为什么需要精相关？

4. 简述最小距离法的基本思想。

5. 简述线性加权法的基本思想。

6. 什么是航迹的相关验证？为什么需要进行相关验证,它有哪几种方法？请说明其中一种。

7. 什么是航迹融合？它常用于何种雷达网？

8. 请说明航迹融合有哪些结构？

9. 航迹融合的简单平均法有几种？请简要说明。

10. 简述自适应航迹融合的基本原理及实现方法。

11. 假定有两条航迹 i 和 j,其状态估计分别为 $\hat{x}_i = \begin{bmatrix} 90 \\ 210 \end{bmatrix}$, $\hat{x}_j = \begin{bmatrix} 120 \\ 180 \end{bmatrix}$。若误差协方差矩阵分别为 $P_i = \begin{bmatrix} 10 & 0 \\ 0 & 10 \end{bmatrix}$, $P_j = \begin{bmatrix} 20 & 0 \\ 0 & 20 \end{bmatrix}$,且两条航迹状态估计的互协方差可以忽略。若分别采用选主站融合和协方差加权航迹融合算法,试分别求两种融合算法下的航迹状态估计和误差协方差估计。

12. 为什么要进行航迹跨区处理？请说明航迹跨区处理的实现方法。

13. 说明目标航迹定时整理的意义及实现方法。

第**8**章

目标身份识别

目标身份识别是对雷达网获取的目标信息进行鉴别并确定其性质的过程，其目的是为了"去伪存真、化异为同"，通过对目标身份信息进行判别鉴定，确保目标信息的准确与完整。本章首先介绍目标身份识别的基本概念，其次重点介绍目标身份识别方法，包括雷达信号特征识别、敌我识别系统及二次雷达识别、基于飞行区域识别、基于飞行计划识别等识别方法，然后给出实际应用的身份识别流程，最后对融合识别方法进行介绍。

8.1　目标身份识别的内容

目标身份识别也称目标身份估计，是雷达网信息处理的重要内容。由于单雷达难以获取目标全面信息、目标动态特性和环境的复杂性等诸多原因，使得单雷达目标身份识别技术性能并不理想。而基于信息融合的多源融合目标识别综合利用各类传感器的性能优势，具有提供自动目标识别系统的稳定性和可靠性、增强系统的抗干扰能力和环境适应能力、提高目标识别的准确度、降低目标识别的不确定性等诸多性能，已经成为自动目标识别领域的主要研究方向之一，也成为解决雷达目标识别问题的一条有效途径。将不同雷达的信号特征、敌我识别系统、二次雷达、目标运动特性、飞行区域、飞行计划的识别进行综合，进行基于信息融合的多源融合目标识别。

目标身份识别主要内容包括识别目标的真伪、属性、国别（地区）、型别（机型）、数量、任务（企图）等几个方面。目标身份识别又分为目标真伪识别、目标属性识别、目标机型识别等。目标真伪的识别是区分目标是飞行器还是地物、云团、鸟群等干扰；目标属性的识别是对目标的敌我属性进行判别，即分清目标是敌、我、友、中立还是不明；目标机型的识别主要是查清飞行器的大小，如大型机、小型机；目标类型主要是判别飞行器类别，如飞机、导弹等，假如是飞机，最好能分清是轰炸机、歼击机、直升机等类型。目标身份识别是一个很复杂的问题，其中类型的识别目前还没有成熟的方法。另外，敌我属性的识别是最重要的，也是首先应解决的问题。

目标身份识别程度通常可用不同的等级来描述，最低等级是有无的识别，即检测；其次是类型识别；最高等级是对特定目标的辨识。

8.2 雷达信号特征识别

基于雷达回波特性的目标识别是利用目标对雷达回波信号的时频调制特性、极化特性及散射特性提取各类目标（飞机、导弹）的雷达信号特征，选择目标的有关信息标志和稳定特征，并对所获取的信息进行分析，从而对目标的真假或敌我属性等作出相应的判别，确定目标的种类、型号等。

基于回波信号的雷达目标识别处理过程如下：

（1）提取雷达目标特征。雷达目标特征抽取是从目标的雷达回波中抽取与目标属性直接相关的一个或多个特征，作为目标识别的信息来源。雷达目标特征抽取的客观依据是目标与环境的雷达特性，为此需研究如何利用目标形体和介质与电磁波的相互作用引起的稳态、瞬态响应；目标的雷达特性除了雷达目标特征信号以外，还包括雷达常规测量得到的目标的位置、运动参数等，因此如何利用目标自身的运动、目标平台的固有振动等对电磁波散射所产生的调制效应是雷达目标特征抽取的重要方面。

（2）建立可识别目标特征模板。目标各种姿态的训练样本数据，经过特征抽取和特征空间变换后构成目标的若干特征集模板，支撑雷达目标特征匹配的识别处理。

（3）进行目标分类识别。实测数据经过同样特征抽取和特征空间变换获得与模板矢量维数相同的特征矢量，将该矢量与所有目标类型的所有模板进行比较，最终确定目标属性或类型。常用的目标识别的模式分类算法有统计模式识别（模式匹配）算法、模糊模式分类算法、人工神经元网络（ANN）模式分类算法及其他复合分类算法。

1. 利用动态目标的调制特性的识别

动态目标如飞机的螺旋桨或喷气发动机旋转叶片，直升机的旋翼等目标结构的周期运动，产生对雷达回波的周期性调制。不同目标的周期性调制谱差异很大，因此通过详细分析目标结构周期运动产生的调制现象，建立相应的数学模型，就可利用目标运动所引起的回波起伏特性和动态目标的调制谱特性等效应进行目标识别。

由于窄带的低分辨力雷达不能分辨目标物体上不同的散射部位，只能得到目标的位置、运动参数、调制谱特性等少量信息，因此，基于目标运动的回波起伏与调制谱特性的

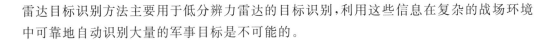

雷达目标识别方法主要用于低分辨力雷达的目标识别,利用这些信息在复杂的战场环境中可靠地自动识别大量的军事目标是不可能的。

2. 基于散射特性的目标识别

从目标反射到雷达接收机的信号能量大小取决于雷达散射截面积(RCS)。RCS 反映了目标的几何横截面积、目标的反射率和目标的方向性。特定目标的 RCS 通常表示为目标方位函数,即 RCS 图案特点由目标特性确定。由于许多目标隐身技术的应用,如飞行器采用外表的特殊赋形、利用雷达吸波材料等可减小目标后向散射性,从而使目标的 RCS 减小。因此,采用雷达探测目标的 RCS 参数仅可以粗略判定侦察目标的类型。

另外,基于宽带雷达目标散射特征进行目标识别,可利用雷达目标散射的极点特征。目标对雷达回波的谐振频率称为目标极点,极点和散射中心分别是在谐振区和光学区建立起来的基本概念。目标极点分布只取决于目标形状和固有特性,与雷达的观测方向(目标姿态)及雷达的极化方式无关,因而给雷达目标识别带来了很大方便。

基于极点分布的目标识别方法可分为时域和频域方法。时域方法提取目标极点,要求雷达的发射信号带宽足够宽,保证由目标的瞬态响应中能够获得正确的目标极点,频域方法则要求雷达能够发射多种频率的电磁波以获取目标的频率响应。为避开需要实时地直接从含噪的目标散射数据中提取目标的极点,基于波形综合技术的目标识别方法得到了广泛重视,它将接收到的目标散射信号回波与综合出来的代表目标的特征波形进行数字卷积,再根据卷积输出的特征来判别目标。

3. 基于极化特征的目标识别

极化是描述电磁波的重要参量之一,它描述了电磁波的矢量特征。极化特征是与目标形状本质有密切联系的特征。任何目标对照射的电磁波都有特定的极化变换作用,其变换关系由目标的形状、尺寸、结构和取向所决定。测量出不同目标对各种极化波的变极化响应,能够形成一个特征空间,就可对目标进行识别。极化散射矩阵(复二维矩阵)完全表征了目标在特定姿态和辐射源频率下的极化散射特性。对目标几何形状与目标极化特性的关系的研究结果表明,光学区目标的极化散射矩阵反映了目标镜面曲率差等精密物理结构特性。早在 20 世纪 50 年代初,利用极化特征来识别目标的原理就被提出,美国在 50 年代~60 年代已将用极化散射矩阵识别目标的技术初步应用于远程测量雷达和大型相控阵雷达中,可粗略识别简单形状的外空目标。通过对目标极化特性的研究,提出了最佳极化的概念,产生了基于零极化特征/本征极化等极化不变量的目标识别技术。根据极化散射矩阵来识别目标是利用极化信息识别目标的基本方法。具体为:

(1)根据不同极化状态下目标截面积的对比来识别目标。根据从目标极化散射矩阵中导出的目标极化参数集"极化不变量"来识别目标,根据目标的最佳极化或交叉极化特性来识别目标。由于不同姿态角下目标极化特性的改变,限制了根据极化散射矩阵及其派生参数识别目标的有效性,使之只能应用于简单几何形体目标或与其他识别方法结合使用。

(2)利用目标形状的极化重构识别目标。对低分辨力雷达,不能区分目标上各个散射中心的回波,只能从它们的综合信号中提取极化特征,因而只能从整体上对简单形体的目标加以粗略的识别。对高分辨力雷达,目标回波可分解为目标上各个主要散射中心的回波分量。对复杂形状目标的极化重构,就是利用高分辨力雷达区分出各个散射中心的回波,分别提取其极化信息。在对各个散射中心分别作出形状判断,利用目标的极化散射矩阵中各个元素同目标形状的关系后,依据其相对位置关系,组合成目标的整体形状,最后同已知目标数据库相比较,得到识别结果。

4. 基于一维距离像的目标识别

当雷达发射接收宽带信号时,其径向距离分辨单元远小于目标尺寸,那么就可以在雷达的径向距离上测出目标的若干个强散射中心的分布,称之为目标距离像。应用宽带信号可以获得目标的高分辨力径向距离像,通过目标高分辨力距离像估计其尺寸和形状,也就是目标的轮廓范围。由于高分辨力雷达发射信号的脉冲空间体积比常规雷达的要小得多,在雷达分辨力单元内,各目标之间、目标上各散射体之间的信号引起的响应,相互干涉和合成的机会较少,各分辨力单元内的回波信号中目标信息的含量比较单纯,故可供识别目标的特征明显。

8.3　敌我识别系统及二次雷达识别

8.3.1　敌我识别系统识别

在第二次世界大战中,由于英国驾驶员史密斯被自己的学员误认为敌机而击落,引起了世界对敌我识别技术的重视。不久,美国便在 20 世纪 50 年代研制出了第一代战场敌我识别(Identification of Friend or Foe,IFF)系统。下面介绍敌我识别器的工作原理及特点。

1. 敌我识别器工作原理

IFF 系统利用密码问答实现敌我属性识别,是一种高度保密的军事电子装备,在现代战争中起着举足轻重的作用。

敌我识别器大多与雷达协同工作,识别的"我""敌"信息通常可在雷达显示器上表明。敌我识别器一般由地面询问机和机载应答器两个部分组成并配合工作,其工作原理是询问机发射事先编好的电子脉冲码,若目标为我方,则应答器接收到信号后会发射已约定好的脉冲编码,如果对方不回答或者回答错误即可认为是敌方。雷达收到己方飞机回波信号时,地面询问机也收到应答信号,并在雷达显示器目标回波附近显示出识别标志,根据有无识别标志即可判断目标的敌我属性。有的机载敌我识别器,除了发出特定的用以表达属性的编码外,还能给出载机高度等信息。

由于 IFF 系统采用有源问答的工作原理,因此能用较小的发射功率获得较远的作用距离,并且不受目标散射面积大小的影响。询问信号和应答信号一般采用两种不同的频率传输,避免了地物、海浪和云雨等杂波所产生的干扰。此外,还能传输目标的呼救信号、编号和高度数据等其他信息。所以,IFF 系统是识别敌我的一种重要手段。

2. 敌我识别器的特点

一般 IFF 系统询问和回答信号仅采用极为有限的固定模式脉位编码,密码有效期长,应答器是全向性广播式工作,敌对方很易侦破其密码并进行欺骗性干扰、阻塞己方应答机或使其成为反辐射导弹的信标机。此外,系统采用“全呼叫”方式工作,系统内部存在的诸如“窜扰”“混扰”“旁瓣干扰”等自身干扰,随着询问器和应答器数量增加而更加严重。据统计,一对一识别,其识别概率为 98%;一对五时为 72%;一对二十时仅为 1%。

● 8.3.2　二次雷达识别

二次监视雷达(Secondary Surveillance Radar,SSR)也叫做空管雷达信标系统,后面简称二次雷达。它最初是在空战中为了使雷达分辨出敌我双方的飞机而发展的敌我识别系统,当把这个系统的基本原理和部件经过发展并用于民航的空中交通管制后,就成了二次雷达系统。

从二次雷达上很容易知道飞机的编号、高度、航向等参数,使雷达由监视的工具变为空中管制的手段,二次雷达的出现是空中交通管制的最重大的技术进展,二次雷达要和一次雷达一起工作,它的主天线安装在一次雷达的上方,和一次雷达同步旋转。

二次雷达系统的另一个重要组成部分是飞机上装的应答机,应答器是一个在接收到相应的信号后能发出不同形式编码信号的无线电收发机,应答机在接收到地面二次雷达发出的询问信号后,进行相应回答。这些信号被地面的二次雷达天线接收,经过译码,就在一次雷达屏幕出现的显示这架飞机的亮点旁边显示出飞机的识别号码和高度,管制员就会很容易地了解飞机的位置和代号。为了使管制员在询问飞机的初期就能很快地把屏幕上的光点和所对应的飞机联系起来,机上应答机还具有识别功能,驾驶员在管制员要求时可以按下“识别”键,这时应答机发出一个特别位置识别脉冲,这个脉冲使地面站屏幕上的亮点变宽,以区别于屏幕上的其他亮点。

二次雷达在航空交通管制、敌我识别和信标跟踪等很多方面得到了广泛应用。二次雷达是在地面站和目标应答器的合作下,采用问答方式工作,它必须经过两次有源辐射电磁波信号才能完成应有的功能。由于二次雷达有询问机和应答器的配合,使它具有一次雷达所没有的许多优点：① 二次雷达的询问距离仅与发射功率的平方根成正比,二次雷达询问功率比一次雷达的发射功率小得多,询问机的体积重量也小得多,二次雷达接收机的灵敏度也可比一次雷达的低些;② 应答器回波比一次雷达目标反射回波强得多,对应答器的应答功率要求不高,应答器的体积、重量可很小;③ 由于询问射频为 1030 MHz,应答射频为 1090 MHz,两者射频波长不等,就消除了地物杂波、气象杂波等的干扰。二次雷达回波与目标有效反射面积无关,也就无目标闪烁现象;④ 二次雷达的高度信息由飞机上高度计显示,其精度要比一次雷达高;⑤ 二次雷达还能提供识别信息,即飞机的代号,当飞机发生故障、通信系统失效或遇到劫持时,能提供危急告警信息;⑥ 单脉冲二次雷达提供的距离和方位,其精度比一次雷达高些,因为发现概率大,虚警概率小。单脉冲(窄波束宽度)技术有更好的方位精度,降低了对干扰的敏感性,使方位精度从传统的 0.3°提高到 0.043°。

8.4　基于飞行区域识别

8.4.1　飞行活动区域识别

飞行活动区域识别,是根据地理位置及相邻国家的飞机经常活动范围进行目标属性识别的一种方法。正常情况下,各国的军用飞机均在各自的领土和领海(或公海)上空飞行。若雷达发现的目标出现在友好国家领土或领海上空,该目标可识别为友机;若雷达发现的目标出现在不友好国家领土或领海上空,可识别为敌机;若目标出现在公海或边境线上空,可识别为属性不明。和平时期这种识别方法较准确,且空情的前几点坐标数据尤为重要。

采用目标飞行活动区域识别方法时,首先要根据不同属性目标的平时活动规律,确定识别区域范围,然后根据识别区域在统一直角坐标系中的位置,确定识别坐标数据并存入计算机。

例如,某雷达网的信息处理区域如图 8-1 所示。根据该地区相邻国家的情况及目标活动规律,在图中给出了敌机活动区域、属性不明(这里指敌机或友机)区域和友机活动区域。根据上述给定区域在雷达网统一直角坐标系中的位置(图中标出),若雷达发现目标坐标位置为(x,y),可用下式识别该批目标的属性：

$$\begin{cases} \text{当 } X_1<x, Y_2<y<Y_1 \text{ 时,识别目标为友机} \\ \text{当 } X_2<x, Y_3<y<Y_2 \text{ 时,识别目标为属性不明} \\ \text{当 } X_4<x, Y_4<y \text{ 时,识别目标为敌机} \end{cases} \quad (8\text{-}1)$$

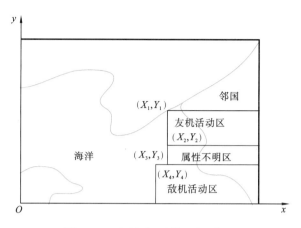

图 8-1　飞行活动区域识别示意图

● 8.4.2　指定飞行区域识别

指定飞行区域识别是根据飞机训练空域进行目标识别的一种方法。平时,军机常在指定飞行区域中训练。所谓指定飞行区域,是指在 x 轴和 y 轴方向上排列的边长为一定长度的正方柱形或长方柱形区域,它在水平面上的投影一般为正方形或长方形,如图 8-2 所示。

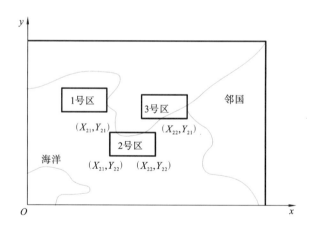

图 8-2　指定飞行区域识别示意图

每个指定飞行区域有指定上、下高度限,并且有指定的飞行时间和停止飞行时间。假如一条航迹和一个指定飞行区域相关,就暂时假定此航迹为"我"。若该航迹在一特定时间内(此时间为一常数,其大小与区域的边长和目标飞行速度有关,该常数对所有相关航迹都一样)继续和同一指定飞行区域相关,则该条航迹自动识别为"我"。

有的指定飞行区域,除了指定高度范围和活动时间外,还指定目标进入指定飞行区域的方向和最大飞行速度。因此,利用方向、高度和速度选择能够提供在指定飞行区内自动识别目标属性的方法。例如图 8-2 所示的 2 号指定飞行区域,从图中可以看出,这一指定区域为一矩形区域,它由 (X_{21}, Y_{21})、(X_{22}, Y_{21})、(X_{22}, Y_{22})、(X_{21}, Y_{22}) 四点的连线所构成。在这一指定区域内,假定我机的飞行数据:起止飞行时间分别是 T_{21} 和 T_{22};飞行高度的下上限分别是 H_{21} 和 H_{22},飞行速度的下上限分别是 V_{21} 和 V_{22},目标从西方进入。若雷达发现一批目标航迹的各个不同时刻的坐标位置分别为 (x_1, y_1, t_1)、(x_2, y_2, t_2),$\cdots$,(x_n, y_n, t_n);高度为 h,速度为 v。将这批目标与 2 号指定飞行区域进行比较时,为了提高识别速度,可按分步识别方法进行。

首先进行位置相关,若目标飞行的航迹在该指定飞行区域之内,即

$$\begin{cases} X_{21} < x_i < X_{22} \\ Y_{21} < y_i < Y_{22} \end{cases} \tag{8-2}$$

式中,$i = 1, 2, \cdots, j$。(x_i, y_i) 表示目标航迹的第 i 点坐标位置,在进行位置相关时,要从目标航迹第一点坐标至第 j($j < n$)点坐标依次判定,每点都满足式(8-2)的要求时,才认为该批目标满足位置相关。j 的大小,与该指定区域时间常数 Δt_2 有关,通常要求 $t_j - t_i = \Delta t_2$。例如:若 $t_4 - t_1 \geq \Delta t_2$ 时,只要该批目标航迹的前四点坐标位置满足式(8-2)的要求,就可认为位置相关。

当一批目标航迹位置相关的条件满足后,再进行时间相关。所谓时间相关,就是判别目标在指定飞行区域活动的时间是否在起止飞行时间之内,即

$$T_{21} < t_i < T_{22}, \quad i = 1, 2, \cdots, j \tag{8-3}$$

若该批目标飞行时间满足式(8-3)的要求,就认为时间相关;否则,识别该批目标为属性不明或敌机。

当一批目标航迹的时间相关的条件满足后,最后进行目标飞行高度、速度和进入方向的相关,即

$$\begin{cases} H_{21} < h < H_{22} \\ V_{21} < v < V_{22} \\ x_{i+1} - x_i > 0, \quad i = 1, 2, \cdots, j \end{cases} \tag{8-4}$$

若该批目标的飞行高度、速度和进入方向满足式(8-4)的要求,可将该批目标识别为"我";否则,识别为属性不明或敌机。在实际应用式(8-4)时,对目标的高度和速度考虑测量误差和计算误差;对目标进入方向的判别既可用式(8-4)中简易判别法,也可通过计算目标的飞行航向进行判别。

8.4.3　空中走廊识别

空中走廊是指某一地区来往民航机及转场飞机的必经空域,如图 8-3 所示。对于某一方向的进场或出场飞机都必须通过指定的航路飞行,且每一航路都有一检验点(固定位置),对于民航,航行部门会提前几个小时告知每一航班从××地到××地、过检验点

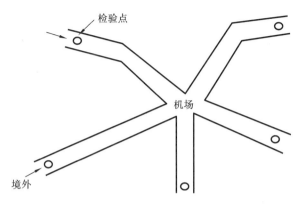

图 8-3　航路示意图

时间、机型、飞行速度、上报批号等;对于包机,通报内容为从××地到××地、起飞时间、机型、飞行速度、上报批号等。对于包机虽没有直接给出过检验点时间,但是对于某一类型飞机,从某一航路的起飞位置到检验点的飞行时间是已知的,所以对于包机,应根据起飞时间加上到检验点的飞行时间可知过检验点时间。

综上所述,对于民航及包机的识别,可按如下步骤进行:

(1) 根据每一条预报内容增加数据库的对应数据表中的一条数据记录

数据表字段应有如下内容:民/包、起点、终点、机型、检验点、过点时间(民)、起飞时间(包)、速度、上报批号等。

(2) 判断航路相关

雷达探测的目标上报后,坐标变换后根据坐标点判断其在哪一条航路中,判断坐标点是否在航路中可用如下方法:

① 判断坐标点是否在对应航路的多边形内。若每坐标点都在此多边形内,可断定坐标点与该航路相关。

② 判断坐标点到航路中心线的直线距离(对于有拐点的航路要分段计算),若计算的距离小于门限(如 10 km),且坐标点位置在该段航路的起始和终止位置之间,可判断坐标点与该航路相关,航路相关后进行时间相关。

(3) 判断时间相关

到预报数据表中取对应航路的数据记录,取出过点时间。

由当前位置和速度推测过检验点时间和预报过检验点时间相减是否小于门限(5 km),若小于规定门限基本上可判断时间相关,可按上报批号报出。门限选取不是一成不变的,有时由于天气的原因,门限要适当加大。

经过判断航路相关和时间相关基本上可判断时间相关,若要严格判断还可进行高度相关的判断。

(4) 判断高度相关

对于民航及包机的判断,由于每批目标都有严格的预报或飞报,且飞行都在航路中飞行(特殊情况除外),过检验点时间也基本上与预报相符,所以对民航及包机的识别准确率还比较高。

8.5　基于飞行计划识别

飞行计划,是指预先或临时确定的有关飞机(含民航机、转场飞机等)的飞行航线和飞行诸元(含目标飞行航向、速度、高度、时间等参数)的总和。雷达发现航迹与飞行计划比较,若雷达发现的目标航迹位置和飞行诸元与某一飞行计划完全相关,可判为"我机"或"友机",这一识别过程称为飞行计划识别。飞行计划识别,是目标识别常用的一种方法。

1. 飞行计划

飞行计划包括飞行预报和飞报。飞行预报是预先(提前几小时或几十小时)制定的飞行计划;飞报是临时制定的飞行计划或已起飞后目标的飞行通报。无论是飞行预报还是飞报,每一批目标的飞行计划通常由以下几项内容构成:

P:批号或机号××××;

JN:机型架数××架;

T:起飞时间××日××时××分;

V:飞行速度×××(公里/小时);

H:飞行高度×××(百米);

Q:起始坐标××××××(方格);

Z:终止坐标××××××(方格)。

由于每一批目标飞行航线长短不同,飞行计划的内容长短也不尽相同。对于短途飞行的飞机,由于起飞到降落机场前,通常是按一定的速度、高度和航向飞行,其飞行计划内容仅为上述内容。而长途飞行的飞机,飞机从起飞至降落机场前,途中要飞过几个必经地点的上空,这些必经地点的连线,不是一条直线,而是一条折线。在每一条直线上,有时目标的飞行高度、速度、航向也不相同。例如,图 8-4 所示的一批从机场 1 至机场 3

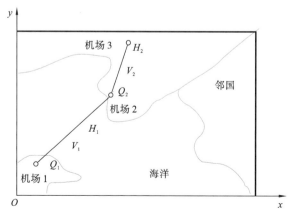

图 8-4　飞行计划识别示意图

的飞机,飞行途中必须经机场2,而在每一条直线段上的飞行诸元是不同的。因此,这种类型的飞行计划内容的长短是不同的。图 8-4 中的一批目标的飞行计划内容为 P、JN、T、V_1、H_1、Q_1、V_2、H_2、Q_2、Z。

▌▌ 2. 飞行计划相关

飞行计划相关是指将雷达掌握的目标航迹与预先存入己方的飞行计划进行比较,若目标飞行航迹与飞行计划相符,识别为"我"。为了使相关简单起见,飞行计划相关过程可分两步:先进行粗相关,后进行细相关。

粗相关是指根据飞行计划预测位置产生一个粗糙"相关框",并将目标航迹的当前点位置与飞行计划预测位置进行比较,只要目标航迹的当前点落在此"相关框"内,就认为目标航迹在位置上与飞行计划相关。

"相关框"的形状如图 8-5 所示,是一个长方形,其长边与飞行计划所指目标的行进方向平行,短边与行进方向成正交,Δa 和 Δb 为"相关框"的尺寸。Δa 的大小主要与目标速度和预测时间有关。通常飞机不是按飞行计划准时起飞,有时可能超前几分钟,有时可能滞后几分钟,因此在确定 Δa 的尺寸时,要重点考虑这一因素。一般情况下,超前和滞后时间选择为 5～10 min。Δb 的大小主要与目标偏离飞行航线多少和雷达测量误差等因素有关。通常情况下 Δb 的尺寸为 5～10 km。另外,在确定"相关框"尺寸时,还应考虑这种情况:如果未掌握该批飞行计划目标的位置(如按起飞时间推算得出预测位置),"相关框"应该大一些;如果已具体掌握该批计划飞机位置(如从其他雷达网信息系统或飞行控制系统引入),"相关框"可以相对小一些。

所有通过粗相关检验的航迹(指落在"相关框"内的目标航迹),进一步进行细相关检验。所谓细相关,就是将落在"相关框"内的每一批目标航迹的航向、高度、速度、机型架数依次与飞行计划进行比较,测试目标航迹是否在允许相关误差范围内。

(1)航向相关

从图 8-5 中可以看出,按飞行计划飞行的航向是可以预测的,若雷达掌握的一批目标航迹的航向是在飞行计划预测航向的允许误差范围内,就认为航向相同,或者说是航向相关的。设飞行计划预测航向为 K_A,雷达发现的一批目标航迹的航向为 K_B,于是验证航向相关的条件为

$$|K_B - K_A| \leqslant \Delta K \tag{8-5}$$

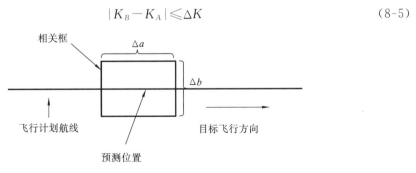

图 8-5　相关框示意图

式中,ΔK 为允许的航向误差范围,它的大小通常为 $15°\sim30°$。

（2）速度相关

飞行计划的目标飞行速度与雷达目标航迹的速度相关与航向相关的方法相似,即设飞行计划的飞机的当前速度为 V_A,雷达目标航迹的当前速度为 V_B,如果满足条件

$$|V_B-V_A|\leqslant\Delta V \tag{8-6}$$

就可以认为速度相关。上式中的 ΔV 为允许的速度误差范围,它的大小通常选为 $150\sim300\ \mathrm{km/h}$。

（3）高度相关

飞行计划与目标航迹的高度相关,其方法与航向相关的相似,即设飞行计划的高度为 H_A,目标航迹的当前高度为 H_B,若能满足条件

$$|H_B-H_A|\leqslant\Delta H \tag{8-7}$$

就可认为飞行计划的高度和目标航迹的高度相关。上式中的 ΔH 为允许的高度误差范围,它的大小通常选为 $100\sim1000\ \mathrm{m}$。

（4）性质相关

目标的性质是指目标的机型架数。判定性质相关的方法是:设飞行计划的机型代码为 J_A、架数为 N_A,目标航迹的机型为 J_B、架数为 N_B,如果能满足

$$\begin{cases} J_B-J_A=0 \\ N_B-N_A=0 \end{cases} \tag{8-8}$$

则认为飞行计划和目标航迹的目标性质相关,否则为不相关。由于目前识别目标的机型和架数的方法不是很准确,性质相关一般很少采用。

雷达目标航迹经过粗、细相关检验后,当有一批目标航迹与飞行计划相关时,可认为"我机"。

为了严格进行飞行计划识别,不能仅仅依据飞行计划和目标航迹在某一时刻的一个当前点能满足各相关条件(或准则)的要求,就立即确认该目标航迹为"我机",还必须进行连续多点的检验,才能最终确定该批飞机是否为"我机"。因此,对认为是"我机"的雷达目标航迹,还需对它继续与同一飞行计划相关,若后续几点或预先确定的时间(该时间为一常数)内继续和同一飞行计划相关,就识别为"我机",若不相关,仍不能识别为"我机"。

8.6　目标识别处理流程

在雷达网信息处理中心,计算机可在指挥人员的干预和辅助下,按一定程序和规则自动识别空中目标的属性。上面介绍目标身份识别的几种方法,实质上是计算机自动识别空中目标属性过程中所使用的几种规则。计算机自动识别目标属性的过程如图 8-6 所示。

计算机首先找到目标数据存储区(指用于记录每一批目标数据的存储单元的集合),

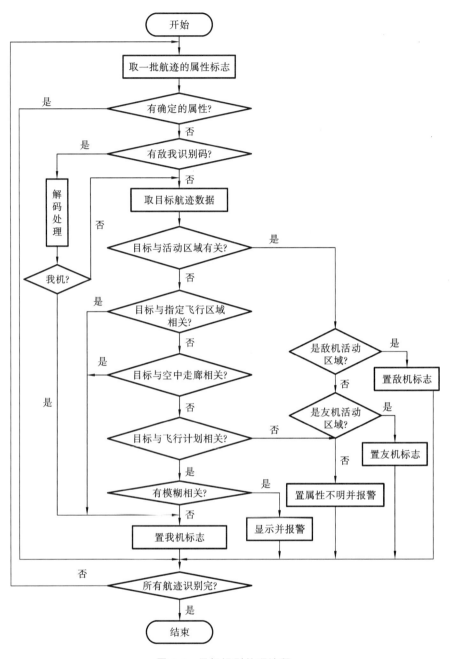

图 8-6　目标识别处理流程

取出一批目标航迹的属性标志进行判别。若该批航迹已有确定的属性，就不再进行目标识别过程，否则进行以下目标识别过程。

首先，计算机从该批航迹数据中寻找二次雷达信号，如果找到应答信号（密码信号），则进行解码处理并判别是否与规定的密码相符。若两者相符，则识别为"我机"；如果没有应答信号或密码不符，则与预先存入的目标活动区域比较，计算机将搜索目标活动区域存储表(指用于记录目标活动区域数据的存储区),以便找到目标活动区域的有关识别数据。如果目标航迹与一个指定"友机"活动区域相关,就识别为友机;如果目标航迹与一个指定属性不明活动区域相关,就识别为属性不明;如果目标航迹与所有目标活动区域都不相关,则与预先存入的指定飞行区域比较。如果目标航迹与一个指定飞行区域相关,就识别为"我机";如果目标航迹与所有飞行区域都不相关,则与预先存入的空中走廊比较。如果目标航迹与某一指定空中走廊相关,就识别为"我机";如果目标航迹与所有空中走廊都不相关,则与预先存入的飞行计划比较。如果目标航迹与某一指定飞行计划相关,就识别为"我机";如果目标航迹与所有飞行计划都不相关,就识别为属性不明,并显示报警。

8.7　融　合　识　别

常规的基于单一信息源的雷达信号特征识别、敌我识别、二次雷达识别、飞行区域识别、飞行计划识别等识别方法,存在许多局限性,它仅基于某一类数据有限集进行决策识别。尤其在存在干扰、多目标、传感器损坏、目标欺骗等复杂场景中,其目标识别的可靠性将大为降低。在某些情况下,单一信息源也可能达不到对目标进行身份识别的要求,因此需要将能够获取的相关信息进行融合识别,提高目标识别的可靠性,增强目标识别的内容。

● 8.7.1　目标融合识别层次

目标识别可看作目标身份估计,目标融合识别可以理解为充分利用多个传感器资源获取目标不同属性,或者是同一属性通过不同方式获得,然后将这些传感器关于目标身份的信息依据某种准则来进行组合,以获得更为可靠的目标身份属性估计。传感器系统包括各种实际物理传感器,也包括不同的逻辑分类器。其理论经过多年的发展,方法多种多样,几乎涵盖了信息融合的所有算法,并不断有新的方法涌现。而根据信息抽象的程度,目标识别的信息融合结构可以分为三级:数据级、特征级、决策级。

数据级目标融合识别是对每个传感器未经预处理的原始测量信号进行的数据综合和分析。这是最低层次的融合,为了融合原始测量信号,还要求各传感器的测量信号必须是相当的(即来自同类传感器),并且能被正确关联和配准。数据级融合通常用于图像目标识别领域中的图像信号融合,也包括对同类型的雷达波形直接进行合成,以改善雷达信号处理和目标识别性能。这种融合的主要优点是能保持尽可能多的原始信息,提供其他层次所不能提供的更丰富、精确、可靠的信息。

特征级目标融合识别中,各传感器根据工作获取的原始测量数据提取目标特征,融合中心对各传感器提供的目标特征矢量进行关联处理后再进行融合，并将融合后获得的融合特征矢量进行分类得到目标的身份说明。融合后的特征可以是各组特征矢量连接而成的一个更高维的特征矢量，也可以是各组特征矢量组合而成的全新类型的特征矢量。特征级融合属于中间层次，它的优点在于实现了可观的信息压缩，又保留了足够的重要信息，有利于实时处理，参与融合的传感器可以是异质传感器，具有较大灵活性，并且所提取的特征直接与决策分析有关，因而融合结果能最大限度地给出决策分析所需要的特征信息。但是，融合特征矢量中的量纲不统一问题比较突出，而且融合特征矢量维数一般比较高，这给后面的模式分类带来很大困难。

决策级目标融合识别是最高层次的融合，各传感器先在本地分别进行预处理、特征提取、模式分类，得到对目标的初步分类结果后，经融合中心对各传感器识别结果进行关联处理后再融合，得到最后的身份说明。它的优点在于参与融合的传感器可以是同质的，也可以是异质的，而且可以异步处理信息，在信息处理方面具有很大的灵活性，对通信带宽要求不高，具有良好的实时性与容错性。但是相对数据级与特征级而言，它的信息损失也是最大的，预处理代价比较高。目前基于信息融合的目标识别所取得的成果大多是在决策级上的，并构成了信息融合研究的一个热点。

多传感器信息融合系统中的层次划分并不是绝对的，这里的层次概念更多的是以信息的转变为依据的。因此，应该说层次不是结构上的，而是信息内涵意义上的划分。在目标识别系统中，究竟采用哪种融合层次、何类方法，需要根据传感器配置、系统通信能力、数据处理能力、目标状态、实际需要来定。

8.7.2　目标融合识别方法

目标融合识别的方法很多，从技术上大致将其分成三类，即基于物理模型的方法、基于特征推理的方法和基于认知模型的方法。下面主要介绍基于特征推理常用的 Bayes 推理和 D-S 证据理论融合识别方法。

1. Bayes 推理

Bayes 推理的名称来源于英国数学家 Thomas Bayes。他于 1761 年去世，而他撰写的一篇论文一直到 1763 年才被发现，其中包含的一个公式就是今天众所周知的 Bayes 定理。Bayes 定理解决了使用经典推理方法感到困难的一些问题。Bayes 定理的内容如下：

假设 $H_1, H_2, \cdots, H_n$ 表示 n 个互不相容的完备事件，在事件 E 出现的情况下，$H_i (i=1,2,\cdots,n)$ 出现的概率

$$P(H_i \mid E) = \frac{P(E \mid H_i) P(H_i)}{\sum_j P(E \mid H_j) P(H_j)}$$

并且

$$\sum_i P(H_i) = 1$$

式中：$P(H_i|E)$——给出证据 E 的条件下，假设 H_i 为真的后验概率；

　　$P(H_i)$——假设 H_i 为真的先验概率；

　　$P(E|H_j)$——给定 H_j 为真的条件下，证据 E 为真的概率。

实际上，

$$\sum_{j=1}^{n} P(E \mid H_j)P(H_j) = P(E)$$

是证据 E 的先验概率。

Bayes 结果之所以比经典推理方法好，是因为它能够在给出证据的情况下直接确定假设为真的概率，同时容许使用假设确实为真的似然性先验知识，允许使用主观概率作为假设的先验概率和给出假设条件下的证据概率。它不需要概率密度函数的先验知识，使我们能够迅速地实现 Bayes 推理运算。

图 8-7 给出应用 Bayes 公式进行身份识别的处理过程。

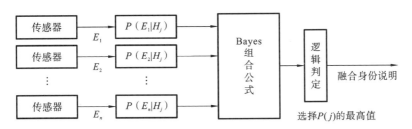

图 8-7　Bayes 融合处理过程

图中，$E_i(i=1,2,\cdots,n)$ 为 n 个传感器所给出的证据或身份假设，$H_j(j=1,2,\cdots,m)$ 为可能的 m 个目标，假设 n 个传感器同时对一个未知实体或目标进行观测。于是就可以得到融合步骤：

（1）每个传感器把观测空间中的数据转换为身份报告，输出一个未知实体的证据或身份假设 $E_i(i=1,2,\cdots,n)$；

（2）对每个假设计算概率 $P(E_i|H_j)(i=1,2,\cdots,n; j=1,2,\cdots,m)$；

（3）利用 Bayes 公式计算

$$P(H_j|E_1,E_2,\cdots,E_n) = \frac{P(E_1,E_2,\cdots,E_n|H_j)P(H_j)}{P(E_1,E_2,\cdots,E_n)}$$

（4）最后，应用判定逻辑进行决策，其准则为选取 $P(H_j|E_1,E_2,\cdots,E_n)$ 的极大值作为输出，这就是所谓的极大后验概率（MAP）判定准则：

$$P(O_j) = \max_{1\leqslant i\leqslant m}\{P(O_i)\}$$

Bayes 推理的主要缺点是定义先验似然函数困难，当存在多个可能假设时，会变得复杂。如作战规则库中有很多规定，如果符合二次雷达信号是飞机的概率为 0.900，符合飞机速度并且沿航路飞行是飞机的概率为 0.950，可以利用 Bayes 推理进行融合识别。

2. D-S 证据理论

D-S 证据理论又称 Dempster-Shafer 理论,它是经典概率论的一种扩充形式。这一理论产生于 20 世纪 60 年代,由 Dempster 首先提出,后由 Shafer 对这一理论进行了扩充,在此基础上产生了处理不确定信息的证据理论。

证据理论把证据的信任函数与概率论的上下值相联系,提供了一种构造不确定推理模型的一般框架,是一个满足比概率论更弱的公理系统。在目标融合识别中,证据理论更侧重于目标集合的分析。证据理论的基本概念如下:

(1) 识别框架(Frame of Discrimination)。在证据理论中,一个样本空间称为一个识别框架,它是由一些完备的互不相容的元素组成的集合,一般表示为 $\Theta = \{\theta_1, \theta_2, \cdots, \theta_n\}$,其中,元素 θ_i 称为基元,只含一个基元的集合称为基元集合。由 Θ 的所有子集构成的一个有限集合称为 Θ 的幂集合,记为 2^Θ。例如,敌我目标识别框架 $\Theta = \{$敌机、友机、我机$\}$。

(2) 基本概率赋值(Basic Probability Assignment,BPA)。假设 BPA 是一个区间 $[0,1]$ 上的实数,通常用 $m(A)$ 表示,A 代表识别框架中的任意子集。若 $m(A)$ 满足下列条件:

① $0 \leqslant m(A) \leqslant 1$,

② $m(\varnothing) = 0$,$\varnothing$ 表示空集,

③ $\sum\limits_{A \subset 2^\Theta} m(A) = 1$,

则称 $m(A)$ 为识别框架 Θ 上的 BPA,它反映了该证据对识别框架中的命题 A 的支持程度。如果 $A \subset 2^\Theta$,且 $m(A) > 0$,则称 A 为焦元(Focal Element)。

(3) 信任函数(Belief Function)。信任函数为 A 中所有子集的基本概率分配之和,即

$$\mathrm{Bel}(A) = \sum_{B \subset A} m(B), \quad \forall A \subset \Theta$$

同理,定义 $\mathrm{Bel}(A)$ 的似然函数:

$$\mathrm{Pl}(A) = \sum_{B \cap A \neq \varnothing} m(B), \quad \forall A \subset \Theta$$

如上所述,信任函数 $\mathrm{Bel}(A)$ 表示全部给予命题 A 的支持程度,似然函数 $\mathrm{Pl}(A)$ 表示不反对命题 A 的程度,而证据区间 $[\mathrm{Bel}(A), \mathrm{Pl}(A)]$ 表示证据的不确定程度。$m(A)$ 仅表示对命题 A 的信任,而 $\mathrm{Bel}(A)$ 表示了对命题 A 及其子集的信任。例如,敌我识别时,基本概率分配函数为:$m($敌机$) = 0.99$,$m($友机$) = 0.0$,$m($我机$) = 0.01$。

(4) 组合规则(Combination Rule)。证据理论的核心是 Dempster 组合规则,它是一个强有力的证据组合公式,通过 Dempster 组合规则可融合来自不同信息源产生的证据,该规则是在假设信息源独立的条件下进行的。对于多个独立的证据,组合运算可以通过正交和表示如下:

$$m = m_1 \oplus m_2 \oplus m_3 \cdots \oplus m_n$$

式中,$\oplus$ 表示组合运算的正交运算符,对于 n 个 BPA 函数 $m_i, i = 1, 2, \cdots, n$。

Dempster 组合规则定义如下:

$$m(A) = \begin{cases} \dfrac{\sum\limits_{\cap A_i = A} \prod\limits_{i=1}^{n} m_i(A_i)}{1 - \sum\limits_{\cap A_i = \varnothing} \prod\limits_{i=1}^{n} m_i(A_i)}, & A \neq \varnothing \\ \\ 0, & A = \varnothing \end{cases}$$

令 $K = \sum\limits_{\cap A_i = \varnothing} \prod\limits_{i=1}^{n} m_i(A_i)$，表示融合过程中各证据之间的冲突程度，当 $K \to 1$ 时，表示证据冲突越大，可能会出现与直觉相悖的融合结果；如 $K = 1$，就不能使用 Dempster 组合公式。$\dfrac{1}{1-K}$ 称为归一化因子，避免在组合过程中将非零的概率分配给空集。

8.8　小　结

目标身份识别是雷达网信息处理的重要环节，通过对目标身份信息进行判别鉴定，确保目标信息的完整性、准确性。本章首先给出了目标身份识别的基本概念，其次重点介绍了目标身份识别方法，包括雷达信号特征识别、敌我识别系统及二次雷达识别、基于目标运动特性识别、基于飞行区域识别、基于飞行计划识别等，然后给出了实际应用的身份识别流程，最后对融合识别方法进行了介绍。其主要内容及要求如下：

（1）目标识别主要内容包括真伪、属性、国别（地区）、型别（机型）、数量、任务（企图）等几个方面。目标识别程度通常可用不同的等级来描述，最低等级是有无识别，即检测；其次是分类识别；最高等级是对特定目标的辨识。

（2）基于雷达回波特性的目标识别是利用目标对雷达回波信号的时频调制特性、极化特性及散射特性提取各类目标（飞机、导弹）的雷达信号特征，选择目标的有关信息标志和稳定特征，并对所获取的信息进行分析，从而对目标的真假或敌我属性等作出相应的判别，确定目标的种类、型号等。基于回波信号的雷达目标识别处理过程包括提取雷达目标特征、建立可识别目标特征模板、进行目标分类识别共三个步骤。

（3）IFF 系统利用密码问答实现敌我属性识别，是一种高度保密的军事电子装备，在现代战争中起着举足轻重的作用，是敌方首先攻击的目标之一。

（4）在雷达网信息系统中，计算机可在指挥人员的干预和辅助下，按一定程序和规则自动识别空中目标的属性，这些程序和规则包括雷达信号特征识别、敌我识别系统及二次雷达识别、基于飞行区域识别等内容。常规的基于单一的雷达信号特征识别、敌我识别、二次雷达识别、飞行区域识别、飞行计划识别等识别方法，存在许多局限性，它仅基于某一类数据有限集进行决策识别。尤其在存在干扰、多目标、传感器损坏、目标欺骗等复杂场景中，其复杂环境下目标识别的可靠性将大为降低。在某些情况下，单一传感器也可能达不到对目标识别的要求。因此,需要将雷达部队能够获取的相关信息进行融合识别,提高目标识别的可靠性,增强目标识别的内容。

习　题

1. 目标身份识别的内容有哪些?
2. 简述基于回波信号的雷达目标识别处理过程。
3. 雷达站目标识别的方法有哪些?
4. 给出敌我识别器的工作原理,并分析其优缺点。
5. 给出二次雷达的目标识别的原理,并分析其优缺点。
6. 基于飞行区域识别的方法有哪些? 分析这些方法的优缺点。
7. 简述基于飞行计划的目标识别的基本原理。
8. 给出战术级雷达网信息处理中心目标身份识别的流程。
9. 分析融合识别的好处,列举一种利用融合识别理论进行目标识别的具体步骤。
10. 阐述证据理论进行目标综合识别的核心思想。

附录1 本书符号约定

k：离散时间指标，指 k 时刻

x_k：k 时刻系统真实一维状态

$\dot{x}_k$：目标在 x 轴向的速度

$\ddot{x}_k$：目标在 x 轴向的加速度

$\hat{x}$：估计值

$\tilde{x}$：估计误差

$E(\cdot)$：均值

$D(\cdot)$ 或 $\mathrm{Var}(\cdot)$：方差

$\mathrm{cov}(x,y)$：x 与 y 的互协方差

$\hat{x}(k|k)$：k 时刻系统状态估计值

$\tilde{x}(k|k)$：k 时刻系统状态的估计误差

$\boldsymbol{X}(k)$：k 时刻系统状态向量

$\boldsymbol{F}(k)$：k 时刻线性系统状态转移矩阵

$\boldsymbol{G}(k)$：k 时刻输入控制项矩阵

$\boldsymbol{u}(k)$：k 时刻已知输入或控制信号

$\boldsymbol{V}(k)$：k 时刻过程噪声序列，通常假定为零均值的附加高斯白噪声序列

$\boldsymbol{\Gamma}(k)$：k 时刻过程噪声分布矩阵

$\boldsymbol{Z}(k)$：k 时刻量测向量

$\boldsymbol{H}(k)$：k 时刻线性系统量测矩阵

$\boldsymbol{W}(k)$：k 时刻线性系统量测噪声序列，通常假定为零均值的附加高斯白噪声序列

$\boldsymbol{Q}(k)$：k 时刻过程噪声协方差阵

$\boldsymbol{R}(k)$：k 时刻量测噪声协方差阵

$p(\cdot)$：概率密度函数

$\exp(\cdot)$：指数函数

$\boldsymbol{A}^{\mathrm{T}}$：矩阵转置

$\boldsymbol{A}^{-1}$：矩阵的逆

$\mathrm{tr}(\boldsymbol{A})$：矩阵的迹

Z^k：直到时刻的累计量测集合

$x^* = \underset{x}{\mathrm{argmax}}f(x)$：使函数 $f(x)$ 极大化的 x

$x^* = \underset{x}{\mathrm{argmin}}f(x)$：使函数 $f(x)$ 极小化的 x

贝叶斯	Bayes	目标分析	target analysis
贝叶斯最优	Bayes-optimal	目标识别	target recognition
敌我识别	identification-friend-foe	欧几里得距离	Euclidean distance
防空	air defence	身份估计	identity estimation
分布式数据融合	distributed data fusion	身份识别	identity recognition
分配	allocation	识别	recognition,identity
估计	estimation,assessment	统计距离	statistical distance
关联处理	association process	数据关联	data association
关联矩阵	association matrix	误差配准	registration
航迹融合	track fusion	数据融合	data fusion
点迹融合	plot fusion	融合识别	fusion identification
混合式数据融合	hybrid data fusion	态势评估	situation assessment
集中控制	centralized control	椭圆	ellipse
集中式数据融合	centralized data fusion	威胁估计	threat assessment
雷达信息	radar information	位置估计	position estimation
雷达航迹	radar track	误差	error
雷达点迹	radar plot	相关	correlation
雷达网	radar net	协方差	covariance
关联	association	信息处理	information processing
滤波	filtering	状态估计	state estimation
目标	target	组合	combination
目标分类	target classification	作战计划	operation plan
威胁估计	threat assessment	坐标变换	coordinate transformation
信息融合	information fusion	身份估计	identity estimation

附录3 英文缩写词汇表

C^4ISR	Command，Control，Communications，Computers，Intelligence，Surveillance and Reconnaissance 指挥、控制、通信、计算机、情报、监视和侦察
CA	Constant Acceleration 常加速
COA	Course of Action 行动过程
CV	Constant Velocity 常速
ECCM	Electronic Counter-countermeasures 电子反干扰
ECEF	Earth-Centered Earth-Fixed coordinate 大地坐标系
EKF	Extended Kalman Filter 扩展卡尔曼滤波器
GLS	Generalized Least Squares 广义最小二乘
GNNDA	Global Nearest Neighbor Data Association 全局最近邻数据关联
GPS	Global Positioning System 全球定位系统
IFF	Identification Friend-or-Foe 敌我识别器
IMM	Interacting Multiple Model algorithm 交互式多模型
JDL	Joint Directors of Laboratories 美军实验室联合理事会
JPDA	Joint Probabilistic Data Association 联合概率数据互联
JSS	Joint Surveillance System 联合监视系统（美国）
KF	Kalman Filter 卡尔曼滤波器
LMS	Least Mean-Square 最小均方
LS	Least-Squares 最小二乘
MAP	Maximum A Posterior 最大后验
MHT	Multiple Hypothesis Tracking 多假设跟踪
ML	Maximum Likelihood 最大似然
MMF	Multiple Mode Filter 多模型滤波器
MMSE	Minimum Mean-Square Error 最小均方误差
MTI	Moving Target Indication 动目标显示
MTT	Multiple Target Tracking 多目标跟踪
NNDA	Nearest Neighbor Data Association 最近邻数据关联
NNF	Nearest Neighbor Filter 最近邻滤波器
NNSF	Nearest-Neighbor Standard Filter 最近邻域标准滤波器
PDA	Probabilistic Data Association 概率数据关联

PDAF   Probabilistic Data Association Filter 概率数据互联滤波器
PDF   Probability Density Function 概率密度函数
PSR   Primary Surveillance Radar 一次监视雷达
RCS   Radar Cross Section 雷达截面积
RDP   Radar Data Processing 雷达数据处理
RMS   Root Mean-Square 均方根
RTQC   Real Time Quality Control 实时质量控制
SA   Situation Assessment 态势评估
SAM   Surface to Air Missile 地空导弹
SAW   Situation Awareness 态势觉察
SR   Situation Resolution 态势决断
SSR   Secondary Surveillance Radar 二次监视雷达
STA   Situation and Threat Assessment 态势评估与威胁估计
TA   Threat Assessment 威胁估计
TAS   Track and Search 跟踪加搜索
TR/CD   Track and Conflict Detect 航迹预估与冲突探测
TWS   Track While Scan 边扫描边跟踪

REFERENCES

参考文献

[1] 何友,修建娟,关欣,等. 雷达数据处理及应用[M].3 版. 北京:电子工业出版社,2013.

[2] 吴顺君,梅晓春. 雷达信号处理和数据处理技术[M]. 北京:电子工业出版社,2008.

[3] 徐毓. 雷达网数据融合[M]. 北京:军事科学出版社,2003.

[4] 潘泉,等. 信息融合理论及应用[M]. 北京:清华大学出版社,2013.

[5] 刘同明,夏祖勋,解洪成. 数据融合技术及其应用[M]. 北京:国防工业出版社,1998.

[6] 赵宗贵,熊朝华,王珂,等. 信息融合概念、方法与应用[M]. 北京:国防工业出版社,2012.

[7] 康耀红. 数据融合理论与应用[M].2 版. 西安:西安电子科技大学出版社,2006.

[8] 李明. 多源信息融合技术发展简述[J]. 舰船电子工程,2017,37:5-9.

[9] Goodman I R, Nguyen H T. A theory of conditional information for probabilistic inference in intelligent systems：Ⅱ. Product space approach[J]. Information Sciences,1994,76(2)：13-42.

[10] Blackman S S,Popoli R. Design and Analysis of Modern Tracking Systems[J]. Norwood,MA：Artech House,1999.

[11] 陈永光,李修和,沈阳. 组网雷达作战能力分析与评估[M]. 北京:国防工业出版社,2006.

[12] 贺正洪,吕辉,王睿,等. 防空指挥自动化信息处理[M]. 西安:西北工业大学出版社,2006.

[13] Waltz E,Linas J. Multisensor Data Fusion[M]. Massachusetts:Artech House,1990.

[14] 费利那 A,斯塔德 F A. 雷达数据处理(第一卷)[M]. 匡永胜,等译. 北京:国防工业出版社,1988.

[15] 韩崇昭,朱洪艳,段战胜. 多源信息融合[M].3 版. 北京:清华大学出版社,2022.

[16] 蔡庆宇,薛毅,张伯彦. 相控阵雷达数据处理及其仿真技术[M]. 北京:国防工业出版社,1997.

[17] Zarchan P, Musoff H. Fundamentals of Kalman Filtering：A Practical Approach[M]. 3rd ed. Virginia,American Institute of Aeronautics and Astronautics,2009.

[18] 杨万海. 多传感器数据融合及其应用[M]. 西安:西安电子科技大学出版社,2004.

[19] Bar-Shalom Y,Fortmann T E. Tracking and Data Association[M]. Academic Press,1988.

[20] Bar-Shalom Y,Li X R. Estimation and Tracking：Principles Techniques and Software[M]. Boston, MA：Artech House,1993.

[21] Holmes J E. The Development of Algorithms for the Formation and Update of Tracks [M]. Admiralty Surface Weapons Establishment,Portsmouth,Hampshire,U. K. ,1975.

[22] Bar-Shalom Y, Tse E. Tracking in Cluttered Environment with Probabilistic Data Association[J]. Automatic, 1975, 11(9).

[23] Flad E H. Tracking of Formation Flying Aircraft. Siemens AG, Munchen, FRG.

[24] 潘泉, 梁彦, 杨峰, 等. 现代目标跟踪与信息融合[M]. 北京: 国防工业出版社, 2009.

[25] 周宏仁, 敬忠良, 王培德. 机动目标跟踪[M]. 北京: 国防工业出版社, 1991.

[26] Blackman S S, Popoli R. Design and Analysis of Modern Tracking Systems[M]. Norwood, MA: Artech House, 1999.

[27] Zarchan P, Musoff H. Fundamentals of Kalman Filtering: A Practical Approach[M]. 3rd ed. Virginia, American Institute of Aeronautics and Astronautics, 2009.

[28] Blackman S S. Multi-Target Tracking with Radar Application[M]. Norwood, MA: Artech House, 1996.

[29] Singer R A, Stein J J. An Optimal Tracking for Processing Sensor Data of Imprecisely Determined Origin in Surveillance System[J]. Proc. 10th UEEE Conf. on Decision & Control, Miami Beach, FL, December, 1971: 171-175.

[30] Waltz E, Linas J. 多传感器数据融合[M]. 赵宗贵, 耿立贤, 周中元, 等译. 南京: 电子工业部二十八研究所, 1993.

[31] 丁建江, 许红波, 周芬. 雷达组网技术[M]. 北京: 国防工业出版社, 2017.

[32] 陈霞. 复杂环境下多雷达点迹融合[J]. 指挥控制与仿真, 2013, 6.

[33] 汤兵. P波段多雷达点迹融合精度分析[J]. 现代雷达, 2014, 3.

[34] 赵志超, 刘义, 肖顺平. 多雷达定位的动态加权融合算法及其精度分析[J]. 电光与控制, 2010, 5.

[35] 兰旭辉, 熊家军, 陈劲松. 基于证据可信度的综合目标识别方法[J]. 传感器与微系统, 2010, 29(9): 24-27.

[36] 刘姝琴, 兰剑. 目标跟踪前沿理论与应用[M]. 北京: 科学出版社, 2015.

[37] 崔永俊. 空间直角坐标与大地坐标之间的变换方法研究[J]. 华北工学院学报, 2003, 24(1).

[38] 贺正洪, 赵学军, 张金成. 分布式防空 C^3I 的坐标变换体系[J]. 系统工程与电子技术, 2005, 27(6).

[39] 任留成. 空间地图投影原理[M]. 北京: 测绘出版社, 2013.

[40] 金宏斌, 蓝江桥. 预警监视系统目标身份识别方法研究[J]. 信息与控制, 2010, 39(4): 485-491.

[41] 费利那 A, 斯塔德 F A. 雷达数据处理(第二卷)[M]. 孙龙祥, 等译. 北京: 国防工业出版社, 1992.

[42] 蓝江桥. 战略预警体系概论[M]. 北京: 军事科学出版社, 2011.

[43] 王壮. C^4ISR 系统目标综合识别理论与技术研究[D]. 长沙: 国防科学技术大学, 2001.

[44] 贾宇平. 基于信任函数理论的融合目标识别研究[D]. 长沙: 国防科学技术大学, 2009.

[45] 吴瑕, 周焰, 蔡益朝, 等. 多传感器目标融合识别系统模型研究现状与问题[J]. 宇航学报, 2010, 31(5): 1413-1420.

[46] 兰旭辉, 熊家军. 一种基于可信度矩阵的多传感器目标识别方法[J]. 计算机应用与软件, 2011, 28(3): 234-237.